北方工业大学建筑与艺术学院
北京市历史建筑保护工程技术研究中心智慧文遗研究分中心
中国圆明园学会园林古建分会　编

望山览石

——中国古典园林掇山数字化研究

张　勃　等著

中国建筑工业出版社

图书在版编目（CIP）数据

望山览石：中国古典园林掇山数字化研究 / 北方工
业大学建筑与艺术学院，北京市历史建筑保护工程技术研
究中心智慧文遗研究分中心，中国圆明园学会园林古建分
会编；张勃等著. —北京：中国建筑工业出版社，
2023.10

ISBN 978-7-112-28665-2

Ⅰ．①望… Ⅱ．①北…②北…③中…④张… Ⅲ.
①堆山—园林艺术—数字化—研究—中国 Ⅳ.
①TU986.44

中国国家版本馆CIP数据核字（2023）第071215号

责任编辑：刘　静
书籍设计：锋尚设计
责任校对：芦欣甜
校对整理：李辰馨

望山览石——中国古典园林掇山数字化研究
北方工业大学建筑与艺术学院
北京市历史建筑保护工程技术研究中心智慧文遗研究分中心　编
中国圆明园学会园林古建分会
张　勃　等著

*

中国建筑工业出版社出版、发行（北京海淀三里河路9号）
各地新华书店、建筑书店经销
北京锋尚制版有限公司制版
北京富诚彩色印刷有限公司印刷

*

开本：787毫米×960毫米　1/16　印张：20½　字数：352千字
2023年9月第一版　2023年9月第一次印刷
定价：88.00元
ISBN 978-7-112-28665-2
（41124）

编写组

前　言

◆

　　掇山是中国古典营造技艺中的一个重要门类，是在园林或庭院中以石、土为材料而构筑的石山、土山、置石（单独安置的整块石峰）。明代造园家计成的《园冶》中有"掇山"一章予以专门记述，对后世影响很大。计成是松陵（今苏州同里）人，其所言的"掇"是苏州方言，有摆弄、拾掇之意，"掇山"就是叠石造山，北方通常称为"叠山"。掇出米的山并不是真山，因此现在也广泛习称为"假山"。狭义的掇山，特指那些完全用石头或者以石头为主的堆叠，掇山和叠山作为动词即是"建造假山"，作为名词就是"假山"的意思。

　　本研究团队自2008年以来，专注于掇山数字化研究领域，从石材分类、掇山理法、残损检测、保护修缮等多角度进行了诸多数字化实验和探索，特别是在北京地区"三山五园"古典皇家园林掇山数字化研究方面积累了丰富成果。团队负责人张勃在2005年承担了北京市教委科技发展计划面上项目"与文物建筑保护相结合的古建筑数字化应用研究"（KM200510009010），在2010年发表了《以三维数字技术推动中国传统园林掇山理法研究》的论文，是掇山数字化领域最早发表的研究论文之一。此后组织和帮助研究团队中的商振东、傅凡、张娟、钱毅、安平、秦柯、赵向东、李鑫、朱兆阳等中青年学者进行掇山相关研究，获批国家自然科学基金青年项目1项（主持人秦柯，题目为"基于材料劣化的三山五园假山保护研究"，获批时间2019年，项目批准号51908003）。指导孙婧、谢杉、李媛、白雪峰、贾钎楠、刘劲芳、欧阳立琼、温宁、陈婉钰、廖怡、李雨静、熊琦琪等硕士研究生进行掇山相关研究，已完成硕士论文9篇。本团队累计发表掇山相关学术论文二十余篇，其中《对掇山建造模式与匠作工具的思考》（2016）、《优化昆石清理方法的实验研究》（2017）等均具有一定的学术影响力。

通过对国内外研究状况的分析和对今后研究趋向的分析，以及本研究团队在本领域十余年研究的成果积累，下一步的工作目标是建立基于5D模型的、具有信息交互功能的、可共享的掇山数字化石谱，作为对宋《云林石谱》、明《园冶》的继承。

这部《望山览石——中国古典园林掇山数字化研究》是本研究团队历年研究成果的选编，以28篇独立的论文形式呈现，内容主要分为两类：掇山数字化方法研究和掇山实例研究。所选论文有三个来源：在学术期刊发表过的论文、已完成的硕士学位论文和首次发表的论文（在目录中以*标示）。全部论文按发表或完成的年份排列，考虑到阅读的连贯性，均略去摘要、关键词、参考文献等内容（首次发表的论文列出参考文献）。对所有已发表的论文尽量保持原貌，将图表按照本书的体例重新编号。文章中难免存在认识上的局限和谬误，敬请各方指正。

目　录

◆

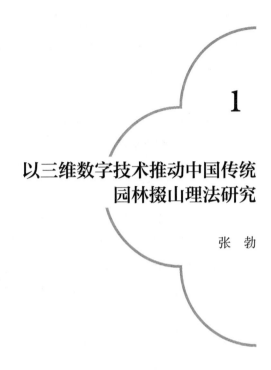

1

以三维数字技术推动中国传统园林掇山理法研究

张　勃

1．中国传统园林掇山理法研究的现状与难点

　　"掇山"，出自中国明代造园理论专著《园冶》，指的是在园林中修建假山，又称作"叠山""堆山"（见《园冶 卷三 掇山》）。"理法"指规则、法则，即中国古典园林修建假山的制度和手法。掇山是中国古典园林艺术最重要的组成部分，与理水、建筑、花木构成中国古典园林的四大要素。它既是一项技术和工艺，又是一类专门的艺术。古代将造园师称为"山子"，如与建造家"样式雷"齐名的造园家"山子张"，足见掇山对于园林的重要性。

　　自20世纪20～30年代梁思成、刘敦桢等一批中国学者开始用近代建筑研究方法来研究中国古代建筑以来，迄今已积累了丰硕的成果，其中也包括对中国古典园林的研究。从工程技术的角度看，中国古代建筑的木结构体系、砖石体系、瓦作、彩画作工艺和技术方面的成果十分丰硕，在对中国古典园林构成要素的研究中，建筑、花木方面的成果也很多。而古典园林中十分重要的"掇石"一项,无论技术还是工艺,目前来看其研究成果都较为单薄,大多停留在一般性的归纳阐述上。比如梁思成先生在1942年至1944年间完成的第一部中国人自己撰写的《中国建筑史》中,对园林中的掇石只有寥寥几个字,写北海时提到静心斋内"池沼假山",写颐和园的谐趣园时用了"累石为岸",写苏州汪园时则形容为"池周湖石错布"。[①]后来的文献对掇山的描述往往采用散文式的文笔,可以说掇山技艺一直没有被系统、深入地纳入科学研究的体系中。

究其原因,主要是由于掇山所用主材之一的原生石材,形状复杂、工艺考究、体积和重量大、施工难度高、方案推敲不易。[②]当今的掇山技术还是主要掌握在工匠手里,尚不能作为一个完整的学术体系广泛传授。以马炳坚所著《中国古建筑木作营造技术》、刘大可所著《中国古建筑瓦石营法》、蒋广全所著《中国清代官式建筑彩画技术》为代表的、由工匠技艺总结而成的科学研究著作,已经将古建筑木作、瓦石作、彩画作等方面的工艺内容系统地整理,与之相比,对掇山技艺的理论研究已经落在了后面。

中国园林用石的历史十分久远,系统论述"理法"的著作出现在明代。以计成所著《园冶》为代表。该书详细记述了掇山的基本理念和建造原则,成为后人研究掇山理法最重要的史籍资料。在这本书中没有关于掇山的图纸,计成本人也没有存世的作品与其著作相对照。而大量工匠出身的掇山名家,如张南阳、张南垣、戈裕良等,则没有留下掇山理论。

梁思成、刘敦桢等近代建筑历史研究大家所著的建筑史著作中对掇山理法没有表述,只是对一些实例简略带过。如由刘敦桢主编的,目前最系统的中国建筑历史理论著述《中国古代建筑史》中,在记述留园时,只提到"庭中布置太湖石峰""庭中有气势雄厚的湖石峰峦""西北两侧是连绵起伏的假山,石峰杰立,池岸陡峭"等,除了一些形容的语句外,对掇山理法再无具体分析。[③]

当代汪星伯、孟兆桢等学者在掇山理法的研究成果中绘制了一部分手绘图

---

① 梁思成. 中国建筑史 [M]. 北京:生活·读书·新知三联书店,2011:419,431.

② 掇山的另一种主材——土,在本研究中暂不作论述。

③ 刘敦桢. 中国古代建筑史 [M]. 北京:中国工业出版社,1980:341.

纸，用以说明掇山的基本理念，其中孟兆桢先生在《中国古代建筑技术史》①中的"掇山"一节，对掇山理法的基本原则进行了描述和图示，是迄今最重要的理论成果。在对掇山实例资料的研究整理方面，天津大学、南京工学院（今东南大学）等建筑院系发表过一部分较为精致的园林测绘图纸，如《清代御苑撷英》《江南园林图录——庭院建筑》等，遗憾的是其中掇山的资料并不够准确和完整。比如，将北海静心斋沁泉廊的测绘图和照片相对比，发现测绘图中的叠石形态与质地［图1-1（a）左侧叠石］都与照片所看到的［图1-1（b）左侧前景处的叠石］差别极大。测

绘图所画山石呈扁平状，而实际较为高耸；测绘图中将此叠石画得类似于黄石（较为方正厚实），而实际这块叠石应为北太湖石（形态比较嶙峋，表面孔洞较多）。这种测绘图与实际不符的情况在整套图纸中大量出现。

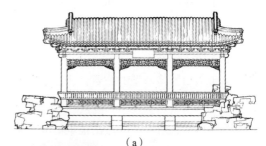

（a）

在掇山工匠的著述方面，孙俭争编著的《古建筑假山》是一部重要的成果。这部书一方面是工匠的经验总结，另一方面也是指导从业者入门学习的教材。此书的不足之处同样在于以文字描述为主，配图仅限于大致示意。书中对这一问题也提出了明确的说明，指出掇山技艺存在的七个难点是限制其研究和发展的重要因素。其中如"叠石造山施工一般只凭类似扩初阶段的设计图或构思，没有尺寸和结构做

（b）

▶ 图1-1 北海静心斋沁泉廊，测绘图（a）与实景（b）的叠石情况不符

图片来源：（a）引自 天津大学建筑系，北京市园林局. 清代御苑撷英［M］. 天津：天津大学出版社，1990；（b）作者自摄。

---

① 中国科学院自然科学史研究所. 中国古代建筑技术史［M］. 北京：科学出版社，1985.

法""叠石均采用原生态石，石形变化无穷，石材的重量、质地、角度和结构承重不可能做到准确计算，不能用一定尺寸来衡量""历代以来，叠山技术一直采取的是家族制和师徒传授的封闭方式""对假山工艺缺少统一的评判标准与验收规范"等，都是从当代掇山技师之口所总结出的关键问题，说明了掇山技艺的进一步发展所面临的困难。[①]

综上所述，造成掇山理法研究难点的原因主要在于以下四个方面。

（1）材料本身的限制

掇山所用的材料为天然石，不但体积和重量都很大，而且大多形状不规则，这就不利于搬运和安装。

（2）施工技艺

由于掇山整体造型的需要，往往要堆出临险、奇特的外观，石材受力特性不易掌握，因此施工技术复杂，分析研究就更不易，除非是已塌毁的假山可以看到其内部结构和构造，对一般的假山很难拆解开来研究。

（3）掇山的性质

与房屋相比，掇山的性质和作用更多的在于造景和观赏，实用性不强，因此掇山技艺不像木作、瓦石作、彩画作这些和房屋密切相关的技艺那样普及，现存的工匠数量相对较少，传统建筑的学术研究对这方面的成果积累也很匮乏。

（4）图纸表达手段

长期以来，应用于古代建筑的测绘以传统的手工工具为主，表达手段是二维的线条图。这种方式多只适合于相对规则的几何体形或有规律的图案，如木构件、瓦石、彩画等，而对形状十分复杂和不规则的假山很难进行测绘和表达。目前假山测绘图纸多为表意象性绘图，仅能体现假山的大致体量形态和结构关系，对于山石的形态、纹理、搭接方式很难表示清楚。同时，现在也没有全面而系统的掇山资料集成，样本资料不完备，也就很难进一步深入研究。

因此，无论从科学研究，还是从实用角度出发，都需要对掇山理法作出详解，把这一传统技艺纳入到现代科学技术的体系中。

---

① 孙俭争. 古建筑假山［M］. 北京：中国建筑工业出版社，2005：39-40.

2．三维数字技术是推进掇山理法研究的有效途径

最近十多年，计算机辅助设计在建筑设计领域应用已十分广泛，但受到设计软件对复杂形体处理的局限性，对掇石的研究仍远落后于其他方面（如园林总体布局、空间序列、单体建筑、铺装、花木等）的研究进展。近年来，数字三维技术及虚拟现实技术逐渐引起了古建筑调查、建筑与城市规划等领域的注意。特别是前者，在文化遗产保护规划、古建筑测绘、城市调研方面得到越来越广泛的应用，这使掇山理法的研究迎来了宝贵的契机。数字三维技术方法效率高、可处理的数据量大，对复杂形体可做精确测量和建模，为掇山实例的收集、分析和研究提供了重要的技术支持。

系统地研究掇山理法，必须要从实例分析入手，这就需要以严谨的态度和科学的方法对掇山实例进行全面整理和分析，对传统掇山工艺实施全面而系统的整理和抢救。应当像营造学社对古建筑的调研那样，对现存的掇山实例进行逐一测绘，并以图纸、模型和图片等方式建立档案，借助三维数字技术对现存的掇山作品进行真实的再现和还原。这是一项庞大的工作，需要持之以恒地进行下去。

另外，借助计算机辅助设计可以赋予数字三维模型以物理特性，从而可以在计算机中进行虚拟建造方案设计，进行多方案比较。通过参数的调整，自动获取最优方案或多个符合条件的备选方案。综合运用数字技术手段是推进掇山理法研究的有效途径，这方面的研究和实践虽然尚属空白，但也是时代发展赋予这一代研究者的机遇。

当前亟待开展的研究工作包括：

（1）通过实践，对数字三维技术用于掇山研究的方法和效果进行探索和评估，以数字三维技术手段对中国古典园林中的假山进行三维测绘，之后用处理软件直接把三维扫描的点云模型数据转换成可以编辑处理的二维、三维数据。建立完整的掇山实例数据库。借助计算机所建立的实例数据库，对文献（如《园冶》）所记述的掇山理法进行对照研究。

（2）利用虚拟现实技术对数字三维技术所建立的掇山数据库进行处理，数字还原中国古典园林优秀的掇山实例的搭接、结构和建造过程，探索建立虚拟掇山建造体系的有效方法，形成以参数化设计为手段的设计工具，为掇山的保护和修复、

虚拟建造提供更多的前期论证可能，给实践中掇山的精确设计提供可操作的方法体系。当前设计界常用的Rhino、Grasshopper等也可尝试引入对假山的三维建模中。

（3）对掇山的设计和施工应当尽早纳入现代设计和施工管理的范畴，应当像建筑设计那样有准确的工程图纸和设计说明来指导施工，便于设计管理、造价核算和施工组织。这方面的空白，使掇山技艺长期不能突破手艺和经验的范畴。

3. 结论

从营造体系和制度的角度看，掇山理法应尽早纳入科学的架构中，以与其在中国古典园林中的重要地位相匹配。掇山技艺首先应当是一项与建筑、彩画等同等重要的工程技术科学，然后才是一门艺术。以往强调其艺术性的表述，弱化了掇山技艺的理性光芒，限制了这项传统技艺的发展。这种情况必须得到扭转。

从工程技术的角度看，掇山技术在当今现实生活中仍有广阔的应用前景，是可系统学习和传授的，而不应局限于手工业时代的闭门传授状态。掇山技艺不会因为被破解了某些技术手段就走向没落，相反，其必然在新的条件下得到推动并发扬光大。作为中国传统艺术的主要载体，掇山技艺必然会像木作、瓦石作、彩画作等传统技艺一样，在突破了理论研究方面的瓶颈之后焕发出更强的生命力。设计手段的更新会促进掇山技艺实现技术层面的突破，面对更广阔的天空。

本文原载于《古建园林技术》，2010年第2期，36-38页。

基金项目：北京市教委科技发展计划面上项目"与文物建筑保护相结合的古建筑数字化应用研究"（项目编号：KM2005100009010）。

读《园冶》笔记四则——关于选石

张 勃

读书笔记一：
假山石的种类

对于掇山用石的种类，《园冶》"选石"篇中列举如下：太湖石、昆山石、宜兴石、龙潭石、青龙山石、灵璧石、岘山石、宣石、湖口石、英石、散兵石、黄石、旧石、锦川石、花石纲、六合石子，共16种（表2-1）。

《园冶》选石篇中列举的16种石料一览 表2-1

序号	石名	产地	产处	备注
1	太湖石	苏州府洞庭山消夏湾	石产水涯，深水中	以产地得名
2	昆山石	昆山县马鞍山	土中	以产地得名

序号	石名	产地	产处	备注
3	宜兴石	宜兴县张公洞、善卷寺一带	山	以产地得名
4	龙潭石	金陵下七十余里七星观	土产（露土、半埋）	以产地得名
5	青龙山石	金陵青龙山	山	以产地得名
6	灵璧石	宿州灵璧县磬山	土中	以产地得名
7	岘山石	镇江府城南大岘山	山	以产地得名
8	宣石	宁国县	土	
9	湖口石	江州湖口	水中、水际	以产地得名
10	英石	英州含光、真阳县之间	溪水中	以产地得名
11	散兵石	巢湖之南、"张子房楚歌散兵处也"	山	以产地得名
12	黄石	"是处皆产"：常州黄山、苏州尧峰山、镇江圌（chuí）山、"沿大江直至采石之上皆产"	山	
13	旧石	"某名园某峰石"，"斯真太湖石也"		
14	锦川石	宜兴有石如锦川。注曰："锦川辽东锦州城西"		以产地得名
15	花石纲	宋花石纲，河南所属，边近山东，随处便有，是运之所遗者		
16	六合石子	六合县灵居岩	沙土中及水际	以产地得名

读书笔记二：
《园冶》对《云林石谱》的引用

前一篇我写了《园冶》中所列举的16种掇山石材。为了继续搞清楚这些石材的性状，我又粗看了一下《云林石谱》的记载，发现《园冶》的记述在很大程度上是引用《云林石谱》的（图2-1）。

计成自己在《园冶》中也说："曾见宋·杜绾《石谱》，何处无石？予少用过石处，聊记于右，余未见者不录。"说明计成曾阅读过《云林石谱》。

比如，《园冶》中对灵璧石的记述文字与《云林石谱》中几乎一致，也就是说，计成自己既用过灵璧石，也完全同意《云林石谱》中对灵璧石的描述（包括产地、性状、加工方式等）。

这引发了我的思考：

（1）先要把《云林石谱》看一遍，把计成所列的16种石料逐一与《云林石谱》

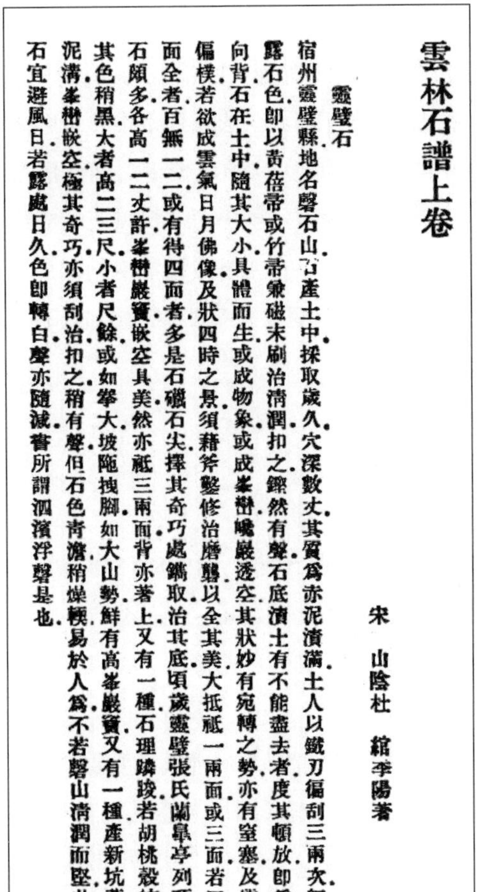

雲林石譜上卷

宋 山陰杜 綰季陽著

靈璧石

宿州靈璧縣地名磬石山。石產土中。採取歲久。穴深數丈。其質爲赤泥漬滿。土人以鐵刃徧刮三兩次。既露石色。即以黃蓓帚或竹帚兼磁末刷治清潤。扣之。鏗然有聲。石底漬土有不能盡去者。度其頓放。即爲向背。石在土中。隨其大小具體而生。或成物象。或成峯巒巉巖透空。其狀妙有宛轉之勢。亦有窒塞。及質偏樸。若欲成雲氣日月佛像及狀四時之景。須藉斧鑿修治磨礲。以全其美。大抵祗一兩面。或三面。若四面全者。百無一二。或有得四面者。多是石碪。石尖擇其奇巧處鐫取。治其底。頃歲靈璧張氏蘭皋亭列巧石頗多。各高一二丈許。峯巒巖竇。嵌空具美。然亦祗三兩面。背亦著上。又有一種石。理蹸皴。若胡桃殼紋。其色稍黑。大者高二三尺。小者尺餘。或如拳大。坡阤拽腳。如大山勢。鮮有高峯巖竇。又有一種。產新坑黃泥溝。峯巒嵌空。極其奇巧。亦須刮治。扣之。稍有聲。但石色青淡。稍燥。輕易於人爲。不若磬山清潤而堅。此石宜避風日。若露處日久。色即轉白。聲亦隨減。書所謂泗濱浮磬是也。

图2-1

《云林石谱》原文

图片来源：王云五. 丛书集成初编第一五〇七册［M］. 北京：中华书局，1985.

核对，看看哪些是计成自己写的，哪些是引用《云林石谱》的。目的是找到这些石料的"源头"，通过源头判断古人掇山理念中所肯定的石料的性状。

（2）《云林石谱》和《园冶》对石料性状的评价，基本上可以概括明清以来掇山理念中的选石原则。这一原则延伸至北方园林掇山中，对北方就地取材选石必然有强烈的约束力。那么，北方园林掇山石料的种类有多少？（是否有确切文献记述？）北方石料和南方石料的共同点和差异性在哪里？

只有厘清这些事情，才能把北方园林掇山的基本情况搞清楚。

补记：

《园冶注释》的校勘者们充分注意到《园冶》与《云林石谱》之间的联系，杨伯超在《园冶注释校勘记》中写道："在选石各条中，费解之处尤多，意文字或有舛讹，苦于诸本大致相同，亥豕鲁鱼，难以校正。据计氏自谓，曾见《云林石谱》，试取之比较之，乃见计书太湖石、昆山石、灵璧石、岘山石、湖口石、英石六条文字，均沿用《云林石谱》，除小有删节或稍加变动而外，基本相同。"（当时是1978年11月。）一种可能是计成完全同意《云林石谱》对这6种石料的描述和评价。

读书笔记三：
《园冶注释》的一处注释错误

一、《园冶注释》（中国建筑工业出版社，1988年5月第二版）第二二四页，卷三"选石"注10"子久——为元·黄公望之子。"有误。

同书第五三页，卷一"园说"注13中已明确写了"大痴——元代画家黄公望，字子久"。

经查其他文献，可知黄公望就是黄子久，所以"黄公望之子"是不对的。

二、搞清楚黄子久，利于读者理解《园冶》卷三"选石"中的一句话："小做云林，大宗子久"。《园冶注释》的译文是"小型山，可做倪云林的稿本；大型山，应学黄子久的笔法"。注9中写"云林——为元·倪瓒之号"。我所产生的疑问是，同书中出现了两个与"云林"有关的人物，一位是倪瓒（元代画家，号云林居士、云林子、云林散人），另一位是杜绾（北宋人，号云林居士，著有《石谱》，后世称"云林石谱"），到底是指哪一位"云林"？

　　从"小做云林，大宗子久"可知，这个"云林"指的是倪瓒。第一，这里说的是画风，"云林"应是画家（倪瓒是画家，而杜绾未知是否为画家）（图2-2）。第

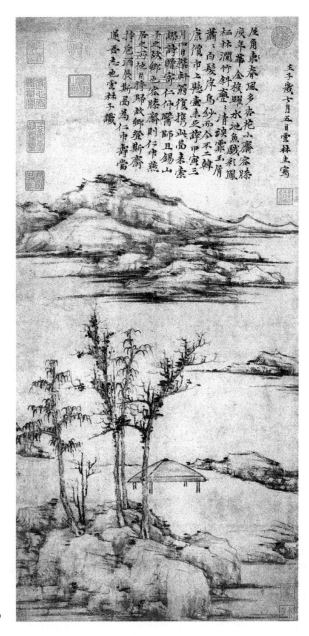

二，倪瓒与黄公望、王蒙、吴镇为"元季四大家"①，所以放在一起排比，应是合情理的。

以上为读书偶得，聊记于此。

读书笔记四：
再记《园冶》中对选石的记载

对《园冶》所选的16种石料做进一步的统计，并希望能举出现存的实例与之对照（表2-2）。

《园冶》"选石"篇的原文与名石案例　　　　　　　　　　　　　　表2-2

序号	石名	原文	名石案例
1	太湖石 3种	苏州府所属洞庭山，石产水涯，惟消夏湾者为最。性坚而润，有嵌空、穿眼、宛转、险怪势。一种色白，一种色青而黑，一种微黑青。其质文理纵横，笼络起隐，于石面遍多坳坎，盖因风浪中冲激而成，谓之"弹子窝"，扣之微有声。采人携锤錾入深水中，度奇巧取凿，贯以巨索，浮大舟，架而出之。此石以高大为贵，惟宜植立轩堂前，或点乔松奇卉下，装治假山，罗列园林广榭中，颇多伟观也。自古至今，采之以（已）久，今尚鲜矣。	苏州留园冠云峰（色白） 上海豫园玉玲珑（微黑青）
2	昆山石 1种	昆山县马鞍山，石产土中，为赤土积渍。既出土，倍费挑剔洗涤。其质磊块，巉岩透空，无耸拔峰峦势，扣之无声。其色洁白，或植小木，或种溪荪于奇巧处，或置器中，宜点盆景，不成大用也。	昆山亭林公园内有2块：春云出岫、秋水横波

---

① 元代中晚期活动于江南的画家黄公望、吴镇、倪瓒、王蒙，因皆在笔墨技法上成就显著，画山水以寄托清高避世的情感，对文人山水画典范的形成作出贡献，因而在画史上被称作"元季四大家"。画风虽各有特点，但主要都从董源、巨然的基础上发展而来，重笔墨、尚意趣，讲究"逸气"，是元代山水画的主流，对明清两代影响很大。

序号	石名	原文	名石案例
3	宜兴石 2种	宜兴县张公洞、善卷寺一带山产石，便于竹林出水，有性坚、穿眼、险怪如太湖石者。有一种色黑质粗而黄者，有色白而质嫩者，掇山不可悬，恐不坚也。	喀斯特地貌
4	龙潭石 4种	龙潭，金陵下七十余里，沿大江，地名七星观，至山口、仓头一带，皆产石数种；有露土者，有半埋者。一种色青，质坚，透漏文理如太湖者。一种色微青，性坚，稍觉顽夯，可用起脚压泛。一种色纹古拙，无漏，宜单点。一种色青如核桃纹多皴法者，掇能合皴如画为妙。	现多出砚台
5	青龙山石 1种	金陵青龙山石，大圈大孔者，全用匠作凿取，做成峰石，只一面势者。自来俗人以此为太湖主峰，凡花石反呼为"脚石"。掇如炉瓶式，更加以劈峰，俨如刀山剑树者斯也。或点竹树下，不可高掇。	
6	灵璧石 2种	宿州灵璧县地名"磬山"，石产土中，岁久，穴深数丈。其质为赤泥渍满，土人多以铁刃遍刮，凡三次；既露石色，即以铁丝帚或竹帚兼磁末刷治清润，扣之铿然有声，石底多有渍土不能尽也。石在土中，随其大小具体而生，或成物状，或成峰峦，巉岩透空，其眼少有宛转之势；须借斧凿，修治磨砻，以全其美。或一两面，或三面；若四面全者，即是从土中生起，凡数百之中无一二。有得四面者，择其奇巧处镌治，取其底平，可以顿置几案，亦可以掇小景。有一种扁朴或成云气者，悬之室中为磬，《书》所谓"泗滨浮磬"是也。	
7	岘山石 2种	镇江府城南大岘山一带，皆产石。小者全质，大者镌取相连处。奇怪万状，色黄，清润而坚，扣之有声。有色灰青者，石多穿眼相通，可掇假山。	
8	宣石 2种	宣石产于宁国县所属，其色洁白，多于土积渍，须用刷洗，才见其质。或梅雨天瓦沟下水，冲尽土色。惟斯石应旧，越旧越白，俨如雪山也。一种名"马牙宣"，可置几案。	《红楼梦》一书中也提到大观园中有宣石做的盆景。走进林黛玉的闺阁，"暖阁之中有个玉石条盆，里面攒三聚五载着一盆单瓣水仙，点着宣石"。

序号	石名	原文	名石案例
9	湖口石 2种	江州湖口, 石有数种, 或产水中, 或产水际。一种色青, 浑然成峰、峦、岩、壑, 或(成)类诸物。一种扁薄嵌空, 穿眼通透, 几若木版以利刃剜刻之状。石理如刷丝, 色亦微润, 扣之有声。东坡称赏, 目之为"壶中九华", 有"百金归贾小玲珑"之语。	
10	英石 4种	英州含光、真阳县之间, 石产溪水中, 有数种: 一微青色, (间)有通白脉笼络; 一微灰黑; 一浅绿; 各有峰、峦, 嵌空穿眼, 宛转相通, 其质稍润, 扣之微有声。可置几案, 亦可点盆, 亦可掇小景。有一种色白, 四面峰峦耸拔, 多棱角, 稍莹彻, 而面有光, 可鉴物, 扣之无声。采人就水中度奇巧处凿取, 只可置几案。	
11	散兵石 不定	"散兵"者, 汉张子房楚歌散兵处也, 故名。其地在巢湖之南, 其石若大若小, 形状百类, 浮露于山。其质坚, 其色青黑, 有如太湖者, 有古拙皱纹者。土人采而装出贩卖, 维扬好事, 专卖其石。有最大巧妙透漏如太湖峰, 更佳者, 未尝采也。	
12	黄石 1种	黄石是处皆产, 其质坚, 不入斧凿, 其文古拙。如常州黄山, 苏州尧峰山, 镇江圌山, 沿大江直至采石之上皆产。俗人只知顽夯, 而不知奇妙也。	上海豫园 黄石大假山
13	旧石 不定	世之好事, 慕闻虚名, 钻求旧石, 某名园某峯石, 某名人题咏, 某代传至于今, 斯真太湖石也, 今废, 欲待价而沽, 不惜多金, 售为古玩还可。又有惟闻旧石, 重价买者。夫太湖石者, 自古至今, 好事采多, 似鲜矣。如别山有未开取者, 择其透漏、青骨、坚质采之, 未尝亚太湖也。斯亘古露风, 何为新耶? 何为旧耶? 凡采石惟盘驳、人工装载之费, 到园殊费几何? 予闻一石名"百米峰", 询之费百米所得, 故名。今欲易百米, 再盘百米, 复名"二百米峰"也。凡石露风则旧, 搜土则新; 虽有土色, 未几雨露, 亦成旧矣。	
14	锦川石 2种	斯石宜旧。有五色者, 有纯绿者。纹如画松皮, 高丈余, 阔盈尺者贵, 丈内者多。近宜兴有石如锦川, 其纹眼嵌石子, 色亦不佳。旧者纹眼嵌空, 色质清润, 可以花间树下, 插立可观。如理假山, 犹类劈峰。	石笋

序号	石名	原文	名石案例
15	花石纲 不定	宋"花石纲",河南所属,边近山东,随处便有,是运之所遗者。其石巧妙者多,缘陆路颇艰,有好事者,少取块石置园中,生色多矣。	
16	六合石子 2种	六合县灵居岩,沙土中及水际,产玛瑙石子,颇细碎。有大如拳、纯白、五色纹者,有纯五色者;其温润莹彻,择纹彩斑斓取之,铺地如锦。或置洞壑及流水处,自然清目。	雨花石

《园冶》对选石的基本原则,原文为:"夫葺园圃假山,处处有好事,处处有石块,但不得其人。欲询出石之所,到地有山,似当有石,虽不得巧妙者,随其顽夯,但有文理可也。曾见宋·杜绾《石谱》,何处无石?予少用过石处,聊记于右,余未见者不录。"

经过对上表中16种石料稍加细分,又产生了约28种石料(除第11、13、15项因没有具体描述,暂不能定出有多少分支以外),而能找到确切对应实例的还不到一半。没有实例,就很难把《园冶》选石的原则具体化。

因此,寻找实例的工作还要继续开展。

本文由4篇文字组成,曾在新浪博客发布,分别是《假山石的种类》(2012年9月4日)、《〈园冶〉对〈云林石谱〉的引用》(2012年9月7日)、《〈园冶注释〉的一处注释错误》(2012年9月7日)、《再记〈园冶〉中对选石的记载》(2012年10月8日)。

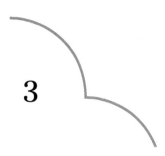

3

碧云寺水泉院湖石掇山技法初探

孙　婧、张　勃

　　水泉院地处北京西山风景区，位于香山碧云寺北轴线最深处，此院落以泉取胜，院内天然流泉。据《长安客话》载："水自寺后石岩出，喷薄入小渠，人以卓锡名之。""卓锡"之名自元代起便有，明代时声名更著。清乾隆十三年（1748年）扩建碧云寺，建涵碧斋、含青斋，与同期修整的水泉院共同组成清代皇家行宫御苑。

　　现今水泉院已不完全是最初模样。乾隆十三年的修缮，使部分建筑与明时的位置不尽相同。《日下旧闻考》记载了碧云寺扩建前后建筑的存废情况："瘿柳左之堂及啸云亭今俱无考，洞屋今存"，同时也记叙了新添建的建筑："碧云寺北为涵碧斋……洗心亭，又后为试泉悦性山房"（图3-1）。

　　1900年八国联军进军北京，试泉悦性山房即在这一阶段被毁。从一幅1900年法国人在水泉院所拍的老照片能看出，今日水泉院中部"瘿柳"处的景致与清朝末期几乎完全一致，这为研究水泉院湖石掇山提供了有力的断代依据（图3-2）。建筑虽毁，但是园内部分掇山景观却逃过此劫，几乎完好地保存下来，可谓不幸中的万幸。

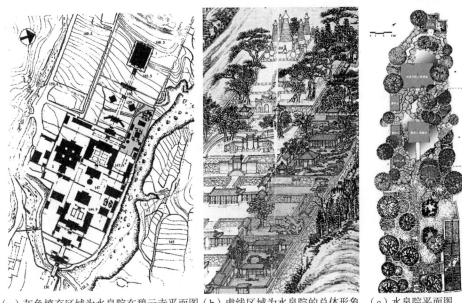

（a）灰色填充区域为水泉院在碧云寺平面图中的位置　（b）虚线区域为水泉院的总体形象　（c）水泉院平面图

▶ 图3-1　水泉院位置图

图片来源：（a）（c）改绘自 郝慎钧，孙维乐. 碧云寺建筑艺术［M］. 天津：天津科学技术出版社，1997；（b）清代《静宜园全貌图》。

（a）1900年老照片　　　　　　　　　　　　　（b）现状

▶ 图3-2　水泉院中部"瘿柳"处的照片对比图

中华人民共和国成立后，香山管理处多次修缮、维护水泉院。其中规模较大的一次为1984年，工程中添建了六角亭（今洗心亭），复原了清净心抱厦，重修260平方米的甬路，复堆300立方米山石，同时还进行了植物配置，重现了部分清代行宫苑囿景观。也正是因此，我们今日才得以有幸来欣赏及研究水泉院中的掇山作品。

掇山叠石在中国古典园林中占有极其重要的地位，"掇山"一词最早出现于计成的《园冶》。已故建筑与园林大师童寯先生认为："造园要素：一为花木鱼池，二为屋宇，三为叠石。花木鱼池，自然者也。屋宇，人为者也。……石虽固定而具有自然之形，虽天生而赖堆凿之巧，盖半天然半人工之物也。吾国园林，无论大小，几莫不有石。"童先生用高度凝练的语句概括了掇山叠石的独特性及其对中国古典园林的重要性。水泉院现存掇山近千立方米，造型多样，形态完整，在水泉院的整体造景上起了至关重要的作用，是全园的骨架。山石或散置或掇叠，气贯一体，气势如虹，手法可谓成熟。不论是造景艺术还是掇叠技术，都可谓中国北方皇家园林掇山的典范。

碧云寺水泉院掇山用石为北太湖石，产自北京西南郊房山大灰厂一带。此种山石与南太湖石有所不同。南太湖石为地产于太湖区域多孔而玲珑剔透的石灰岩，以瘦、透、漏、皱为特点，大量在江南园林中运用。北方园林掇山若用湖石则大多选用房山太湖石，属于太湖石种类中的旱石。它没有玲珑奇巧的石体，但由于含氧化铁成分较多，表面呈橙黄色，质韧而具绵性，湖石多洞孔且大小相间，石质纹理层次丰富，适宜堆叠出北方的峰峦崖岫。水泉院用北湖石所掇的山体古朴自然，浑厚雄奇，完全展现了北太湖石透、皱、浑之美，同时也省去了从南方千里迢迢运送石材的车马之劳，这也是古代造园家主张的就地取材思想的体现。

1. 水泉院掇山置石造型手法

清代皇家园林掇山按形式可以分为自然环境中的依附真山造假山与庭院掇山两类。庭院掇山章法严谨，形式繁缛，是清代技术性掇山的代表，水泉院掇山造景就属于庭院掇山。这类掇山多与宫苑建筑结合紧密，对宫苑空间环境起到围合、分割、障景等作用。水泉院背依香山，与真山真岩相渗，又以占地较为紧凑的屏山、壁山为主，依山崖设置嵌岩景观，形成了隐秘的山居意境（图3-3）。

明代计成在《园冶》"掇山"篇中，按照园山、厅山、楼山、阁山、书房山、池山、内室山、峭壁山、山石池、金鱼缸、峰、峦、岩、洞、涧、曲水、瀑布共17类记述中国古典园林掇山造型。水泉院中也使用了众多造型手法。

（1）峰

今水泉院西南入口处有孤置石峰一座，置于汉白玉底座之上，成为入口处的对景，也是整个水泉院景观序列的开篇。此石材质为北太湖石，石质古朴，纹理上涡、沟、环、洞兼具，姿态平稳中又极具飘逸的动势。《园冶》中有"峰石一块者，

▶ 图3-3

水泉院景观分布图

图片来源：底图引自 郝慎钧，孙维乐. 碧云寺建筑艺术［M］. 天津：天津科学技术出版社，1997；照片为作者自摄。

相形何状，选合峰纹石，令匠凿笋眼为座……须知平衡法，理之无失。稍有欹侧，久则愈欹，其峰必颓，理当慎之"的论述，体现了孤置石峰的大体特点。

（2）亭山

洗心亭掇山是院落西南轴线上的第一组景观，六角亭置于掇山之上。其山形沉稳，亭坐落山峦当中，位置不偏不倚。掇叠所用湖石纹理统一，古拙自然。山路设置三条，陡缓不一，供上下通行，三路中间的一条还设计了石架拱门，充满意趣。

（3）池山

《园冶》这样描述池山："池上理山，园中第一胜也。若大若小，更有妙境。就水点其步石，从巅架以飞梁。"水泉院中共有大小池沼三座，龙王殿一处便有"洞穴潜藏，穿岩径水；峰峦缥缈，漏月招云"之感，而藏花洞前的两片水池，驳岸掇石错落有致，并有一座雕刻石板桥与一座掇石起基的石桥连接于水上，整个景致不禁让人感叹——"莫言世上无仙，斯住世之瀛壶也。"

（4）台山

水泉院中部有弹拱台一座，台下便是湖石掇叠的台山。相传弹拱台是金章宗弹棋的场所，棋台背倚碧云寺石壁，堆叠于层层叠叠的人工掇山之上，以山石蹬道登达。

（5）墙山

墙面悬空贴石，方法为顺着贴石下口重心边缘寻找砖缝打进铁件，以挂住山石使其稳定，然后用水泥砂浆与墙体砖面焊牢。墙山在水泉院中多有应用，如洗心亭临墙壁一侧，掇山由地面堆叠逐渐转堆为墙山，恰有排云而上之感，更显山体的高大与轻灵。

（6）驳岸池桥

驳岸掇石之法古已有之，《园冶》记："临池驳以石块，粗夯用之有方。"驳岸掇石与水的交界线忽藏忽露，能够显出池水的纵深感。

（7）山麓

掇山手法中，将大小石块埋入土中，形成陂陀，同时具备山与山之间的联系功能。水泉院洗心亭亭山、弹拱台台山与龙王殿假山均以土带石掇置了山麓起脚，模仿山水画中抽象的山水脉络纹理，以达未山先麓的效果，使山体具有绵延之感。

2．掇山与其他景观元素的组合

（1）掇山与水

水泉院的山形格局符合"山脉之通，按其水径，水道之达，理其山形"的画理。水泉院东西长，南北短，设计者用东西向三道假山（洗心亭假山、弹拱台假山、龙王殿假山）形成山系，一脉相承，似断还连。明代朱长春在《西山游记》中这样描述水泉院中水系："当源为泉亭，折泉为流觞，交亭左右，又前汇为池，红白荷花荽蒲参差。"明代朱孟震在《游西山诸刹记》中记述："叩石龙口，泉所从出也。水泠泠有声，稍折数步，环丘亭而下，别为一池，池溢水，乃从石甃出。"从这些记述与其他古代文献中可以推断出明代水泉院的部分院落布局与水系结构，能够看出明代与现在的洗心亭所在位置并非同处，出水口所在位置与形制也不尽相同，但是菡萏满池、蒲草繁盛的景象却能够透过久远的年代，通过池岸湖石掇叠所营造的自然玲珑的氛围传达给我们。

（2）掇山与建筑

清朝洪良品《西山游记》中有这样的描述："入门见癭柳，甚古，柳旁殿壁有泉，自石龙口中喷出如雪，汇为暗井……游毕，至试泉悦性山房茗憇。"根据这段记载，我们可以感受到这一时代水泉院的空间结构序列，这与今日之水泉院景观序列已经十分相像，只是试泉悦性山房已毁，当初大体量山房仄仄逼人之感，已变为今日平整开阔的建筑地基遗址带给人们的另外一种感受。

（3）掇山与植物

植物景观的营造自古便是中国古典园林不可缺少的一部分，它既能起到分割或围合空间的作用，又能起到柔化建筑或庭院边界的作用。从古文记载中得知，古洗心亭前曾盘柏为屏，屏前有竹一方，细如楛，皮黄金，数千百，枝条郁郁葱葱，引百鸟嚌嚌而鸣。竹前古银杏，亭左右古柳，下本半皮枯，臃肿若橛、若虬鳞、若疣，上枝细如丝，青青盖亭亭，为寺中奇。

古话有云："雕栋飞楹构易，荫槐挺玉成难。"水泉院历经百年，绝壁留松，虬柏葱茏，风摆翠竹，奇桧连阶，粗壮结实的白皮松像重兵把守城池般守护着这方水院的澄澈与宁静。

3. 具体掇叠手法

因水泉院中掇山绝大多数由北太湖石堆叠，清代北方皇家园林掇山名匠也多来自南方，故其技术手法与南太湖石的堆叠手法十分相似，中国古典园林掇山技术的大多数手法都在水泉院中得以体现。

（1）接形合纹，顺势贯气

接形应利用石料的自然外形进行组合，产生自然的效果。妄生圭角、七拼八凑，都是错误的接形方式，这样堆出来的假山如同乱石一堆。水泉院掇山手法成熟，大部分接形过渡自然，浑然一体，神完气足。只有少数地方生出圭角，让明眼人看了会感觉不甚舒服。但是水泉院历经多朝更替，假山维护记载资料甚少，近代也经历了大的复堆，出现后人将地面散置石块堆置封顶的可能性是极大的，但是从总体上来看，不论这些掇山是何时何人主持堆造的，其技艺手法都应算作成熟，更何况水泉院也为几朝皇帝所重视喜爱，建造工程必不可能掉以轻心，其技术手法是值得学习与研究的。

（2）飘挑架斗，化重为轻

湖石具有百洞千孔的外形，北太湖石涡洞回环，嵌空剔透。因此，技艺高超的匠人懂得迎合湖石的这种特性，通过运用"拼、叠、挑、飘、悬、卡、斗"等多种手法，根据一定的拼叠原则，从局部到整体，最后掇叠出力学上合理、美学上独到的假山造型（图3-4）。

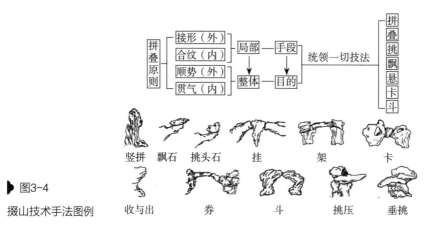

▶ 图3-4

掇山技术手法图例

图片来源：改绘自 方惠. 叠石造山的理论与技法［M］. 北京：中国建筑工业出版社，2005.

水泉院中的湖石假山几乎涵盖了以上所有掇法，尤其多用挑法与飘法。"挑"指用具有横向纹理的山石作横向挑出，以造成飞舞之势，做挑要"前悬浑厚，后坚藏隐"。水泉院中应用"挑"的手法既有"单挑"又有"重挑"。"单挑"为一石挑出，如龙王殿假山谷处就多有运用；"重挑"为每层挑石下有一石，依此类推层层挑出，出挑的长度一般为挑石的三分之一，弹拱台东角下的假山就是一例，重挑能使山体层次更加分明。

　　挑头置石为"飘"。飘石的使用主要是丰富挑头的变化。飘石应选用纹理、石质、石色与挑石相一致或协调的石料。水泉院中有几处飘石选取了造型奇巧兼具某种意象的石材，如似小狗、鳄鱼等动物的形象，增添了游赏中的惊喜。这种手法在中国古典园林掇山中大为常见，如狮子林狮山、北海公园假山中的龟蛇斗法等。因此，"飘"的处理使水泉院假山的山体外形轮廓显得轻巧、飘逸，富有趣味，给了观者无尽的想象空间。

　　（3）发券造洞，开实通虚

　　理洞技术发展至清末有三种方式：一为梁柱式，二为叠涩式，即计成所谓"条石合凑作顶"，三为券拱式。券拱式为戈裕良所创，即湖石相互勾连，发券起拱，形成顶壁一气的自然洞窟环境。水泉院亭山拱券用"斗"，斗势相接为环；弹拱台下假洞用"架"，使游人登上踏步更有平步青云之感；龙王殿山径小拱洞用"券"，表现山体的石洞形态，将山体基座的墩厚沉重转化为轻盈隐秘，开实通虚。

　　（4）蹬道二三，似简实繁

　　蹬道是掇山中为解决竖向的交通联系，用片状山石堆叠而成的通道。山道应有分、有合、有环抱，忌重复性回头路。洗心亭亭山系近代修缮复堆，所用石料应为水泉院原假山被破坏后散落四处的湖石。复堆的手法可算上乘，设计有左、中、右三条山路，上山路一平二险，形成环抱之势。三种风格相得益彰，在每一条山路上都可左顾右盼，有景可观（图3-5）。

　　弹拱台假山在狭窄的山道中，设分路石一块，并留下了让路口，以方便对面游览者进出。同时用山石作屏风，挡住视线，使游人在山外无法望见道路走向，只有从山上下来之后方才明白。山道又分横道、纵道。纵道为显，使山体更有纵深感；横道为隐，使山体更有层次，同时也给游人增加了神秘感与惊喜感（图3-6）。

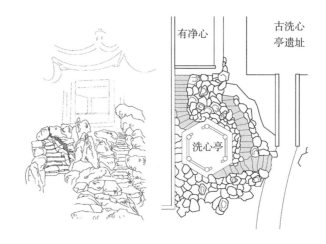

▶ 图3-5

洗心亭亭山的两处蹬道

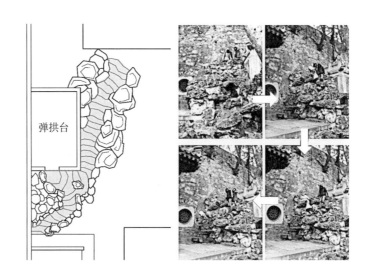

▶ 图3-6

弹拱台台山蹬道分析

（5）踏跺蹲配，以柔克刚

山石踏跺与蹲配是用来强调建筑入口、丰富建筑立面的一种置石方式。蹲配在外形上与功用类似的垂带和石鼓相比更加自然活泼，能使棱角分明、构造方式严格的建筑边界得以柔化。水泉院藏花洞就是以天然湖石为建筑物的踏跺和蹲配，而它更加精彩和与众不同的地方在于：藏花洞台明直接临水，与原洗心亭台基遗址一水相间，于是这三级踏跺实为一梁柱式掇叠的小"桥"，跺下有洞供水穿行，山林意趣宛若天成。

（6）抱角镶隅，化直为曲

园林建筑应顺应地形而建，整体布局追求轻盈自由，而墙角的线条易陷入平直和单调。水泉院掇山中大量使用山石对内外墙角进行包镶、美化。对于形成的阳角，用山石来紧包基角墙面，形成环抱之势，称之为抱角，如洗心亭南侧墙角就使用了这种手法。对于阴角，则用山石填镶其中，称之为镶隅；弹拱台北角与寺院墙壁相接而形成的阴角，就是湖石镶隅的明显一例。掇石下部膨大、上部缩小呈锥状，仿佛弹拱台从真山真岩中生长出来一般，自然天成。

（7）假山胶结，拓缝技术

掇山中石与石除了利用侧力或重力相互挤压、卡、架、挂等连接在一起外，还有用一些传统的粘合剂来进行加固连接的手段，称为胶结。古时对胶结材料有如下记述："山石堆叠之法，配搭用铁钩，接密用米浆和石灰。戈（裕良）则以砻糠、石灰、黄土，研末敲固，胜于石板铅板"。胶结使两块或多块山石粘结在一起，但是石纹复杂、石体形态奇特，因此在胶结之前一般都要用更小的石块做刹。水泉院掇山胶结使用的灰膏中含有大量黄黏土，这种做法与明清江南私家园林掇山无异。仔细观察水泉院掇山，填补山石空隙的刹口往往做得真实自然，看不出人工贴补的痕迹，早期的石灰抹缝也细腻而难以察觉，远远望去，由万千小石堆置的大体量山峰，浑然一体，古朴大气，非常值得称道。

4. 假山修复遗留问题

水泉院历经多朝更替，假山维护记载资料甚少，因此给后代修复者带来了复原的重重困难，但同时，这又给具有才智的匠人提供了一展身手的机会。随着岁月变迁，水泉院也完成了从专属皇家的行宫园林到给百姓游览观赏的角色转换，它虽不如江南园林那样名震四方，往来游人如织，但是客观地讲，水泉院一定是中国北方古典园林的一处佳作。

现在的水泉院仍存在一些近代修复过程中遗留的明显问题，比如穿电线管的地方基本没有作复原处理，黑色管线外露，影响了山体的细部景观；龙王殿山下局部山石复堆皴纹不合，手法也颇为杂乱无章；洗心亭与龙王殿掇山均有包镶材料脱落、铁活外露的状况；需胶结拓缝的地方在后期修理中使用了水泥砂浆，现已多有脱落；池边植被散乱，

▶ 图3-7　现状掇山遗留问题

也不再精心料理应季花卉，具有此功用的藏花洞废弃，水系景致已失旧时文献中记载的风韵（图3-7）。

5．结语

　　这篇关于碧云寺水泉院湖石掇山技法的研究，只揭开了京郊大西山地区大量遗存明清掇山的一角，为接下来的研究积累了宝贵的经验。我同时也期望中国古典园林掇山，尤其是北方地区的掇山能够更多地被国人了解和欣赏。掇山原材料的不确定性与匠人的设计主观性，使得这门技艺较之有严格规矩方圆的古建筑的保护与设计更具有难度、更容易失传。文物建筑与景观的保护是一项长久的大事，传承不论缺失了哪一项，都将是中华文明永恒的遗憾。这些宫殿园林历经百年风雨呈现在今人面前实属不易，这都是前人为我们留下的宝贵遗产，尽可能多和快地保护好尚存的遗产，做尽可能多并且深入的研究是我们不可推卸的义务和责任。

本文原载于《古建园林技术》，2013年第2期，55-58页，37页。

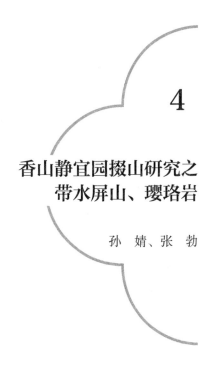

4

香山静宜园掇山研究之
带水屏山、璎珞岩

孙　婧、张　勃

1. 序言

　　以天然水景为主、山景为辅的万寿山清漪园，平地集锦式园林圆明园和畅春园，以天然山景为主、水景为辅的玉泉山静明园和以山地风景名胜著称的香山静宜园被称为清代"三山五园"，这几座园林包罗万象，可以说是中国皇家古典园林的集大成之作。香山占有其中的一山一园，在中国古典园林中的地位可见一斑，尤其对中国皇家园林研究具有重要意义。然而长期以来，静宜园在学术界受到的重视程度远不及圆明园和颐和园，尽管园林艺术价值很高，但相关研究却屈指可数。中国古典园林历史悠久，关于园林建筑、花木、理水等各种研究卷帙浩繁，惟关于掇山技术、艺术、工料、管理等的总结却因资料匮乏且较为分散等原因起步较晚，未能全面深入。随着近年来古建园林工作者与爱好者对掇山技艺重要性的认识全面提升，研究成果才逐渐丰硕起来，但仍旧是中国古典园林研究中的薄弱环节。

2. 香山静宜园

香山丘壑起伏，林木繁茂，位于北京西北郊西山东麓，是一座以自然景观为主，具有浓郁山林野趣的大型山地园，是清代皇家园林的重要代表。清康熙年间，天下渐次平定，康熙帝在西郊开始兴建香山行宫——"质明而往，信宿而归"，将其作为临时驻跸的一处行宫御苑。静宜园建成于清朝鼎盛时期，不论其技术、艺术还是造园各方面的管理都高度成熟，涵纳了丰富的造园意象。清乾隆年间是香山静宜园的极盛时期，其在京郊"三山五园"中享有特殊的地位。乾隆九年（1744年）设置园外郎一人专司管理园务，十年（1745年）扩建后置八品总领一人，十二年（1747年）又增加一人，十六年（1751年）设置总理大臣兼领清漪、静明、静宜三园。

静宜园分宫苑区与园林区，包括内垣、外垣、别垣三部分，面积153公顷，宫墙顺势蜿蜒达5公里，园内的大小建筑群共50余处，经乾隆皇帝命名题署的有"二十八景"。静宜园有三泉水系，即双清泉水系、玉乳泉水系和卓锡泉水系。"月河源出碧云寺，内注正凝堂池中，复经致远斋而南，由殿右岩隙喷出，流绕墀前。"[①]"双井水东北注松坞云庄池内，入知乐濠，由清音亭过带水屏山，绕出园门外，是为南源之水。"[②]充沛的泉水与高山区收集的雨水汇流，滋润着这片美丽的平冈，也使得静宜园的整体环境清新怡人。园中园配合建筑的布局手法是清代大型皇家园林所惯用的，静宜园中各个景点风光相背，各不相同，使用功能也各有所专，其规划清晰明确、各有特色的分区形散神聚。乾隆年间新建的景点与建筑也并非孤立经营，而是与旧时已有的名胜相互呼应，均能够突出重点并契合主题，处处体现了清代皇家造园驾驭大规模园林规划的高超水平。

但是，在清咸丰十年（1860年）十月十八日、十九日，英法侵略军焚掠了北京西郊，将举五世经营与百余年积蓄的"三山五园"付之一炬，园内建筑名胜几乎全部焚毁，珍宝、文物被掠夺一空。八国联军于光绪二十六年（1900年）又一次铁蹄践踏香山静宜园，复经浩劫的静宜园此时已是遍山瓦砾，处于半荒废的状态了，其

---

① 《日下旧闻考》一四三九。

② 《日下旧闻考》一四四四。

景凋零不堪。一代名园被毁令无数人心痛，但园内的部分掇山景观却逃过此劫，几乎完好地保存了下来，此乃静宜园不幸中的万幸。可谓"相逢莫问前朝事，点首兴亡石不言"。①

20世纪80年代，建筑史学家郭湖生先生在《中国古建筑学科的发展概况》一文中也讲道："古代已泯灭不存的园林，根据文献图画，也有许多匠心独到处可发掘。"②相关静宜园的院体画、图档、舆图等，有清代张若澄《静宜园二十八景》图卷，清桂、沈焕、嵩贵合笔《静宜园全貌图》，董邦达《静宜园二十八景》图轴，样式雷《香山地盘图》，以及部分静宜园图档、民国九年（1920年）印行的陈安澜测制《静宜园全图》，它们对于香山静宜园掇山置石的研究都具有极其重要的参考价值。因静宜园时期的建筑大体被毁，只有从这些图卷上才能小心揣摩当时造园者对建筑布局及园景空间的设计构思，从而真正领略中国古典园林的魅力。

3. 掇山

假山是园林中以造景为目的，以自然山水为蓝本并加以艺术地概括和提炼，以土、石人工构筑的山或石景。"本于自然，高于自然"是中国古典园林一个最主要的特征，园林之所以能够体现高于自然的特点，主要得之于掇山的艺术创作。苏州是假山之乡，吴地称积叠为"掇"，因此学术上有掇山的称谓，即掇石成山。假山掇叠一般分为立意、相石、布局、取势、理质和结构等内容。功能上不仅可以分割

---

① 刘景宸曾作《青云片石》诗：
  对此茫茫一赋诗，人间艮岳剩相思。谁知桑海无穷劫，留与嵯峨玉立时。
  可惜珠题字字排，五云深处久沉埋。不然早识吾侪面，袍笏呼兄宝晋斋。
  占得园林如许好，风流裙屐夕阳天。相逢莫问前朝事，点首兴亡石不言。
② 郭湖生. 中国古建筑学科的发展概况［M］//山西省古建筑保护研究所. 中国古建筑学术讲座文集. 北京：中国展望出版社，1986：4.

园内景区空间，还可弱化或隐蔽景区围墙，含蓄景深，也成为隔离园外嘈杂空间的屏障。另外，在相对狭小的空间中塑造的假山盘道、谷、洞、峰可供攀登游嬉，使游览路线迂回曲折、上下盘旋贯通，增加景观层次，延长游览路程和游览时间，从而起到拓展空间的作用。

香山公园既有数百年前遗留下来的古掇山，也有今人整修复堆或者重新设计掇叠的新山。静宜园时期有内垣的勤政殿、带水屏山、璎珞岩、香山寺、雨香馆、松坞云庄、玉乳泉、唳霜皋，外垣的森玉笏、晞阳阿与别垣的昭庙、见心斋、眼镜湖，加之碧云寺的行宫院；现代有眼镜湖水帘洞、香山饭店中的清音泉掇山和飞云石置石。尚不论古今的话，值得细细鉴赏、品评、学习的掇山就有十几处之多。本文选取其中最具代表性的两处——带水屏山、璎珞岩，分别从历史沿革、园林布局和掇山技艺三个方面进行详细阐述与分析。

4. 架壑梯峦，水落岩隈——带水屏山

（1）带水屏山的历史沿革

现静翠湖前身为静宜园时之"带水屏山"，位于中宫东侧，门宇三楹南向，西为对瀑，北为怀风楼，其左为琢情之阁，东南为得一书屋，西为山阳一曲精庐。该景区原建于乾隆十年（1745年），三面环山，引双清泉水于西南部的假山上流下，迤逦东注，宛若素带，至此汇为池，故名"带水屏山"。

咸丰十年（1860年）被英法联军焚毁。1957年拆除庭院中残基，清挖旧池为湖；复借古时香山至玉泉的饮水石渠修治围岸，植柳铺路，寂照湖山，使庭院别具清幽，取名静翠湖。1991年2月，采取"古今之名兼用，新旧之工并举"之策重葺静翠湖。据残基之半，复建单檐歇山式敞厅"对瀑亭"，面积53平方米，以遗存之石，重叠带水屏山，亭畔立石，摹镌乾隆帝御制诗文，1991年9月复建竣工（图4-1～图4-3）。

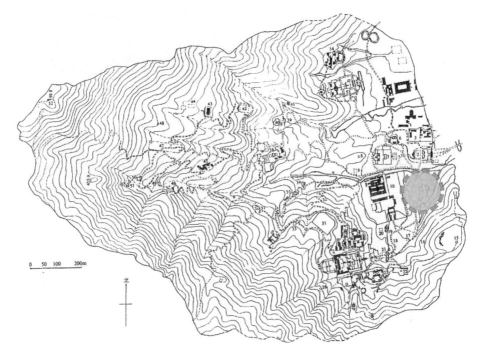

▶ 图4-1 带水屏山所处香山位置图

图片来源：改绘自 周维权. 中国古典园林史［M］. 北京：清华大学出版社，2008.

（a）平面图　　　　　　　　（b）对瀑亭与掇山实景

▶ 图4-2 静翠湖带水屏山

（2）带水屏山的园林布局

乾隆三十三年（1768年）御制对瀑诗云：

架壑梯峦引流水，

到斯数仞落岩隈。

适从知乐濠边立，

知自淙淙脚底来。

（a）《静宜园全貌图》带水屏山局部

此诗用精练的语言描绘了当年带水屏山假山的具体信息：假山所处的地形——"架壑"（跨越深沟）之地，假山的高度与形状——"数仞""梯峦"，瀑水落下的地方——"岩隈"（山岩弯曲的地方），瀑水的来源——"知乐濠"。

今带水屏山与静翠湖景区空间结构上重心明确，形成了良好的观景与景观效果。坡岸以块状青石缀砌，除与带水屏山呼应之外，还设计了汀步水道使瀑水汇入湖中。东南方做缓坡使山水相连；北面取南华秋水之遗意，依旧岸设鱼乐台，既能观鱼，又成为观赏对瀑的绝佳处，宋人郭熙在

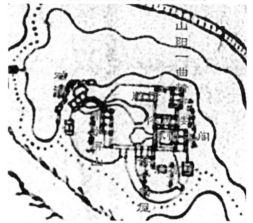

（b）样式雷《香山地盘图》带水屏山局部

▶ 图4-3　清代带水屏山

图片来源：香山公园管理处提供。

《林泉高致》中称："山水大物也，人之看者，须远而观之，方得见一障山川之形势气象"。鱼乐台的建造正符合带水屏山景区的观景诉求。植物配置方面，南纳红叶，西现乔松，北映翠柏，东接远岫。春末蜂追蝶舞，桃柳相踵；夏至绿水青山，松柏插云；秋时霜打红叶，层林尽染；冬来银装素裹，松柏凝素（图4-4）。

（3）带水屏山的掇山技艺

《园冶》有云："方堆顽夯而起，渐以皴文而加；瘦漏生奇，玲珑安巧……蹊

径盘且长，峰峦秀而古……未山先麓，自然地势之嶙嶒；构土成岗，不在石形之巧拙……结岭挑之土堆，高低观之多致；欲知堆土之奥妙，还拟理石之精微。"静翠湖带水屏山大假山占地面积不大，主次配峰高低错落，峰峦峭壁、巨石嶙峋，直起于土坡之上，其倒锥形的掇山形式在中国皇家古典园林中是少见的，形成绝好的峭壁峰。峰与峰之间形成幽谷断崖，手法运用了典型的卷云皴，营造了"高低观之多致""自然地势之嶙嶒"的效果（图4-5）。

▶ 图4-4　香山静翠湖

图片来源：香山公园博客，作者王义生。

（a）卷云皴画法

（b）带水屏山立面层次线条轮廓

▶ 图4-5　中国画卷云皴画法与带水屏山立面层次线条轮廓

掇山采用饼状石料，有些石料大小不一，达不到想要的效果时，就用厚度相似的小块粘合成大块，层层出挑，上边的一层面积要大于下面一层。这样层层垒叠，便形成了倒圆锥状的整体形式。多个高低不等的倒锥体错落在约60°的土坡上，以土带石，使真山与假山有机地融合在一起。双清泉水于西南部的假山上流下，瀑布宛若素带，山脚下的山石潭会积聚一些雨水。这几乎为静宜园原貌（图4-6）。

有古语曰"危在凌空稳在根"，假山的掇叠讲究麓窄顶宽，其美若踮脚翩然起舞的芭蕾女子。"危"是一种特殊的美，根脚一大，虽有美状也不值得看了。当人类的居住环境存在某些缺憾时，弥补的办法通常是建造一些"人为景观"，心理学家称这种弥补需求为"格式塔"心理。带水屏山给这一庭院原本平淡的景观造就"危"式，塑形掇峰颇具匠心，依山就势有赖天成，形成独特的掇山理水景观。

▶ 图4-6
带水屏山的计算机模型与实景

5. 霞裾琼佩，璎珞垂缕——璎珞岩

（1）璎珞岩的历史沿革

璎珞岩景区位于香山东部，静宜园中宫西南，翠微亭北侧，为静宜园二十八景之一（图4-7、图4-8）。

璎珞原为古代印度佛像颈间的一种装饰，形制较大，在项饰中最显华贵。《妙

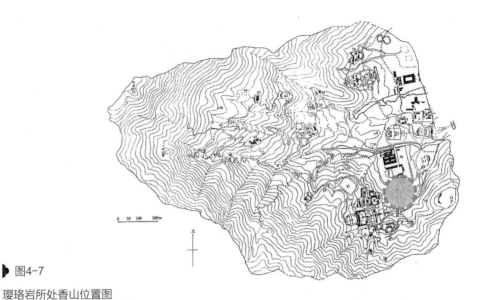

▶ 图4-7

璎珞岩所处香山位置图

图片来源：改绘自 周维权. 中国古典园林史［M］. 北京：清华大学出版社，2008.

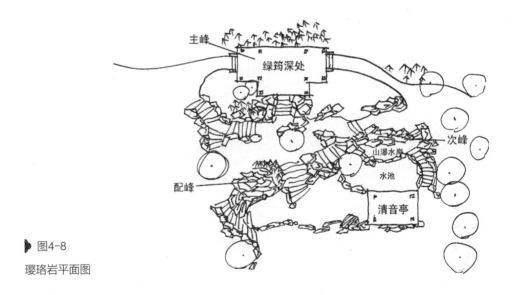

▶ 图4-8

璎珞岩平面图

法莲华经》记载，用"金、银、琉璃、砗磲、玛瑙、真珠（即珍珠）、玫瑰七宝合
成众华璎珞"，可见璎珞由世间众宝所成，有"无量光明"。以"璎珞"命名此岩
景，可见乾隆对这一山水景观的极致喜爱（图4-9）。

璎珞岩叠石引流形成散漫浸注，如雨飘洒，如雹飞溅，岩因缀苔而曰翠壁，水若串珠得名璎珞，更兼潺潺淙淙，入耳成乐，有声有色。所谓璎珞岩者，非天然云岩，乃由能工巧匠掇叠而成。原岩上方有三间歇山式敞亭，正殿外檐悬康熙帝题"绿筠深处"匾额；亭周叠石，有泉漫流其间，跌落为瀑后注入水池，景致绮丽。岩旁有亭一座，名曰"清音"，池旁石壁上有乾隆御制璎珞岩诗（图4-10）。该景区1860年被毁，现建筑为1984年由香山公园管理处修复，掇山为"山石韩"传人韩良玉大师修复。

▶ 图4-9　肩披轻纱，胸饰璎珞（北京法海寺壁画）

璎珞岩以"声景"入画，水落泉潭，使人产生"无弦琴"的联想，不啻八音合奏。乾隆御制璎珞岩诗：

滴滴更潺潺，琴音大地间。东阳原有乐，月面却无山。

忘耳听云梵，栖心揖黛鬟。饮光如悟此，不复破微颜。

▶ 图4-10　清代张若澄《静宜园二十八景》图中的璎珞岩

　　　　　　　　　　　　　　望山览石——中国古典园林掇山数字化研究

（2）璎珞岩的园林布局

整个璎珞岩假山景观以石为绘，将中国画的"三远"手法表现得淋漓尽致。"三远"出自宋代画家郭熙所著《林泉高致》中的一段精彩论述："山有三远：自山下而仰山颠，谓之高远；自山前而窥山后，谓之深远；自近山而望远山，谓之平远。高远之色清明，深远之色重晦，平远之色有明有晦；高远之势突兀，深远之意重叠，平远之意冲融而缥缥缈缈。"整座叠山由三大层次组成，主山位于绿筠深处之下，以清音亭为观景点的话，体现出"深远"的意境；次山稍靠前，为瀑布、临水平台与山石池；配山最前，位于主山东南方向，配山独立成峰，靠山麓与主次山一脉相承。配山较为高耸，自山下仰头望，谓之"高远"（图4-11）。

清音亭与绿筠深处亭作为两处观景点，为观者提供了两处不同的视角，互相达成了中国古典园林手法中"看与被看"的默契。坐在清音亭中，正面为璎珞岩主山的余脉——次山瀑布山石池与临水平台，瀑布常年流水不竭，池水清浅，环抱型的璎珞岩山脉起到了收拢音效的作用，可以"忘耳听云梵，栖心挹黛鬓"。绿筠深处位于主峰峰顶，底面标高高出清音亭5米左右，远可眺望广袤群山逶迤，近可俯观脚下山石云涌。高大粗壮的油松与石间生长的箬竹环绕四周，坐于此处如在清风绿屿，声色俱佳。

清代张若澄《静宜园二十八景》图卷对璎珞岩的描绘细致秀美，手法写意，表达重"势"；《静宜园全貌图》画作清晰写实，表达重"质"。后者可看出画家对石料的描绘逼真可信，很容易识别出是片状青石，与现状统一，这也为画作中其他景点掇山用石的材料判断提供了有力依据。现绿筠深处已不是旧时模样，横云馆等建筑或连廊也已不在，根据两幅图画推测，静宜园时期，璎珞岩处横云馆附近应有更为大量的掇山作品，掇叠时间应与璎珞岩同期，技术手段高超（图4-12）。

（3）璎珞岩的掇山技艺

山以深幽取胜，水以湾环见长，无一笔不曲，无一处不藏，设想布景，层出新意。水有源，山有脉，息息相通，以有限面积造无限空间。这种方法为乾隆年间的造园惯例，在乾隆御花园、承德避暑山庄等园林中屡见不鲜，是从南方传入北地的方法。韩良玉大师运石似笔，法备多端，挥洒自如，能将危乎屹崒之高，峥嵘不测之深在数弓之地表现出来，将自然界丰富多变的山体形象浓缩在拳山之

▶ 图4-11 璎珞岩现状:（上）全景,（下）配山

（a）样式雷《香山地盘 　　（b）《静宜园全貌图》璎珞岩局部 　　　　（c）现状透视图
图》璎珞岩局部

▶ 图4-12 清代璎珞岩

图片来源:（a）（b）来自香山公园管理处;（c）作者自绘。

中。水口、飞石,妙胜画本,岩瀑下临深潭,有曲尽绕梁之味,清音亭前一泓,宛
若点睛。

　　璎珞岩掇山在明晰了"主、次、配"的基础上,每组仍至少有三个层次的掇
叠,疏密相间,相互呼应,若断若续。璎珞岩主山最高,上建绿筠深处亭。次山坐
落在清音亭对面,是整个景区中最有生机的部分。其掇造平面复杂,变化多端,有
湾洞回环、瀑水滴漆,临水石岸高低错落,可坐、可立、可观赏、可游憩。璎珞岩

　　　　　　　　　　　　　　望山览石——中国古典园林掇山数字化研究

配山以"叠"作主要掇造手段，整体造型呈左右对称，两条蹬道环抱山体外沿通往山后。掇山手法上以云状青石向中心层层出挑，压头石呈"飘"态，基部对称中心处竖设一块大石，颜色铜绿，发白明亮，虽无流水却若川瀑挂壁，周围横叠山石偃仰顾盼，四隅相招，呈环拱中心状，如流水波浪，后推前让。

从璎珞岩旧照与现状照片的对比可以看出（图4-13），韩良玉大师修复璎珞岩过程中，去掉了山麓与蹬道旁边的大部分剑石，保留了原有的横式做法。竖立青石在静宜园掇山中是非常惯用的手法，也是判断现在香山公园遗存掇山是否为静宜园时期旧物的有力参照。剑石主要应用于蹬道两旁，尤多见于山径转弯处，起强调转角与把扶作用，如香山寺、雨香馆、玉乳泉、唳霜皋等处的掇山就基本保留着静宜园时期的原貌。另外，在主山部分，也基本保留了瀑布洞口的原貌，虽为黑白照片，但是虚实相间的凸凹关系，却能看得非常明显，证明了"山石韩"虽对璎珞岩掇山复原有所变动，但主题意境延续了当年的设计思路。现存掇山构图优美，结构稳健，胶结坚固细腻，纹理统一，相信其风华不减当年。

（a）瑞典人喜龙仁拍摄于1922年　　　　　　　（b）现状

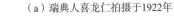

▶ 图4-13　不同时期的璎珞岩

图片来源：王劲韬. 中国皇家园林叠山研究［D］. 北京：清华大学，2009.

6. 总结

尽管掇山置石在建造中的随意性和主观性较强，但历代掇山的基本技术手法是相对稳定，甚至有定式可循的。清乾隆时期的内廷宫苑假山和离宫园林的庭院假山，虽风格手法、疏密体例不同，但同属于庭院假山范畴，在瀑布山、楼山、亭山、山径蹬道等的布局大势方面完全一致。当代假山修复研究必须重视这些既成技术和手法，至少在恢复、修缮过程中不能有悖于这些原则。尊重历史形成的做法技术，按照传统工法修复古代假山是保持作品原真性的前提。具体而言，这种原真性包括假山所在年代、所用技术、材料和传统工法的纯正。假山修缮应立足于原始文献记录，如奏档、工程纪要、底盘图样、立样等，通过深入的文献发掘和现场调研，做到去伪存真，梳理出属于该时代特定的手法和风格。在以上条件均不具备时，原则上应保持原状，等基础研究成熟后再行修复，如必须进行抢救性修缮，也应多方论证，力求取得专业界的认可和共识。

就论文总体而言，由于个人能力及所掌握文献资料等方面的限制，论文中涉及掇山风格、历史等问题的探讨难免肤浅，对于景观手法上的阐述也不能涵盖所有，疏漏与错误之处，真诚希望各位同仁给予批评指正。

童寯先生于1937年在《江南园林志》的原序中写道："吾国旧式园林，有减无增。著者每入名园，低徊嘘唏，忘饥永日，不胜群芳芜秽、美人迟暮之感！吾人当其衰末之期，惟有爱护一草一椽，庶勿使为时代狂澜，一朝尽卷去也。"铭记先生一言，愿为中国园林事业贡献星星之火，谨以为记！

本文原载于《建筑与环境》，2013年第2期，66-71页。

5

香山静宜园掇山研究

孙　婧

1. 绪论

　　玉泉山静明园，万寿山清漪园、圆明园、畅春园，香山静宜园被称为清代"三山五园"。香山占有其中的一山一园，在中国古典园林中的地位可见一斑，然而长期以来，静宜园在学术界受到的重视程度远不及圆明园和颐和园，尽管园林艺术价值很高，但相关研究却屈指可数。

　　中国古典园林历史悠久，关于园林建筑、花木、理水等的各种研究卷帙浩繁，惟关于掇山技术、艺术、工料、管理等的总结却因资料匮乏且较为分散等原因起步较晚，未能全面深入。近代以来对掇山技艺的研究大多集中于明清以后，且多以江南园林为中心，对北方皇家园林掇山的研究稍显不足。

　　香山静宜园建成于清朝鼎盛时期，皇家大兴土木建设园林，不论其技术、艺术还是造园各方面的管理都高度成熟，涵纳了非常丰富的造园意象，是清代皇家园林的重要代表。静宜园的掇山技艺，在形成了自身独特风格的基础上仍能代表清代皇家园林创作的一般特征，非常值得作为典型个例，系统地进行研究。

这项研究为首次对静宜园掇山实例进行全面而系统的分析，以整理出其掇山风格和技术的发展线索与脉络。深入研究古代园林掇山对于完善中国古典园林理论体系、更好地修复古代园林假山以及指导当代园林实践均有重要意义。

2．释题

（1）静宜园

香山静宜园位于北京西北郊西山东麓，是一座大型山地园。清康熙年间，香山寺及其附近建成"香山行宫"。乾隆十年（1745年）加以扩建，翌年竣工，更名"静宜园"。行宫园林主要在香山东南侧，这里山势较为低缓，适合居住与游憩。西山山脉整体向东方开敞，呈环抱之势。静宜园分为宫廷区与园林区，包括内垣、外垣、别垣三部分，占地约153公顷，经乾隆皇帝命名题署的有"二十八景"，现今园内的大小景点共50余处。

（2）掇山

假山是园林中以造景为目的，以自然山水为蓝本并加以艺术地概括和提炼，以土、石人工构筑的山或石景。香山行宫历经康乾两朝肇始，在一定程度上代表了清代造园盛期的掇山选石思想。乾隆一朝事事以皇祖康熙为范，因此，乾隆时期的山地造园大量地使用了近郊青石与本山石。掇山以青石、房山石和本山石为主，遵循"是石堪堆""遍山可采"的原则，表达了宁拙舍巧、因善而美的造园思想，极大地推动了北方地产山石在皇家园林掇山中的应用，从审美角度也为北方掇山风格的发展开辟了道路。

（3）中国古典园林掇山与绘画

中国画以自然为范本，造园叠山以画本为模板。中国古典园林的创作长期以来受传统山水画的影响，造园本身亦被视为"地上文章"，所谓"画家以笔墨为丘壑，掇山以土石为皴擦"。宋人王希孟在《千里江山图》中以"咫尺有千里之趣"的表现手法描绘了祖国的锦绣河山，而五代关仝的《关山行旅图》，布景兼"高远"与"平远"两法。中国皇家古典园林造园讲究"移天缩地在君怀"，这些画中山水，在掇山中大多都能找到相似的意象。

"临画谱"在客观上简化了许多技术细节，将复杂抽象的掇山理论和山水画理论简化为直观明了的图式，有利于知识水平较低的工匠快速掌握叠山布局技巧，有利于假山艺术的普及推广，这一过程被以《芥子园画谱》为代表的一大批版画、木刻画本所催化。研究《芥子园画谱》是了解工匠叠山的发展、了解后期叠山构图原则的有效途径。

（4）从院体画、图档、舆图等看静宜园掇山

咸丰十年（1860年）与光绪二十六年（1900年），英法侵略军与八国联军先后焚掠了北京西郊，将举五世经营的"三山五园"付之一炬。万幸的是，宫廷绘画在乾隆时期已达到了登峰造极的地步，纸上胜境让我们能有幸一览静宜园的宏丽原貌，其他图档与舆图也极具参考意义。

清宫廷画家张若澄的《静宜园二十八景》长卷，宫廷画家董邦达的《静宜园二十八景》立轴，宫廷画家清桂、沈焕、嵩贵的《静宜园全貌图》，样式雷《香山地盘图》，民国陈安澜测制的《静宜园全图》是对本研究起了至关重要的五幅图，在将这五幅图作细致甄别后，笔者整理出如下表格（表5-1）。

现存有关静宜园图纸资料掇山统计（注：带★标记的表示有掇山）　　表5-1

序号	景名	（清）张若澄《静宜园二十八景》长卷	（清）沈焕等《静宜园全貌图》	（清）董邦达《静宜园二十八景》立轴	（清）样式雷《香山地盘图》	（民国）陈安澜《静宜园全图》	现状情况
1	勤政殿		★		★	★	★
2	带水屏山	非二十八景	★	非二十八景	★	★	★

序号	景名	（清）张若澄《静宜园二十八景》长卷	（清）沈焕等《静宜园全貌图》	（清）董邦达《静宜园二十八景》立轴	（清）样式雷《香山地盘图》	（民国）陈安澜《静宜园全图》	现状情况
3	璎珞岩	★	★	★	★	★	★
4	香山寺	★	★	★		★	★
5	雨香馆			★			★
6	松坞云庄	★	★				★
7	森玉笏					★	
8	玉乳泉	★			★	★	★
9	唳霜皋					★	★

序号	景名	(清)张若澄《静宜园二十八景》长卷	(清)沈焕等《静宜园全貌图》	(清)董邦达《静宜园二十八景》立轴	(清)样式雷《香山地盘图》	(民国)陈安澜《静宜园全图》	现状情况
10	听雪轩			非二十八景	 ★		
11	晞阳阿		 ★			 ★	 ★
12	梯云山馆	非二十八景	没有描绘	非二十八景		 ★	
13	丽瞩楼			 ★			现已不存
14	虚朗斋	 ★			 ★	 ★	现已不存
15	玉华岫					 ★	
16	青未了	 ★				 ★	现已不存

序号	景名	（清）张若澄《静宜园二十八景》长卷	（清）沈焕等《静宜园全貌图》	（清）董邦达《静宜园二十八景》立轴	（清）样式雷《香山地盘图》	（民国）陈安澜《静宜园全图》	现状情况
17	重翠庵		★		★		★
18	芙蓉坪					★	
19	栖月崖					★	
20	见心斋	非二十八景	★	非二十八景	★	★	★
21	昭庙	非二十八景	★	非二十八景	★		
22	眼镜湖	非二十八景	★	非二十八景			★
23	碧云寺行宫院	非二十八景	★	非二十八景		非静宜园景	
24	碧云寺水泉院	非二十八景	★	非二十八景		非静宜园景	★

3．香山静宜园掇山置石理、法、式

我国古代的园林艺术理论中常有"理、法、式"的表述。

"理"，即基本理论与概念；"法"，即规范性的创作手法；"式"，即具体样式。在将香山各处大小掇山进行了统计之后，笔者将其按理法分为山麓、山径蹬道、洞券等，详细加以分析。

（1）山麓

园林掇山重视山根麓坡，追求以部分还原大山一角，山麓的好坏能够决定山的全局，它既是山的起始，又是山的延续，常以土包石的手法掇叠。见心斋、水泉院龙王殿、水泉院洗心亭、带水屏山、正凝堂后均掇有山麓。

（2）山径蹬道

蹬道是掇山中为解决竖向的交通联系，用片状山石堆叠而成的通道。山道应有分、有合、有环抱，忌重复性回头路。如洗心亭亭山有左、中、右三条山路，上山路一平二险，形成环抱之势。

（3）洞券

理洞技术发展至清末有四种方式：一为梁柱式；二为挑梁式也称叠涩式；三为券拱式；四为勾搭式，为戈裕良所创。香山现存理洞有朝阳洞、香山寺大假山山洞、眼镜湖水帘洞、松坞云庄小山洞、水泉院龙王殿下水洞等。券有勤政殿券门与洗心亭券门。

（4）瀑山、山石池

《园冶》称："池上理山，园中第一胜也。若大若小，更有妙境。就水点其步石，从巅架以飞梁……莫言世上无仙，斯住世之瀛壶也。"北方理瀑山与南方多有不同。南方雨水多，常以屋檐集水作水源，而静宜园则主要以三泉水系的降水高差作为瀑布落差。当年图画资料上所展现的瀑布、山石池，今大多仍留存。

除以上这些之外，还有山谷、山洞、亭山、台山、踏跺、蹲配、抱角、镶隅、独峰、山石屏等。静宜园掇山类型与位置总结见表5-2。

类型	所在位置
山麓	正凝堂后、水泉院龙王殿、水泉院洗心亭
山径、蹬道	勤政殿后、九曲十八盘、栖云楼、昭庙、水泉院弹拱台、水泉院洗心亭、行宫院通往涵碧斋处、行宫院通往禅堂院处
山谷、山涧	带水屏山山涧、眼镜湖水帘洞山谷、见心斋山谷
洞券	朝阳洞、栖云楼台基下小山洞、香山寺山石洞、勤政殿券门、水泉院洗心亭券门
亭山、台山	见心斋半亭亭山、见心斋重檐亭亭山、洗心亭亭山、阆风亭亭山、弹拱台台山
瀑布	璎珞岩、勤政殿瀑山、眼镜湖水帘洞、带水屏山瀑山
山石池	带水屏山、听雪轩、东宫门外山石池、玉乳泉、水泉院原洗心亭山石池、水泉院龙王殿山石池、雨香馆山石池、芙蓉屏山石池
踏跺、蹲配	栖月崖、见心斋重檐亭、香雾窟、水泉院、正凝堂、欢喜园、梯云山馆
抱角、镶隅	昭庙抱角、重翠崦抱角镶隅、芙蓉坪抱角、玉华岫抱角、欢喜园抱角、见心斋重檐亭抱角、森玉笏镶隅、洗心亭抱角、弹拱台镶隅
独峰	碧云寺水泉院独峰、丽瞩楼附近独峰、来秋亭前独峰、双清别墅东门口北独峰、双清别墅北门口北湖石独峰、梅石
山石屏	水泉院山石屏、昭庙附近山石屏、静翠湖山石屏、雨香馆附近山石屏、唳霜皋山石屏
花台、树池	正凝堂、松坞云庄
护坡	勤政殿、见心斋后山、松坞云庄
应物象形	水泉院、来秋亭前北太湖石、蟾蜍峰

4. 香山静宜园掇山实例分析

选取勤政殿等十处[①]有代表性的实例，从历史沿革、园林布局和掇山技艺三个方面分别进行论述。

---

① 本书收录的第4篇文章《香山静宜园掇山研究之带水屏山、璎珞岩》中对带水屏山、璎珞岩已有论述，本文作了删减（编者注）。

（1）晨批既勤，昼接靡倦——勤政殿

勤政殿位于香山公园东宫门内，于清乾隆十一年（1746年）建成，为皇帝"避喧听政"之所，1860年被英法联军焚毁。勤政殿处掇山整体呈"冂"字半围合形，因殿基与后山有5米左右的高差，掇山主要起挡土墙的作用。殿后假山上端有乾隆御题"霞天"。西挡土墙与南挡土墙夹交的地方巧妙地运用山石掇青石券门一座，沿门下山石小径拾级而上，便可通往后面的宫廷区。勤政殿大假山在掇叠手法上多用挑飘，山石横纹为主，间以竖石，使体量较大的岩面不至过于呆板，产生了跃动感。

（2）依岩架壑，鹫峰云涌——香山寺

香山寺位于香山南部，大假山所用材料为青石，负阴抱阳，与游廊和踏跺一样，沿寺院中轴对称布置。大假山规模宏大，青云片刀丛剑树，峭立险峻，横直纹理掇叠有方，横竖相间。远望掇山、石洞、盘道浑然一体，走近方发现青石山道隐于其中，穿山洞、过盘道同样可攀至最高处，提供了与爬山游廊不同的另一种意趣。

（3）芬馨郁烈，沉水龙涎——雨香馆

雨香馆建于清代，为静宜园二十八景之一。于1860年毁于英法联军之手。

雨香馆庭院建筑在坡地上，因此解决建筑之间的高差问题是掇山在此处的主要功能。所用材料为青石，四种地面标高，三处蹬道无一相同，彼此间收分有致，各具特色。样式雷的雨香馆图样对山石蹬道、假山等的平面作了真实描绘，对日后的复原工作非常有参考价值。

（4）前瞰远岫，后倚苍岩——松坞云庄

松坞云庄位于香山南麓，右倚层岩，左瞰远岫。有"双清"二字刻于岩壁之上，为乾隆御笔。

栖云楼现状假山蹬道遗址包括自然山石云梯与小青砖垒叠踏步，这些青砖踏步与香山寺大假山的青砖踏步规格相仿，垒叠手法完全一样，假山石风格与材料也具备相当的一致性。因此可判定栖云楼假山的建造时间与香山寺大假山相近，属于同一批工匠的成熟手法。

（5）遥睇诸岭，山骨逼露——森玉笏

森玉笏位于静宜园南侧山峦，建于乾隆十年（1745年），为静宜园二十八景之一。森玉笏处掇山是静宜园内依附真石山造假石山的作品之一，是乾隆时期惯用的手法。森玉笏巨石颜色发青绿，下部掇山用青石，还有部分石料纹理与真山石极其相似，巨石壁有刻削痕迹，推测掇山可能是用本山石掇造。

（6）凝水之德，正山之果——见心斋

见心斋始建于明嘉靖元年（1522年），是香山静宜园时期别垣二景之一。英法联军和八国联军烧砸抢掠静宜园时，见心斋因偏处一隅幸而保全，是香山公园内惟一具有江南特色的庭院。以青石掇亭山、山谷、山石屏等，现掇山基本保存完好。

（7）千岩叠嶂，洞隐水帘——眼镜湖

眼镜湖位于香山公园北门内，1989年进行了改造。从样式雷地盘图的描绘中能推断出静宜园时期的眼镜湖曾有大假山的存在，文献中未见描述。所用石材为房山自然块山皮石，方形节理，块大且棱角分明。以折带皴手法掇造，掇造方式为叠涩式。

（8）岩壑高下，石壁流琮——碧云寺行宫院

碧云寺位于静宜园之北，仅一条小路之隔。碧云寺行宫院形成于清代。在总体布局上由南至北划分为四大景区。第一区为行宫院景区；第二区为涵碧斋、含青斋景区；第三区为行宫院与水泉院过渡区；第四区为水泉院景区。经实地勘察，园内现存大小假山有十余处，前部以青石为主，掇蹬道及山石池；后部以房山太湖石为主，掇亭山、台山、山石池、孤峰。

5．总结

掇山置石在建造过程中虽然主观性较大，但基本技术手法相对稳定，有定式可循。清乾隆时期的内廷宫苑假山和离宫园林的庭院假山，虽风格手法、疏密体例不同，但同属于庭院假山范畴，在屏山、壁山、楼山的布局大势方面完全一致。比如蹬道设计、峰石位置都具有明确的对称性，主厅堂背后均叠造大型屏山峭壁，而且多应用"错中"手法，留出通道的同时屏蔽视线，取曲径通幽之意境。相似做法在

内廷的宁寿宫花园、颐和园玉澜堂、花承阁、北海快雪堂等处比比皆是，静宜园中雨香馆、栖云楼等也多次运用了这种手法。

北京的"三山五园"和承德避暑山庄是清代盛期皇家造园的主要代表作品，同时也代表了18世纪东方造园的最高水平。清代皇家园林假山按形式也可以分为庭院叠山和自然环境中依附真山造假山两类。前者形式繁缛，章法严谨，是清代技术性叠山的代表。这类叠山多与宫苑建筑结合紧密，对宫苑空间环境起到围合、分割、障景等作用。这是乾隆时代最为出色的一类假山做法，被普遍应用于北京、承德及南巡沿线的许多行宫园林中。静宜园、圆明园和承德避暑山庄等处的假山，大多遵循乾隆时期的庭院山布局模式，以占地较紧凑的屏山、壁山为主，对称设置蹬道，依山崖开凿嵌岩一类的景观，形成半自然、半人工的山居意境。

清代大量的样式雷图档中的假山地盘图对于了解皇家叠山的布局规律和常用形式有一定参考价值。笔者认为，首先，有必要对现有古园林假山的优秀作品所使用的传统技法和工艺作认真调查和整理，使我们对清代现存的皇家园林假山的基本布局形式、常用技法、工艺有一个较为系统、全面的了解。可以在清代现存的样式雷地盘、立样图的基础上，通过现场测绘和对照研究，使这些珍贵的叠山作品能见诸图文，并以此为基础，对所有参加修复工作的工程设计、施工人员进行必要培训。其次，清代皇家园林中有大量依附真山所造的假山作品，主要用于驳岸、护坡、建筑抱脚、踏步、蹲配等建筑陪衬。其中有些假山用石粗犷，规模巨大，布于真山左右，与真山比肩，这些作品对园林整体风格有相当大的影响，也需认真对待。

本文是硕士学位论文《香山静宜园掇山研究》（北方工业大学，2013）的缩写，导师：张勃、傅凡。发表于：北方工业大学研究生部编，《2013年优秀硕士学位论文集（下部）》，218-230页。

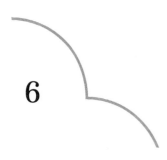

6

北海湖石假山掇法

谢 杉

北海静心斋假山山石的掇叠采用了拼、接、盖、竖、连、挑、压、飘、叠、卡、垫、券、架等掇叠技法（图6-1）。

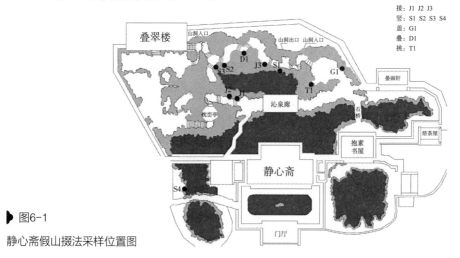

接：J1 J2 J3
竖：S1 S2 S3 S4
盖：G1
叠：D1
挑：T1

▶ 图6-1

静心斋假山掇法采样位置图

1．拼

拼是山石掇法中最常用的一种掇叠技法，即把若干块较小的山石，按照假山不同组合的造型要求，拼合成较大的体形，形成有整体感的一块或一组假山。掇山中，单块山石点缀的孤置假山毕竟为少数，通常要先将石料立起来组合成大体量石体，之后再把各异的山石掇叠成自然造型的假山。如果拼叠小石过多，容易琐碎且不易坚固，所以"拼"的石要用大石。掇叠假山其实就是一个"拼"的过程，是假山施工中最关键的步骤。"拼"的内容涵盖面较广，有石与石之间的平面相拼、立面相拼、棱角相拼、轮廓相拼等。通过拼的形式使山石结成整体。"拼"时要注意区分主次，山石的纹理、色泽相同，脉络相通，轮廓吻合，连接面之间的平伏与转势自然过渡。

2．接

山石之间竖向搭接称为"接"。"接"既要善于利用天然石的茬口或断面，又要善于用镶石的方法拼补茬口不够吻合的部分，使上下茬口互相咬合或紧密连接。"接"要对接牢固，在对接中形成自然状的层状节理，即横向（水平）层状结构及竖向层状结构的石块叠置。层状节理既要有统一，纹理勾通，又要富有变化，看上去如自然风化的岩石一样，具有天然之趣。如果在上下拼接时，山石的茬口不在一个平面上，要进行拼补，使上下山石的茬口相互咬合，宛如一石。

第1组（编号J1）位于枕峦亭北侧山谷的东入口处，与东边的沁泉廊相望。这组石块运用了"接"的掇法，矗立在步道的右侧边缘，将步道与边缘分开，既是谷前山峦起势的过渡代表，也是步道右侧边界与潭水划分的象征。整块山石总高730mm，主要的接形体现在处于上面的两块整石上。其中居下的石块东西长600mm，南北宽500mm，相对较为一致，给人以下部方正稳固的感觉；居上的石块东西长550mm，南北宽500mm，相对较窄，故整石呈东西走向，与步道走向一致。两者之间以20mm厚的灰缝连接，宽大之处以小石卡严，使组合掇叠浑然一体，远处看去犹如一整块竖石耸立在山谷入口处，给人以开门见山的感觉，让人不觉沿着上端石块的东西走向，逐步进入山谷之中。

第2组（编号J2）紧随山谷入口的第1组接形石块之后，也位于枕峦亭北侧山谷的东入口，整组造型运用"接"的掇法，是第一组石块的延续。其大体也由两块石块接成，整体高度为1200mm，较第1组石块更高。其中居下的石块东西长110mm，南北宽400mm，高300mm，居上的石块东西长1200mm，南北宽450mm，高1100mm。对比来看，底部石块东西、南北长宽均大于上部石块，而高度明显小于上部石块。上部石块作为一大块整体坐落于低矮扁平的底部石块之上，两者之间以20~30mm厚的灰缝连接，两石过渡自然。这组石块沿步道行进的东西方向长度明显大于南北长度，比第一组更具不对称性，使人从山谷入口远处看去好像细高的立石，而走近之后就变成了扁平的大块石，既进一步指明了步道走向，又比第1组石块明显高大，逐渐进山的视觉效果油然而生，过渡得立体自然。

第3组（编号J3）位于北侧绵延次峰山谷内步道的中部北部，北侧围墙走廊之下，整组造型运用"接"的掇法。作为北侧次峰山峰的组成部分，本组石块造型总高1300mm，下石由山体中凸向步道一侧，上石整体形状上端偏大而下端小，立于下石之上，犹如飞来之石。两石间空隙部分填以卡石，再由灰缝接合，使上石稳立于下石之上，奇特而不惊险。加之整组石块造型整体形状挺拔向上，更因下石高于步道，游人需仰视观之，更给人以山峰之势，与周边峰峦之石交相辉映，气势磅礴（图6-2）。

3. 盖

两块石头，下部石头竖立放置，上部石头横向叠置，下石窄、瘦而高，上石宽为盖。两块石头的放置方向决定了石头的纹理走向，运用时注意横纹和竖过渡变化的自然，切忌生硬拼凑。

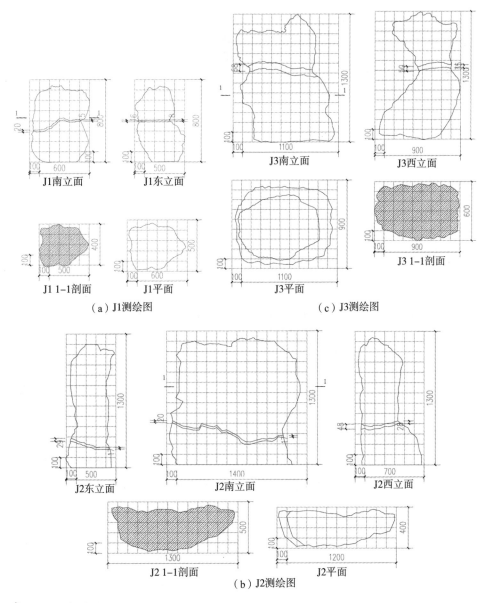

J1南立面

J1东立面

J1 1-1剖面

J1平面

（a）J1测绘图

J3南立面

J3西立面

J3平面

J3 1-1剖面

（c）J3测绘图

J2东立面

J2南立面

J2西立面

J2 1-1剖面

J2平面

（b）J2测绘图

▶ 图6-2　接法3例：J1、J2、J3

　　第4组（编号G1）位于北侧山谷内步道东面入口，开阔地右侧的山石之上。整组造型运用"盖"的掇法，掇法造型明显。下部石块从山体造型的整体中大体呈矩形凸出，上部石长900mm，而高仅有150mm，呈明显的扁平片状叠于下部石块之上，两块石间20mm厚的石缝严丝合缝地将二者合为一体，整体看去呈蘑菇状从山体"长"出，其整体造型又处于山体上部，游人仰视看去，更是一览无余（图6-3）。

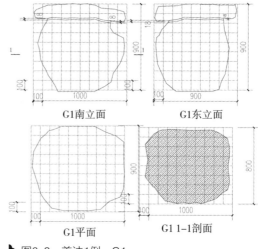

G1南立面　　G1东立面

G1平面　　G1 1-1剖面

▶ 图6-3　盖法1例：G1

4. 竖

山石直式站立者为竖。要体现效果，有交叉、退引、拉压等手法。竖是掇叠石壁、石洞、石峰等所用的直立拼接技法。单独造型时由于石块较重，过多则易破坏山势。大石竖叠因承重较大而受力面较横叠小，底部必须平稳、塞垫、拼接牢固，整体重心准确。

第5组（编号S1）位于北侧山谷内步道山洞西面出口，步道左侧边缘处，整块造型运用"竖"的掇法立于基础石之上。石块东西长650mm，南北宽650mm，高1500mm，整体以上大下小，东西较短、南北较宽的格局矗立，高度几近一人之高，恰到好处，造型独特。此石的后面就是峭壁，壁下为潭水，又处于山洞口位置，洞口与南面的沁泉廊隔潭水遥遥相望。在此做一竖石既是步道边界示意，从洞口看去，又可作为沁泉廊的遮挡，给人丰富的层次感。而此段南侧步道边缘无一块立石，此石更显鹤立鸡群之势，为一点睛之笔。

第6组（编号S2）位于北侧山谷内的步道西边，步道左侧边缘处，整块造型运用"竖"的掇法立于基石之上。石块东西长1600mm，南北宽850mm，高1400mm，沿步道东西向长度比例明显大于南北宽，整体沿步道呈扇面造型，高度上呈中间高、两侧低之势，造型连贯。此石造型所在位置与第5组竖石类似，沿步道南侧布局，石的后面也是峭壁，壁下为潭水，南面则是枕峦亭。竖石既作为步道边界的示意，又以其扇面状造型沿步道方向作大面积保护，不仅使人向南看去有悬崖峭壁的危险感，又多了一层遮挡，增加了游人从步道南望的层次感。

第7组（编号S3）位于第6块竖石西侧旁边，也是处于北侧山谷内的步道西边，整块造型运用"竖"的掇法立于基石之上。石块东西长700mm，南北宽750mm，高1500mm，整体呈上小下大的笋状，表面充满大小孔洞，好似经风吹洗礼自然风化而成。此石立于距第6组竖石不远处，周围环境与第6组竖石无异，是第6组竖石的有益补充，既作为边界示意，也起到护栏的作用，同时向东遮挡沁泉廊，向南遮挡枕峦亭，增加层次感。

第8组（编号S4）位于静心斋进门的西跨院，水池西岸的桥边。整块造型运用"竖"的掇法立于基石之上。此石东西长700mm，南北宽700mm，高2100mm，整体呈圆柱状且非常高耸，从周边的平地水面边毅然突起，好像石碑一样矗立在桥边。整石所处位置为桥廊通道入口处，经过此处再向前便进入后园主景区，故此石非常醒目，让人眼前一亮，视觉从方正院落过渡到自然山景。同时此跨园内并无高大山体，驳岸和小石布于水池周边，四周平坦，因此，此石作为院内最高点也起到增加院内立体造型的作用，给人的视觉感强烈（图6-4）。

5．连

"连"是一种横向的掇叠方式，山石之间水平方向的相互搭接。"连"最容易出现生硬死板的情况。连石要自然过渡，切忌石与石之间砌墙般平直相连，并注意连石之间的大小、高低错落、横竖结合，连缝或紧密，或疏隙，石与石之间的折搭转连应符合叠山纹理、结构、层次的规律，以形成岩石自然风化后的节理，达到连接自然、错落有致的效果。大块面相连可密缝合成一体。

6．挑

分为横挑与竖挑。横挑即以横纹石平放作横向或错向挑出。可以增加假山的

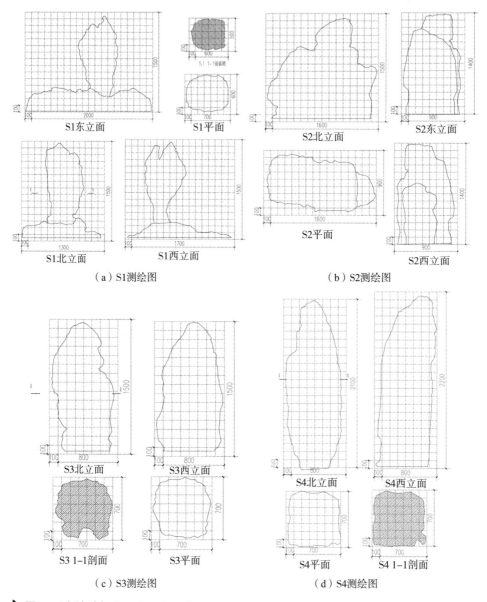

S1东立面　　S1平面

S2北立面　　S2东立面

S1北立面　　S1西立面

S2平面

S2西立面

（a）S1测绘图　　　　　　　　　　（b）S2测绘图

S3北立面　　S3西立面

S4北立面　　S4西立面

S3 1-1剖面　　S3平面

S4平面　　S4 1-1剖面

（c）S3测绘图　　　　　　　　　　（d）S4测绘图

▶ 图6-4　竖法4例：S1、S2、S3、S4

层次，丰富假山的造型，使其具有灵活的动势。挑与压为两种不可缺少的相互组合的技法，由于力学的要求，要使山石向外挑出，必须保证安全，使石头稳定不倒，这就要靠压石压住挑石尾部，使重心平衡，山体固定不动。出挑的长度一般为挑石的1/3。为了保证力学支撑，横挑石必须质地坚固，无暗断裂缝。竖挑的主要特色是把挑的技法应用到假山竖叠中，竖式作挑用于山顶收头、石崖悬突、叠造石林石景，改变了纯竖向的呆滞感，增添惊险的气势。

第9组（编号T1）位于北侧山谷内步道东面入口，开阔地左侧的山石之上。整块造型运用挑飘的掇法从山体中挑出。下部挑出石块的挑出方向长1350mm，出挑500mm，宽650mm，呈扁平长条状出挑，由西南方向的龟山后部山体挑出，向东北方向伸展。挑石尽头之上压一飘石，造型奇特，两石灰缝40mm，结合得自然紧密。此组造型位于山谷入口不远处，挑石方向朝向入口，增加了这一侧山体的立体感，上做飘石，让山体的出挑给人以奇异之感（图6-5）。

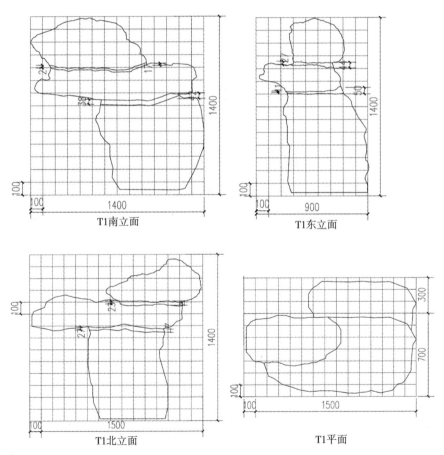

T1南立面

T1东立面

T1北立面

T1平面

▶ 图6-5 挑法1例：T1

7. 压

"压"是一种与"挑"同时使用、不可分割的掇叠技法。它利用大于挑石数倍重量的山石叠压挑石里侧。一般情况下，出挑与压叠石本身有1∶1.5的重量比。作挑要善于巧妙安置，保证后部坚固牢靠，体现前悬浑厚、后坚藏隐的特点。一般一组假山或一组峰峦，最后的整体稳定是靠收顶山石的配压来完成的，此时则需要选用一些体量相对较大、造型较好的结顶石，这样会显得既稳固又美观。

8. 飘

"飘"是一种装饰性很强的掇叠技法，它是在各种传统叠山操作技法上延续派生出的一种掇叠技艺，多适用于湖石类风格假山的小品堆叠。在挑石上再用山石，如呈横长纹理形状变化的为飘。飘石的主要作用是丰富挑头的变化，打破挑石呆板的形态。飘石的纹理、石质、石色等应与挑石一致或协调，常选用一些体量较小，具有狭长、细弯、轻薄等特征的山石。"飘"的最主要优点是能够按创作造型构思对拼叠组合假山的外形轮廓、洞形、石纹、石脉、石筋等进行补缺和艺术完善，具有留空、留白随意和山体轻、透、飘逸的特点。

9. 叠

山石呈横状层层上铺为横叠，堆叠时应注意控制石的重心以及石纹和石缝之间的交叉，并防止如砌墙一般的刻板生硬和规律状。用横石拼叠、压叠，是组合假山最常用的传统方法之一，需要考虑与叠山整体纹理一致。如不与长的方向一致时，不宜横叠。横叠以组叠和层面造型见长，有交叉、退引、拉压等手法。

第10组（编号D1）位于北侧山谷内步道中部的右侧上台阶处，整组造型运用"叠"的掇法。这组造型总体由4块石由下至上顺势叠成，东西长1600mm，南北宽1000mm，是一组顺步道台阶方向的长条造型组合。由于处于台阶转弯处，最下方石块作为基础，高度、宽度方正，与山体相连，下部由台阶底端起，将第二块石块托至台阶上部高度。第二块石呈长条状，是整组造型的基础，其西部压于上部台阶上，东部叠于下方石块上，并挑出与下部台阶形成高差。第三、四块石又分别叠于第二块石之上，呈左右两端布局，使整体组合造型达平衡稳定之势。整组石块灰缝平均厚20mm，各单体石块之间连接细致，有序堆叠在一起，毫不杂乱，使转角向上的台阶与周边的山形顺山势平稳过渡（图6-6）。

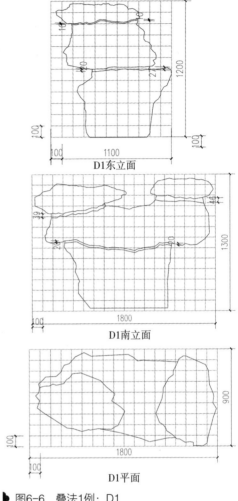

D1东立面

D1南立面

D1平面

▶ 图6-6　叠法1例：D1

10．卡

是在两块山石空隙间卡住一悬空石。多用于两石拼叠搭头相接之间，是一种点景的掇叠手法，起到陪衬作用。作"卡"的部位必须是左右两边的山石对峙，形成上大下小的模口，也可以是等宽的空隙。"卡"石一般上端稍大于下端，自上而下垂插，可以卡在两侧石的上部，也可插卡在空隙的中部，"卡"石两侧都有一个点与被卡石面卡紧，再作辅助塞垫固定。"卡"的做法一般使用于一些小型假山中和多层山体的中层以上。在大型假山中，两悬壁之间卡置较大的自然造型石，类似泰山仙人石、仙人桥，具有独到的效果与视觉吸引力。

11．垫

"垫"是处理横向层状结构时所用塞石的掇法。在向外挑出的大石下面，为了使结构稳定、外观自然，形成实中带虚的效果，特垫以石块。古代假山的堆叠，向来以干砌法为主，即在不抹胶结材料（如灰浆等）的前提下，使构成假山的山石重心稳定，结构牢固。

12．券

如做拱桥那样，将山石拼成拱形，此法多用于山洞的封顶，也可用于桥的造型。

13．架

两石之间用一长石搭头，形成类似桥梁模样的形式为架。

本文是硕士学位论文《北京皇家园林湖石假山掇法研究初探——以北海为例》（北方工业大学，2013）的节选，导师：张勃。

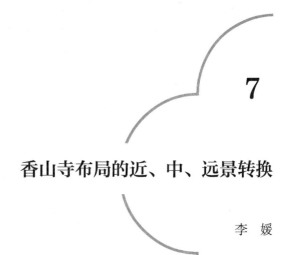

7

香山寺布局的近、中、远景转换

李 媛

香山寺整体复原设计研究包括前街、中寺、后苑三部分。前街主要是"香云入座"牌坊；中寺部分包括接引佛殿、西佛殿和圆灵应现殿；后苑主要建筑为蒼蔔香林阁、青霞寄逸楼。在复原设计中，充分考虑了布局中近、中、远景的转换。

1. 视线分析的基本原理

不同的视距（D）和建筑高度（H）的比例关系将决定处在此视角中的人们对空间的不同感受：当D/H=1时，仰角45°，空间围合感强，人倾向于观看建筑里面的局部或细节；当D/H=2时，仰角27°，空间围合感适中，倾向于观看单幢建筑的立面构图及细部；当D/H=3时，仰角18°，围合感下降，倾向于观看单幢建筑与周围景物的关系，或看一群建筑；当D/H=4时，仰角14°，空间围合的容积性特征趋于消失，倾向于把建筑看作突出于整个背景的轮廓线；当D/H>9.514时，仰角小于6°，空间的景观效果，特别是空间的围合效果将明显消失，趋向空旷，从而产生疏离感；依次类推。在这里可以看出，当把处于仰角45°到27°范围的景观当作近景时，27°到18°的景物就成了中景，而处于18°之外的景物就成了远景（图7-1）。

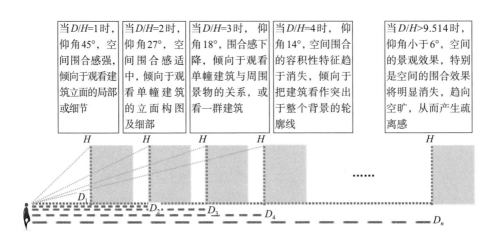

▶ 图7-1　视距空间理论图示

2．香山寺近、中、远景转换的巧妙性分析

古代佛寺建筑外部空间序列的展开设计是十分讲究的，特别注重近、中、远景的相互联系和相互转换的视觉设计，香山寺群体建筑也是在这个思想的指导下达到了巧妙的艺术效果。由于原建筑群已经被焚毁殆尽，没有现成的建筑形体以供研究，因此，我们选择通过视距和高度的比来研究香山寺外部空间近、中、远景巧妙转换的方法。

（1）观察点的选择

对于近、中、远景的相互联系和巧妙转换的视觉设计，古建筑通常采用"过白"处理将其细致入微地展现出来。较好地运用"过白"这种处理手法，最重要的是"完形"的"框景""夹景"的巧妙运用及观赏点的运用。"过白"观察点的确定，视具体情况的不同，有非常灵活和丰富的特性，但大多数都选择在与"过白"景框构成直接关联的空间序列上行进起止、转折或交汇的点上。因此，在香山寺的研究中，我们选择了一些处于中轴线重要位置上的点，将它们确立为本文的研究观察点，它们位于：香云入座牌楼明间下（即观察点001）、接引佛殿西侧明间下（即观察点002）、西佛殿西侧明间下（即观察点003）、永安寺牌楼明间下（即观察点004）和眼界宽殿西侧明间下（即观察点005）。模拟人处于这些研究观察点上，通过对视距与各建筑高度的比例关系的统计，研究不同观察点上近、中、远景的联系与互换关系，从而展现香山寺外部空间的序列设计（图7-2）。

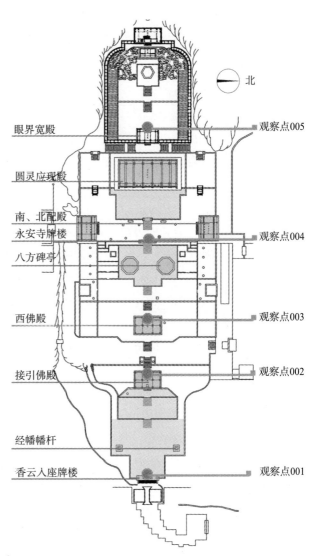

▶ 图7-2　视点选择图示

（2）各观察点视距和建筑高度关系比例数据统计（表7-1）

香山寺各观察点视距和建筑高度关系比例统计表

表7-1

观察点编号			001	002	003	004	005
观察点名称			香云入座牌楼明间下	接引佛殿西侧明间下	西佛殿西侧明间下	永安寺牌楼明间下	眼界宽殿西侧明间下
相关建筑	接引佛殿	视距D（mm）	53460				
		建筑高度H（mm）	10985				
		台基水平高度H_0（mm）	4992				
		比例1（D/H_0）	10.709				
		比例2［$D/(H_0+H)$］	3.346				
	西佛殿	视距D（mm）	84870	22215			
		建筑高度H（mm）	10620	10620			
		台基水平高度H_0（mm）	11296	6304			
		比例1（D/H_0）	7.513	3.524			
		比例2［$D/(H_0+H)$］	3.873	1.313			
	永安寺牌楼	视距D（mm）	139450	76795	44280		
		建筑高度H（mm）	7400	7400	7400		
		台基水平高度H_0（mm）	20224	15232	8928		
		比例1（D/H_0）	6.895	5.042	4.960		
		比例2［$D/(H_0+H)$］	5.048	3.393	2.712		
	圆灵应现殿	视距D（mm）	172490	108080	75565	32160	
		建筑高度H（mm）	13860	13860	13860	13860	
		台基水平高度H_0（mm）	22688	17696	11392	2464	
		比例1（D/H_0）	7.603	6.108	6.633	13.052	
		比例2［$D/(H_0+H)$］	4.720	3.425	2.992	1.970	
	眼界宽殿	视距D（mm）	199135	135805	103300	58130	
		建筑高度H（mm）	2770	2770	2770	2770	
		台基水平高度H_0（mm）	23424	18432	12128	3200	
		比例1（D/H_0）	8.501	7.368	8.517	18.166	

观察点编号			001	002	003	004	005
观察点名称			香云入座牌楼明间下	接引佛殿西侧明间下	西佛殿西侧明间下	永安寺牌楼明间下	眼界宽殿西侧明间下
相关建筑	眼界宽殿	比例2 $[D/(H_0+H)]$	7.602	6.405	6.934	9.737	
	蒨蔔香林阁	视距D（mm）	237100	174445	141930	96770	30285
		建筑高度H（mm）	10670	10670	10670	10670	10670
		台基水平高度H_0（mm）	25694	20702	14398	5470	2270
		比例1（D/H_0）	9.228	8.426	9.858	17.691	13.341
		比例2 $[D/(H_0+H)]$	6.520	5.561	5.662	5.996	2.340
	西殿	视距D（mm）	249470	186815	154300	109140	42655
		建筑高度H（mm）	5630	5630	5630	5630	5630
	青霞寄逸楼	视距D（mm）	258105	195450	162930	117770	51290
		建筑高度H（mm）	13900	13900	13900	13900	13900

（3）建筑高度与人的视距间的动态关系图

采用画辐射半径的方式可直观地展现主要建筑的建筑高度与人视距之间的动态关系（图7-3）。建筑前的第一个半圆表示人视距D和建筑相对高度H比值为1时

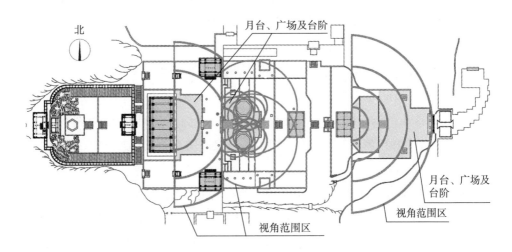

▶ 图7-3 建筑高度与人视距间的动态关系图

的范围，依次类推，第二个半圆则表示比值为2时的范围，第三个半圆表示比值为3时的范围，第四个半圆表示比值为4时的范围，等等。这也就是说，当处于第一个圈时，仰角大于45°，人倾向于观看建筑立面的局部或细节；当处于第二个圈时，仰角在27°到45°之间，人倾向于观看单幢建筑的立面构图和细部；当处于第三个圈时，仰角在18°到27°之间，此时人倾向于观看单体建筑与周围景物的关系，或观看一群建筑；当人处于第四个圈时，此时仰角在18°到14°之间，空间的围合性趋于消失，因此，人倾向于将建筑看成是突出于整个背景的轮廓线；依次类推。当处于比值大于9.514的圈时，此时仰角小于6°，即视角小于这个外部空间设计的极限角度时，空间的景观效果特别是围合效果将消失，明显趋于空旷。

3. 香山寺外部空间序列的展开设计

分析表7-1中的数据结果和图7-3中的视角动态图，可以发现香山寺外部空间序列的展开设计得非常巧妙。

（1）观察点001：接引佛殿南广场中标志物的设置，使近、中、远景巧妙过渡

接引佛殿广场的空间设计巧妙，通过标志物的设计，使行人在行走的过程中，不自觉地将关注点从寺院的整体气势转移到接引佛殿的建筑细节上，达到自然地引导人们走近寺院、逐渐加强对寺院的感知度的空间效果（图7-4）。

接引佛殿广场的范围为山门外墙表皮到香云入座牌坊台阶处，共经历了两次垂直方向上的抬升，形成了三个面积逐渐缩小的广场叠加的空间形式。从图7-4中可以看到，接引佛殿广场处于四个动态半圆中，从西到东依次为动态圆1、动态圆2、动态圆3和动态圆4。

处于动态圆4中的香山寺，深远缥缈。当行人位于香云入座牌楼时（即处于观察点001），即处于香山寺山门前的第四个半圆中，此时建筑高度与视距的比例小于6，因此香山寺整体都相当于背景轮廓线，整个香山寺在观看者眼中有一种深远缥缈之感。

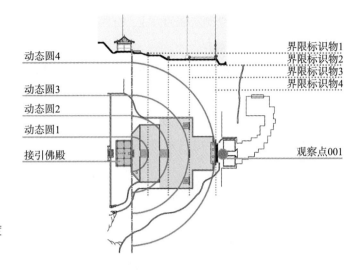

动态圆4
动态圆3
动态圆2
动态圆1
接引佛殿

界限标识物1
界限标识物2
界限标识物3
界限标识物4

观察点001

▶ 图7-4

观察点001的建筑高度
与视距的动态关系图

　　凸字形月台和旗杆的位置设置巧妙，行人从第四个动态半圆进入第三个动态半圆时，不自觉地观看起香山寺与周围环境的关系：山门前广场"凸"出部分的面阔宽度和知乐濠的宽度大体一致，使人穿过香云入座牌坊进入山门前广场时没有任何突兀的感觉，是连接香云入座牌楼东西的衔接空间，自然而不着痕迹。同时它又与广场西部的广阔空间形成对比，起到了收束视线、突出中轴线的作用。广场中经幡幡杆处于第三个动态半圆的边线上，因此它是第三个半圆和第四个半圆的界限标识物，当人走过旗杆位置时，不知不觉地就进入了第三个半圆中，此时人不再感觉香山寺山门为背景轮廓线，而是倾向于观看它与周围环境的关系，所以行人对香山寺的感知度也随之加强了。

　　通过设置不同高度的平台，创造"水平方向收缩空间、垂直方向抬高空间"的空间序列，引导行人观察建筑细节，从而进一步加强行人对山门的感知度。山门前两个平台的起始台阶分别为第三个半圆和第二个半圆、第二个半圆和第一个半圆的界限标识物，这也就是说，人在登上通往第一层平台的台阶的同时，不自觉地被引导着去关注山门的立面构图，因此对山门的感知度也随之增加；而当人登上通往第二层平台的台阶时，不知不觉地进入了第一个半圈中，此时人不着痕迹地被引导着去观察建筑物立面的局部和细节，因此人对接引佛殿的感知度又进一步加强了。

　　由此可看出，从观察点001到香山寺山门外墙，到接引佛殿东侧的外部空间的设计手法十分成熟，它通过一些标识物的设计，采用使观看者对寺院的关注点从整体到局部、感受度从模糊到清晰的方式，自然而然地引导着人们走近寺院，从感官和心理上不断引导着观察者。

（2）观察点002：西佛殿为近景中的主要景物，引导人们向寺院深处行走

当人处于观察点002时，即人立于接引佛殿西侧明间下时，西佛殿视距与高度比为1.313，这表明当人将要穿出山门时，西佛殿对于人是处于近景中的建筑物，此时人倾向于观看西佛殿的建筑立面及其细部，这就自然而然地吸引了人的视线，引导着人的行进路线。

（3）从观察点003到观察点004：外部空间序列和近、中、远景的巧妙设计

处于观察点003时，近、中、远景分明；从观察点003到004的行进过程中，外部空间序列多变，空间感受丰富；尤其是八方碑亭的外部空间设计，对建筑与人视觉感受的关系进行了充分的考虑，设计手法娴熟。

处于观察点003时，结合表中其他数据——永安寺牌楼2.712，圆灵应现殿2.992，眼界宽殿6.934，蒼蔔香林阁5.662，可以看出，站在西佛寺西侧的明间下，近景为八方碑亭，中景为永安寺牌楼和圆灵应现殿。人在西佛寺西侧的明间下自然而然地倾向于观看八方碑亭的建筑立面及其细节，同时倾向于观看永安寺牌楼及圆灵应现殿的建筑整体与周围环境的关系。

从观察点003到观察点004的行进过程中，即从西佛殿到永安寺牌楼的行进过程中，外部空间序列多变，空间感受丰富。第一，行人先经过两进狭长的院落空间，再进入一个长宽比相差不大的方形空间，空间感受随之产生了"抑、抑、扬"的变化；第二，三进台阶加上两座八方碑亭的位置设置，造成了夹景之势，从而强调了寺院的中轴线；第三，从戒坛的第一节台阶与中轴线的交点向南北八方碑亭引两条视线，发现两条视线正好擦过圆灵应现殿的南北墙边缘，这也就是说，从登上戒坛台的台阶开始，两座八方碑亭就成了圆灵应现殿的"夹景"景框，它们对圆灵应现殿进行了"过白"的设计处理，使圆灵应现殿完整地呈现在夹景框中（图7-5）。

八方碑亭及其外部空间的设计手法也十分成熟，对建筑与人视觉感受的关系进行了充分的考虑（图7-6）。

第一，通过八方碑亭的外部空间视觉动态图分析可知：分别以八方碑亭的西侧、东侧、内侧和内侧斜边中点为圆心，画半径为碑亭高度的圆。图7-7（a）图中圆心为碑亭东侧边和西侧边的中点，（b）图的圆心为碑亭两个内斜边的中点，（c）

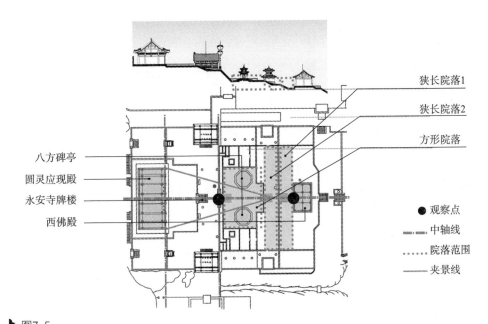

狭长院落1
狭长院落2
方形院落

八方碑亭
圆灵应现殿
永安寺牌楼
西佛殿

● 观察点
— · — 中轴线
········ 院落范围
——— 夹景线

▶ 图7-5

观察点003、004间的外部空间变化分析图

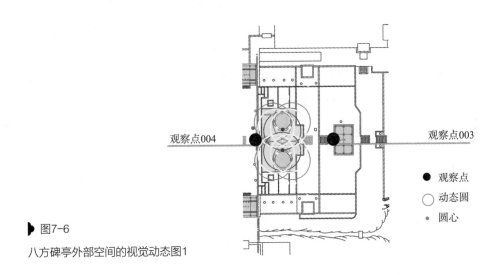

观察点004

观察点003

● 观察点
○ 动态圆
· 圆心

▶ 图7-6

八方碑亭外部空间的视觉动态图1

图的圆心为碑亭内侧边的中点。换言之，人站在这些圆中，视距和建筑的高度比必定小于1，此时人会倾向于观看至少一个碑亭的建筑局部和细节。

第二，三种视距圆的覆盖范围略大于整座戒坛台的范围，这说明，只要人身处

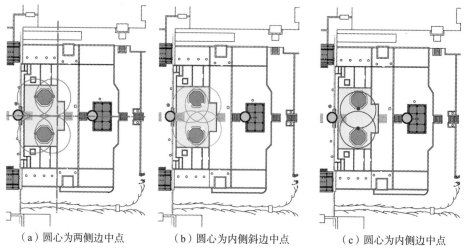

（a）圆心为两侧边中点　　　　　（b）圆心为内侧斜边中点　　　　　（c）圆心为内侧边中点

▶ 图7-7　八方碑亭外部空间的视觉动态图2

戒坛台上，不论哪个方向，不论是否行走，对任何一个八方碑亭的观察都会自然地倾向于建筑的局部和细节，从而增强对建筑的感知度。

第三，当人登上戒坛台时，就处于（a）图的圆中，此时人会自然地观看起两侧碑亭斜侧立面的局部和细节，这也就从侧面说明了凸字形戒坛台突出部分的尺寸是考虑人对建筑的视觉感官变化后确定的，设计得十分精巧和讲究。

第四，当人站在其中一个碑亭中看另一个碑亭时，皆是站在另一个碑亭的圆以外看建筑［图7-7（c）］，因此这时候人对另一座碑亭的观察都会不自觉地倾向于欣赏建筑的整体立面效果。

（4）观察点004到005：圆灵应现殿外部空间的设计

圆灵应现殿在香山寺中相当于佛寺中的大雄宝殿，规格和形制皆是最高的。对于圆灵应现殿所处的院落，其外部空间的设计也十分精巧和讲究。

笔者单独画出了圆灵应现殿及其两座配殿的视距范围圆，虚线圆代表的是圆灵应现殿前的视距圆，直线圆则是两座配殿的视距圆。图中的视距圆直观地揭示了第二院落外部空间序列设计的巧妙性（图7-8）。

首先，圆灵应现殿比例值为1的视距圆略小于殿前的月台，比例值为2的视距圆覆盖了永安寺牌楼以西，也就是说，当人登上第二进院落时，就自然地欣赏起圆灵应现殿的立面整体效果；与此同时，两座配殿比例值为3的视距圆正好重合于中

　　　　　　　　　　　　　　　　　　　望山览石——中国古典园林掇山数字化研究

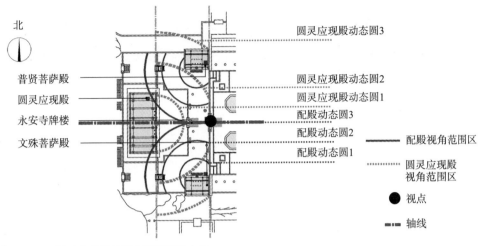

北

普贤菩萨殿
圆灵应现殿
永安寺牌楼
文殊菩萨殿

圆灵应现殿动态圆3

圆灵应现殿动态圆2
圆灵应现殿动态圆1
配殿动态圆3
配殿动态圆2
配殿动态圆1

配殿视角范围区

圆灵应现殿
视角范围区

视点

轴线

▶ 图7-8　圆灵应现殿外部空间视觉动态图

轴线上，即此时观察者倾向于观看配殿的建筑整体与周围环境的关系，它们无疑算
是中景，因此吸引力也就比不上圆灵应现殿了，从而强调了中轴线的导向作用。其
次，两座配殿比例值为3的视距圆重合后，东部分离点恰好位于月台的西侧边上，
而圆灵应现殿比例值为1的虚线视距圆位于殿前石屏的东侧，也就是说，月台西侧
边正好处在人视距动态转化点上，当人行进至月台之上时，配殿自然成了建筑背
景，即远景；而由于御制碑的阻隔，人无意识地走进圆灵应现殿的第一个视距圆
中，自然而然地欣赏起了建筑的细节和局部。观察六个直线视距圆可以发现，月台
南北侧边的延长线几乎与比例值为1的直线圆的切线重合，这也就是说，当人从中
轴线向其中一座配殿行进的途中，在中轴线到月台南侧或北侧边的这段路途中，圆
灵应现殿对于观察者来说一直是中景（若以"第一个虚线圆内的范围是近景"为参
考，第二个虚线圆的范围就被看作是中景；若以观察建筑的细致程度来分，第一和
第二个圆的范围皆可被看作是近景），这时将此殿当作参考景观，人在不知不觉中
将原本是远景的配殿转换成了中景，而一旦观看者越过月台的南侧或北侧的边缘，
配殿立刻就变成了近景，人也就自然而然地观察起了建筑的局部和细节。当人处在
配殿的范围内看圆灵应现殿时，人处在了第二个虚线圆之外，此时圆灵应现殿就成
了观看景观中的远景，人又无意识地欣赏起了圆灵应现殿和它周围自然环境的关
系。由此分析可看出，第二进院的外部空间设计得十分巧妙，近、中、远景于无声

无息中进行着转换。

　　从香山寺外部空间序列可以看出风水形势说的影响。特别注重近、中、远景的相互联系和转换设计，通过在关键位置上设计相应的构筑物来达到视觉自然转换的目的。同时，整个建筑群的布局，以及建筑与建筑之间尺寸的把握，巧妙地取得了很好的空间艺术效果。

本文是硕士学位论文《香山寺研究及其复原设计》（北方工业大学，2013）的节选，导师：张勃。

8

应用123D Catch软件进行掇山 建模的分析与展望

白雪峰、李雪飞、
卢薪升

1．问题的提出

近年来，随着照片建模技术的发展日趋成熟，尤其是Autodesk公司推出的123D Catch建模软件，使我们只需对物体进行数码照片的获取，便可通过这一软件将许多物体变成我们需要的数字模型。在建筑和园林景观的设计当中，123D Catch建模软件的应用同样具有重要的意义。

一般建筑或景观场地的模型都是靠数据输入来精确控制其尺寸大小的，如果将照片生成的模型导入使用，则必须考虑其大小的准确性。因此，通过测试123D Catch软件生成模型的精准性，判断这款软件在掇山建模方面的性能表现，以及照片建模技术在多方面应用的可能，则成为本文的研究对象。

2. 研究方法

在123D Catch中可以测量两点的距离，但是对于一个复杂的不规则形体来说，通过长度判断其精确性很不实际，这时对物体进行体积度量则显得更为合适。于是判断模型准确性的方法则产生了：一方面读取数字模型的体积，另一方面用物理实验方法测得物体的实际体积，然后进行数据比对，根据两组数据的差异大小来判断结果。

（1）电脑模型的生成

模型的生成需要以下步骤。

①拍照

在对物体进行拍照时需要注意几个问题。需要对物体进行全方位的拍摄，这就需要物体摆放的位置能够让拍摄者站在它周围的各个角度。物体旁边尽量不要有遮挡物。拍摄物体需要一定的方位可识别性，例如物体本身有文字、花纹图案等。要避免形状过于几何对称，或者图案过于模糊不清。对象物体不能是透明的、反光的，或者类玻璃物品。物体在被拍摄时不能够被移动。光线要保持一致，但不可使用闪光灯。

②上传和下载

有两种方法上传服务器，一种是通过电脑客户端将拍好的照片上传，另一种是利用手机移动客户端拍摄完成后直接上传而不需要占用手机内存。经过服务器处理，用户便可以获得通过邮件发送的模型文件；也可以在网站上下载。

③软件处理

双击模型文件，软件会自动下载需要的相关配合文件，包括照片和贴图等。模型打开后会有模型周围环境的部分，可以选择这些部分及摄像机一并删除。修改完成后，便可以导出FBX格式文件，同时自动生成三维模型的贴图文件。这种格式是Autodesk公司出品的一款用于跨平台的免费三维创作与交换格式。当安装了FBX for QuickTime工具后，三维模型可以直接在QuickTime上进行缩放、选装、平移等操作（图8-1）。

模型建完后，还能够导成其他格式文件，用以配合其他三维模型制作软件进行进一步的处理。

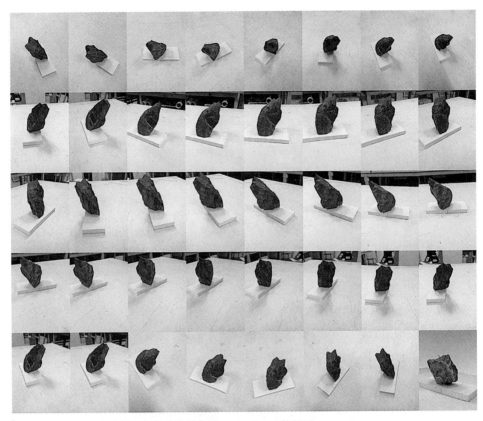

▶ 图8-1　对石头各方位、各角度的拍摄及123D Catch的显示

（2）电脑模型体积读取

123D Catch不能测量体积，因此需要将模型导入3DS Max中进行体积读取。但是，当模型进行云计算时，并没有要求用户输入一个参数值来确定模型大小，而只是通过识别照片上的纹理图案进行相对的大小控制，因此所得的数据不能直接被运用读取。为了获得准确的大小，必须在模型建立之前先确定参考系。其原理为，在目标物体的旁边放置一个具有可参考大小的标准几何物体，当它们被做成数字模型后，可以在3DS Max里根据标准几何物体的某一长度来缩放整体模型的大小，从而在理论上获得较为标准的实际模型大小（图8-2）。

（3）物理实验

为了获得样本的实际体积数据，就必须对其进行实际测量。本文所讨论的对象

▶ 图8-2　在3DS Max里依照参考物调整模型大小

是复杂的不规则形体，因此选择了不同形状和大小的石头作为实验样本。

实验器材包括量筒、烧杯、滴管、电子天平等。

实验用到了两种方法：排水法和质量差法。

首先是排水法。这种方法针对体型较小、能够直接被放置在量筒里的样本。如此便可以通过读取放置石头前后的体积读数差而获得石头的体积，即$V=V_2-V_1$，这是获取体积读数的最简单的方法。有些样本的体积稍大于量筒的杯口，则可以将其放入烧杯中，排出的水放入量筒再进行测量。

质量差法是将烧杯放在电子天平上，然后往烧杯中加入适量的水，把石块浸没在水中，在水面到达的位置做上标记；取出大石块，测得烧杯和水的总质量m_1；再往烧杯中加水直到标记处，再测出此时烧杯和水的总质量m_2；计算出大石块的体积公式为$V=(m_2-m_1)/\rho_水$。

选择不同的方法是因为石头样本的特殊性，即大小不一，形态各异，考虑到以后可能要测试其他类型的样本而不仅仅是石头，因此实验就被设计成用不同方法来测试。事实上，在实验过程中也的确可能存在某一种方法不适合某个样本的情况，比如样品由于体型过大或者形状怪异而无法放入量筒和烧杯时，就只能选择质量差法了。

3. 结果分析

将各样本电脑模型获取的体积和实验测量的体积结果进行比较并进行计算分析，其结果如表8-1所示。

电脑模型与实验测量的体积结果比较

表8-1

样本编号	体积（ml）		3D模型体积（ml）	体积偏差（ml）		体积偏差百分比（%）	
	排水法	质量差法		排水法	质量差法	排水法	质量差法
1	171	156	158.07	12.93	2.07	7.56	1.33
2	35	37	32.56	2.44	4.44	6.97	12.00
3	39	36	32.76	6.24	3.24	16.00	9.00
4	39	40	33.79	5.21	6.21	13.36	15.53
5	27	31	27.69	0.69	3.31	2.56	10.68
6	22.80	23	25.39	2.59	2.39	11.36	10.39
7	46.20	43	46.05	0.15	3.05	0.32	7.09
8	40.60	41	36.30	4.30	4.70	10.59	11.46
9	40	36	61.93	21.93	25.93	54.83	72.03
10	—	306	330.37	—	24.37	—	7.96
11	55	51	57.68	2.68	6.68	4.87	13.10
12	10	10.50	14.36	4.36	3.86	43.60	36.76
13	10	10.50	10.32	0.32	0.18	3.20	1.71
14	5	6.7	8.35	3.35	1.65	67.00	24.63
15	40	38	33.63	6.37	4.37	15.93	11.50
16	20	20.41	20.96	0.96	0.55	4.80	2.70
17	20	20.41	21.04	1.04	0.63	5.20	3.10
18	90	90	91.34	1.34	1.34	1.49	1.49
19	60	72	48.92	11.08	23.08	18.47	32.06
20	80	86	72.51	7.49	13.49	9.36	15.69
21	110	126	122.02	12.02	3.98	10.93	3.16
22	90	121	117.85	27.85	3.15	30.94	2.60
23	170	169	179.49	9.49	10.49	5.58	6.21
24	240	230	213.46	26.54	16.54	11.06	7.19
25	70	72	57.16	12.84	14.84	18.34	20.61
26	100	98	85.02	14.98	12.98	14.98	13.24

表中体积偏差和体积偏差百分比为两种物理测量数据与3D模型数据的比较结果。

从表格结果来看，利用两种测量方法测得的大部分石头样本体积都比较接近，最大偏差基本在10%左右。10号石头排水法没有数据是因为体型过大无法用此法测量。当样本的实际体积过小时，如12、13、14号样本，数据则容易偏差过大。还有一些其他的石头数据，可能用其中一种方法测得的体积和电脑模型的读取体积较为接近，而另一种方法所得体积数据与其则相差较大。过半数的样本，其电脑模型的体积读数要小于两种或一种物理测量体积的读数。

造成这些结果的原因可能有两个方面。

一方面是物理实验方面的原因。两种不同方法在理论上虽然都可以测得复杂的不规则形体的体积，但是从实际角度出发，排水法由于过程最为简单直接，计算直接建立在体积读数上，因此应该是最准确的。质量差法虽然通过公式$V=(m_2-m_1)/\rho_{水}$可以看出，它和排水法一样也只是普通的减法，但是在实际实验操作过程中，将石头从水中取出时会造成一定的体积损失，这样的损失使结果误差会因为样本材料特性的不同而不同。正如前面所提到的，在实际实验过程中也遇到了这种问题，即并不是所有的样本都可以用排水法测量。

另一方面则是电脑三维模型的原因。在刚开始拍照的时候就发现了一个问题，那就是石头本身的形状无法被完整地拍摄到（如12、13、14号样本），因为其底面并不是平的，所以电脑的体积读数会有所损失，这一点也可以从数据表格中看出来。有些石头由于表面的凹凸变化和较为特殊的外貌形态也可能会导致这一问题。电脑程序一般在处理图像计算时会采用微积分计算的原理，所以个人认为在使用3DS Max读取体积的时候应该不会存在太大问题。

4．总结与展望

总体来说，对于复杂的不规则形体，通过123D Catch这款软件所建立的模型，其体积参数接近样本的物理实验结果，但在精准度方面还有待改进。

从部分数据对生成的模型与实验对象物体本身的对比效果来看，生成的模型虽然不能做到绝对平滑的曲面，但是在总的形体上可以说是比较准确的。如果在此基础上运用数字雕刻软件作进一步的模型处理，那么它便可以被运用在许多地方。

利用123D Catch建模和数字雕刻软件的处理，将不规则的复杂形体生成更加精准的三维数字模型，最先想到的便是在古典园林假山方面的应用，因为园林假山石可以说是最能代表复杂、不规则而又随机产生的形体了。目前国内存在着大量优秀的园林假山需要被测绘和保存，但是假山不能像建筑那样用尺子去测量。如果利用123D Catch照片建模技术，我们便可以将苏州留园里冠云峰一类的优秀假山石做成虚拟三维模型，以便保存资料，供研究使用，正如现在一般建筑学工作者将古代建筑测绘整理成册一样。即使它所达到的精度并不能与精准的激光扫描仪相提并论，但是对于形成一个基本的资料库，供师生在电脑屏幕上查看到更生动的三维模型，还是很有发展意义的。

景观园林工作者还能利用此技术在电脑里进行初步的园林假山设计。可以先把计划安置的石头先扫描成三维数字模型，稍微经过修改可以在电脑里先进行设计摆放和调整。在电脑里提前进行初步设计的另外一个好处在于设计师可以将同样的石头摆放成不同的效果，通过比对后选择最优方案。在设计过程中还可以为假山石附加物理特性，然后在电脑里模拟物理力学测试。例如，将一堆石头堆积起来，如何确定它能够不塌，哪些地方是需要进行钢筋混凝土固定的，等等。这些工作都是需要建立在将石头首先进行建模的基础上的，至于123D Catch的功能是否能达到满足后续工作的要求则有待尝试，但这是一条可以发展的新的工作方式。

总而言之，123D Catch的出现无论是对建筑师还是景观园林师来说都是一次新的契机，设计师可以以此来改进他们不停地在二维和三维、现实与虚拟之间转换的设计过程。软件本身也应该会随着时间的推移而不断更新和进步，比如精准度的提升和自带参考系的建立，本文作者也会进一步去测试和试验它的技术性能及在此基础上的相关工作方法。

参考文献

[1] 张勃. 以三维数字技术推动中国传统园林掇山理法研究 [J]. 古建园林技术, 2010 (2): 36-38.

[2] 刘清涛, 曾新. 借助123D Catch进行复杂形建模的流程小议 [J]. 计算机光盘软件与应用, 2013 (15): 89-91.

[3] 韩中保, 韩扣兰. 采用123D Catch 基于照片全自动构建人体器官三维模型 [J]. 中国医学教育技术, 2013, 27 (5): 549-552.

[4] 谷晓晨, 阚红星, 杨青山, 等. 采用123D Catch建立中药材的3D模型 [J]. 安徽中医药大学学报, 2014, 33 (1): 85-86.

[5] 乔杰, 郭隽菡, 兰天亮. 利用照片建模技术重建文物的三维数据模型 [J]. 文物保护与考古科学, 2011, 23 (1): 68-71.

[6] 彼得·派切克, 郭湧. 智慧造景 [J]. 风景园林, 2013 (1): 33-37.

[7] 蒋建安. 不规则物体体积的测量 [J]. 初中生世界, 2012 (Z1): 39-40.

基金项目: 北京市大学生科研训练项目《古典园林掇山数字化建模研究》(项目编号: 14005)。项目组成员: 李雪飞、卢薪升、程麟雅、杜西鸣、白雪峰; 指导教师: 张勃。

望山览石——中国古典园林掇山数字化研究

9

《园冶》《长物志》《闲情偶寄》
论选石的异同

欧阳立琼、张　勃、

傅　凡

1. 缘起

　　作为世界三大园林体系之一的中国园林，以山水园林为特色，追求天人合一、物我交融的境界。在历史上，先哲们关于园林山水的文献很多，但就系统性而言《园冶》《长物志》和《闲情偶寄》是中国古代论述造园的著作中最为重要的三部，它们至今仍对中国园林的造园理论及实践产生着深远影响。

　　《园冶》是明代计成所著，现存惟一的中国古代造园专著。曹元甫对其称赞不已，并将其原名《园牧》改为《园冶》。《园冶》中对造园见解之深刻，曾被郑元勋在《园冶·题词》中赞为"今日之'国能'即他日之'规矩'，安知不与《考工记》并为脍炙可乎"。《园冶》中对造园提出的"虽由人作，宛自天开"①的立意境界时

----

① 计成. 园冶注释［M］. 陈植，注释. 北京：中国建筑工业出版社，1988：38，206，223–242.

至今日仍是造园者们孜孜以求的目标。

《长物志》为明代文震亨所作，陈植先生曾评价：“《长物志》为我国古代造园文献中除《园冶》而外的有数名著。”①

《闲情偶寄》为清代李渔所作，李渔曾说：“独《闲情偶寄》一书，其新人耳目，较他刻为尤甚。”②可见李渔对其的重视。

中国园林以山水园林著称，掇山在造园中占据着非常重要的地位。掇山自宋代以后就逐步成为中国园林重要的造园手法，并且有着决定园林风格的地位。而选石是掇山的基础，山石材料的选择对于园林掇山有很大影响，如太湖石有“瘦、透、漏、皱”的特点，极符合园林审美，遂成为最广泛用于掇山的石材。若不因地制宜地选择石材，那么无论掇山的手法多高超，亦不能达到“宛自天开”的效果。

历史上有许多论石的专著，如《素园石谱》《云林石谱》等，而白居易也在《太湖石记》中针对赏石分出品级，反映出了唐代赏石文化的发展。《园冶》的“选石”篇、《长物志》中“卷三·水石”、《闲情偶寄》中“居室部”均对选石有论述。

通过对古籍的研究，梳理出园林掇山的石材审美标准、价值取向，于研究园林掇山有很重要的价值。虽然后世对于这三本古籍研究颇多，但从选石方面将这三本古籍进行横向比较的研究很少，在此，本文将尝试将这三本古籍中的选石价值观及园林审美追求作横向的对比研究。

2.《园冶》中对选石的论述

计成在《园冶》中提出“好事只知花石”，指出大多数人对于某些石材过度追捧，忽略了其他石材的掇山价值。为了加深世人对假山石材的了解，《园冶》对园

---

① 李元.《长物志》园居营造理论及其文化意义研究［D］. 北京：北京林业大学. 2010.

② 李渔. 闲情偶寄［M］. 江巨荣，卢寿荣，校注. 上海：上海古籍出版社，2000：181，220-221.

林中15种（不含"旧石"）常用的石材进行了归类。梳理后可以发现计成在选石上是从石头的"质""色""态"三点出发来对众多的石材进行归类的。"质"是指石头自身所带的纹理，"色"顾名思义，指石头的颜色，而"态"则是其本身的形态。

计成并不惟太湖石独尊，他提倡利用石材的特点来掇山，因地制宜地选择石材，反对为了名石而舍近图远。《园冶》中就石的来源提出："是石堪堆，遍山可采"，可见计成并不重石材的产地，强调在选石时应因地制宜地选择。

本文主要讨论用于掇山的石材。表9-1从《园冶》中梳理得出。据此，计成虽没有在选石上推崇某一石材，但是就用途而言，这些石材在适用性上有优劣之分，如需石孤立堂前或者"装治假山"以太湖石为佳，宜兴石则"掇山不可悬，恐不坚也"，而灵璧石则"择其巧处镌治"，适合置于几案之上。就选石而言，计成认为"夫葺园圃假山，处处有好事，处处有石块，但不得其人"。即没有不好的石块，只有不善于置石的人，故《园冶》主要针对选石的实用性进行分类梳理。

《园冶》关于选石的论述   表9-1

序号	名称	性状	用途	产地	是否适宜掇山
1	太湖石	性坚润，有嵌空、穿眼、险怪势。质文理纵横，扣之微有声。	以高大为贵，惟宜植立轩堂前，或点乔松奇卉下，装治假山，罗列园林广榭中。	洞庭山	是
2	昆山石	质磊块，扣之无声。	其色洁白，或植小木，或种溪荪于奇巧处，或置器中，宜点盆景。	昆山县马鞍山	否
3	宜兴石	性坚，穿眼，险怪如太湖者。	掇山不可悬，恐不坚也。	宜兴县张公洞、善卷寺一带	是
4	龙潭石	一种色青，质坚，如太湖者；一种色微青，性坚；一种色纹古拙，无漏；一种色青如核桃纹，多皴法。	色微青者可用起脚压泛；色温古拙者宜单点；色青多皴法者，掇能合皴，如画为妙。	七星观至山口、仓头一带	是
5	青龙山石	大圈大孔者。	做成峰石，只一面势者。掇如炉瓶式，更加以劈峰。或点竹树下，不可高掇。	金陵青龙山	是

序号	名称	性状	用途	产地	是否适宜掇山
6	灵璧石	扣之有声，巉岩透空，其眼少有宛转之势。	择其奇巧处镌治，顿置几案，亦可以掇小景。扁朴或成云气者，悬之室中为磬。	宿州灵璧县地名"磐山"，石产土中	否
7	岘山石	色黄，清润而坚，扣之有声；有色灰青者，石多穿眼相通。	可掇假山。	镇江府城南大岘山一带	是
8	宣石	色洁白，多于赤土积渍，斯石应旧。	一种名"马牙宣"，可置几案。	宁国县	否
9	湖口石	一种色青，浑然成峰、峦。一种扁薄嵌空，穿眼通透，几若木版以利刃剜刻之状。石理如刷丝，色亦微润，扣之有声。	—	江州湖口，或产水中，或产水际	否
10	英石	一微青色，间有通白脉笼络；一微灰黑，一浅绿。各有峰、峦，嵌空穿眼。质稍润，扣之微有声。有一种色白，四面峰峦耸拔，多棱角，扣之无声。	浅绿其质稍润者，可置几案，亦可点盆，亦可掇小景。色白者，只可置几案。	英州含光、真阳县之间，石产溪水中	否
11	散兵石	色青黑，有如太湖者，有古拙皱纹者。	如太湖石者类太湖石之用。	巢湖之南	是
12	黄石	质坚，文古拙。	—	常州黄山，苏州尧峰山，镇江圌山，沿大江直至采石之上皆产	是
13	锦川石	有五色者，有纯绿者，纹如画松皮，高丈余，丈内者多。旧者纹眼嵌空，色质清润。	花间树下，插立可观。如理假山，犹类劈峰。	宜兴	是
14	花石纲	巧妙者多。	取块石置园中。	河南	否
15	六合石子	有大如拳、纯白、五色纹者，有纯五色者。	择纹彩斑斓取之，铺地如锦，或置流水处。	六合县灵居岩，沙土中及水际	否

3.《长物志》中对选石的论述①

《长物志》中"一峰则太华千寻，一勺则江湖万里"凸显了假山在园林中的重要地位。《长物志》的"品石篇"开篇即言："石以灵璧为上，英石次之"，首推灵璧石与英石，之后再将其他种类的石材排序，足见文震亨对灵璧石的推崇。文震亨提倡"宁古无时，宁朴无巧，宁俭无俗"，对石材的选择必然是以古雅自然为尚。

表9-2是根据《长物志》中"卷三·水石"梳理得出。可知《长物志》中的选石除石材本身的"质""态""色"之外，还关注"声"。因灵璧石声如磬，敲击不同位置可发出不同声音，文震亨便对其喜爱有加。相较之《园冶》中所列举的石材，《长物志》所列举的石材大多是适合文人雅士置于几案之上陶冶情操、明志之用。

《长物志》关于选石的论述　　　　　　　　　　表9-2

序号	石材名称	《长物志》中所述性状	用途	产地	是否适宜掇山
1	灵璧石	细白纹如玉，不起岩岫。扣之，有声如磬。	—	凤阳府宿州灵璧县	否
2	英石	以锯取之，故底平起峰。	叠一小山，最为清贵。	英州	是
3	太湖石	水中者为贵，面面玲珑。在山者名旱石，颇作弹窝。有小石久沉湖中，与灵璧、英石亦颇相类，第声不响。	吴中所尚假山，皆用此石。	水石产太湖中，旱石产吴兴卞山，太湖诸山亦有之	是
4	尧峰石	古朴但不玲珑。	—	苏州尧峰山	是
5	昆山石	以色白者为贵。有鸡骨片、胡桃块二种，然亦俗尚，非雅物也。	七八尺者，置之大石盆中。可栽菖蒲等物于上，最茂。不可置几案及盆盎中。	昆山马鞍山下	否

---

① 本节引文均出自：文震亨. 长物志 [M]. 江苏：江苏科学技术出版社，1984.

序号	石材名称	《长物志》中所述性状	用途	产地	是否适宜掇山
6	锦川、将乐、羊肚石	惟此三种最下，锦川尤恶。斧劈以大而顽者为雅。	斧劈假山。	锦川、将乐	是
7	土玛瑙	花纹如玛瑙，非贵品。石子五色，其价甚贵，另有纯红纯绿者，亦可爱玩。	红丝石、竹叶玛瑙俱可锯板，嵌屏风之类。五色石子置青绿小盆，或宣窑白盆内，斑然可玩。	山东兖州府沂州	否
8	大理石	白若玉、黑若墨者为贵。白微带青、黑微带灰者皆下品。旧石，天成山水云烟，为无上佳品。	古人以镶屏风，近始作几榻，终为非古。	滇中	否
9	永石	不坚，色好者有山、水、日、月、人物之象，紫花者稍胜。	大者以制屏亦雅。	楚中	否

4.《闲情偶寄》中对选石的论述[①]

《闲情偶寄》"居室部"从掇山出发，于假山的构成及其所需的石材来说选石，且《闲情偶寄》较之其他两部著作重点在如何叠山置石。

李渔提出："山小者易工，大者难好。"大山若全用石材堆叠的话，不但工程量大，且容易给人荒芜之感。反之，若全部用土来堆叠则易平淡，需要在适当的地方置石，以增加山峰的气势。

---

① 本节引文均出自：李渔. 闲情偶寄 [M]. 江巨荣，卢寿荣，校注. 上海；上海古籍出版社，2000.

关于小山的堆叠，李渔认为："小山亦不可无土，但以石作主而土附之。土之不可胜石者，以石可壁立，而土则易崩，必仗石为藩篱故也。"若小山全用土则易崩为馒头山，全用石则易彼此之间不连贯而导致不耐看。

《闲情偶寄》中有"言山石之美者，俱在透、漏、瘦三字"。而这三个字非太湖石莫属，足见李渔十分欣赏太湖石，而黄石等石材中的顽夯之辈就不在李渔所欣赏的范围内了。

5. 三古籍在选石审美方面的同与异

《园冶》与《长物志》是同一时期的著作，它们对于石材的价值取向相似，追求"透、漏、瘦"，并俱以太湖石为美。这一点从《园冶》掇山时推崇的"瘦漏生奇，玲珑安巧"，以及《长物志》中太湖石以"皆成空石，面面玲珑"的"在水中者为贵"中可证。《长物志》和《园冶》在多数石材的选择和使用上是相同的：如太湖石均以"在水中者为贵"；英石、灵璧石适宜置几案。《园冶》作者计成是以造园为生的文人雅士，在选石方面看重的是造园上的实用性，如在对锦川石的运用上是于花间树下插立或理之使其类劈峰，而锦川石在《长物志》中的有关记述是"锦川、将乐、羊肚石，惟此三种最下，锦川尤恶"。锦川石若置于几案因观赏性不佳而被文震亨视为下品，如此便知《长物志》更加注重石材的赏玩功能。

《闲情偶寄》在"大山"中所述的"用土石代之法，既减人工，又省物力，且有天然委曲之妙"与《园冶》中所述"多方景胜，咫尺山林，妙在得乎一人，雅从兼于半土"不谋而合，均提倡土石相间的掇山手法。《闲情偶寄》中提到"言山石之美者，俱在透、漏、瘦三字"，将之对比《园冶》于掇山中追求"瘦漏生奇，玲珑安巧"的境界，可知《园冶》与《闲情偶寄》在对于山的堆叠手法及审美上有相通之处。在石材的使用上，《闲情偶记》提出"石纹石色，取其相同"，依据石性来堆叠山石，"至于石性，则不可不以；拂其性而用之，非止不耐观，且难持久"，这与《园冶》中因石制宜的道理是相同的。"宜简不宜繁"道出了贯穿《闲情偶寄》

的审美思想"最忌奢靡"，这与《长物志》中的"宁朴无巧"相通，具体表现在选石上则是"透、瘦二字在在宜然，漏则不应太甚"。

从明代的《园冶》《长物志》到清代的《闲情偶寄》，在石材及掇山方式的选择上，它们都是推崇以太湖石为首的选石审美，这种审美是一脉相承的。如《园冶》与《闲情偶寄》都推崇土石相间的叠山手法，《园冶》《长物志》和《闲情偶寄》中关于选石的最核心要求均为"透、漏、瘦"，这些都展现了清代的堆山手法、选石要求，乃至园林审美从明代清晰传承下来的脉络。

《园冶》作为一部以技术为主的造园专著，其主要内容是关注石头堆叠方面的实用性，书中详细描述了园林常用石材的性状，并对其产地及堆叠方式进行了论述。《长物志》作者文震亨出身簪缨世家，期望通过《长物志》标榜古朴典雅的品位格调。在"卷三·水石"中，文震亨期许园林水石能达到"一峰则太华千寻，一勺则江湖万里"的意境，与计成的"多方景胜，咫尺山林"类似，与李渔"芥子须弥"的造园思想亦有着相似之处。文震亨追求的是旷士之怀，于《长物志》中也是以名流、士大夫的眼光来赏玩石材。在选石的分析上，文震亨追求石的赏玩性，与《园冶》关注造园的实用性不同。《长物志》选石以灵璧为上，崇尚古朴典雅，以奢靡浮华为耻，同时发掘了"声"等其他石材本身可供赏玩的方面。盖因文震亨并不是以造园为生的匠人，而是品园的士大夫，故在对石材的用途描述中并未过多涉及其在掇山方面的技巧应用。

李渔在《闲情偶寄》的"居室部"开篇便言自身有两个绝技："一则辨审音乐，一则置造园林。"表明李渔在园林方面也有研究。选石方面，他强调"透、漏、瘦"。其中，"瘦"体现的是石材的形态性状，以"壁立当空，孤峙无依"营造出"一卷代山"的意境。《闲情偶寄》中并未通过罗列石材来论述选石，而是从掇山来对选石要求进行侧面描述。他还提出了另两本古籍未提及的"忌石眼圆"的选石标准。

早在唐代白居易的《太湖石记》中就有关于太湖石鉴赏品级的记载，可供玩赏的石头有各种类别，太湖石是甲等，罗浮石之类的石头都次于太湖石。而石头被分作四等，分别以甲、乙、丙、丁表示，每一等又分上、中、下三级。可见在唐代，石头审美中就已经开始推崇"透、漏、瘦"的太湖石。所以说，《园冶》《长物志》《闲情偶寄》关于石材的审美与唐代是一脉相承的。

6. 结语

　　陈植先生曾在《中国造园史》中将造园家分为三种，"一为大夫名流、富商权贵，有权有势，以自己的财富，修筑园亭以供享乐。二为学者文人，爱好园林之胜迹，于游山玩水之余，自建小型园林以自娱，其间多为造园理论之叙述，成一家言。三为有造园技术实践经验之匠人，一砖一瓦亲手培植，实为不可多得"①。《园冶》《长物志》《闲情偶寄》这三本古籍中关于选石的取向正好应对了三种造园家的选择取向，计成代表了有造园技术实践经验的造园名家，故在选石方面注重石材在造园中所能发挥的实用性；文震亨代表的是名流、士大夫，看重的是石材的赏玩功能；李渔较之计成则偏向学者文人，关注的是石材"透、漏、瘦"这一大体的石性。将这三本古籍进行横向比较之后，我们发现中国古典园林中的假山掇置方式与选石的取向从明代至清代是一脉相承的。虽然书中关于一些石材的具体使用略有出入，但是在大体的对石材的选取及审美上是相似的，均以"透、漏、瘦"为上，反映出了三种不同身份的造园者对于选石的审美取向，让我们在研究石材选取的同时得以一窥三位造园名家所追求的不同的造园境界。

本文原载于《华中建筑》，2015年9期，155-158页。

基金项目：2014北京市促进人才培养综合改革项目—研究生创新平台建设—风景园林（项目编号：14085-47）。

---

① 陈植. 中国造园史［M］. 北京：中国建筑工业出版社，2006：153.

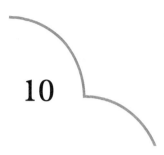

10

数字化掇山数据库的建立及其应用

白雪峰

1．掇山数据库的文献素材

掇山数据库的文献素材包括两类：一类是石谱类文献，另一类是掇山技艺类文献，阐述了掇山理论与设计方法。

（1）石谱

清代修订的四库全书收编了宋代杜绾撰写的《云林石谱》，这是古典文献里较早和较系统地收录石头品种的文献，以文字描述的形式，汇载石品116种，分上、中、下三卷，以名称为目录，"各具出产之地、采取之法，详其形状色泽，而第其高下"，堪称中国石学的第一部专著，也是到清代为止最具科学性、篇幅最长、记载范围最广的大型综合石谱，对后世的石谱撰写及山石鉴赏影响非常大。

《素园石谱》为明代林有麟所著，共四卷，描摹了自南唐李后主砚山到当时的奇峰怪石102种，大小石画249幅，其中有图谱的皆以历朝名石为主。"所录皆取小巧足供娱玩"，是中国篇幅最大的画石谱，却并非最早的画石谱。早在宋徽宗时常懋所著的《宣和石谱》便图文并茂地记录了艮岳奇石65块，可惜后来此书失传而只留其名。《素园石谱》也并非所有的石品都是作者亲自录入，《四库总目子部谱录类存目》记载，"以意写，未必能一一当其真也"，如卷之二的"石丈"、卷之三的"醉道士石"等都为博物馆所存，与书中图画相比较则并不传真。文字记录方面，大多也为述而不作，有抄录名家诗文的，也有直接移录他人著作的，甚至包括了《云林石谱》等。但从研究古代石品的角度来说，《素园石谱》对当代研究石品仍然有重大意义。

其他的还有清代高兆撰写的《观石录》记录了当时的藏石家11人及其藏石情况；清代诸九鼎撰写的《惕庵石谱》记录了奇石20品；清代早期毛奇龄客居福建收获寿山石49枚，并著《后观石录》；近现代也陆续有专家学者和奇石爱好者对新出现的石品进行了收录编辑。

除了石谱专著以外，也有记录各式文玩的古籍中包括石品的，例如明代的文震亨所著《长物志》就是其中较为著名的文著，其"卷三·水石"列举了石品共10篇，以文字论述将石品以高低分类，"石以灵璧为上，英石次之"，从文人、士大夫品玩的角度论述了其个人喜好的9种石品。这种类型的文著多为高官或文人名流平常生活把玩而自有所感，如唐代白居易的《太湖石记》记录了诸多人士对包括太湖石在内等奇石的收藏和鉴赏；南宋赵希鹄所著《洞天清录》论述鉴别古器之事，如古琴、砚、翰墨真迹等，其中"怪石辩"则是鉴赏石品的专论。

（2）技艺类文献

明代造园家计成编写的《园冶》是中国现存惟一的古代造园专著，其中的"选石"篇从造园者的角度对园林掇山常用的16种石材进行了评述。开头讲述了选石的一个重要原则："夫识石之来由，询山之远近，石无山价，费只人工。跋涉搜巅，崎岖觅路。便宜出水，虽遥千里何妨。曰计在人，就近一肩可矣。"计成认为掇山的形式美和经济适用性应该相协调，提倡就近取石，反对一味地追求奇山异石，朴素的选石和掇山技法也能够创造出较好的效果，正所谓"未山先麓，自然地势之嶙嶒；构土成岗，不在石形之巧拙"。现在许多造园工程在选择假山用石的时候过度专注于材料的名贵，而对山石的理法注重不够，于是最终的艺术效果并不理想。此类文献还有清代李渔的《闲情偶寄》等，在其"居室部"山石篇里记录了用假山营造不同地貌特征的形式。

2. 掇山数据库类型

以目的划分，可分为文物保护修复、新建设计等；以对象划分，是为一定地理范围内假山石建库，如某一园林内假山，或者按照石品类别广泛搜集案例汇成一个大的目录，可以用于学术研究、知识学习或商业目的。在此笔者按照不同的建库概念将掇山数据库分为以下三种类型。

（1）园林内掇山的数据库

第一种范围是针对某一个园林内的假山石，主要目的是名园假山的修复设计，建立虚拟现实（Virtual Reality）以实现数字化游园，或者就是单纯的假山数字化文档记录与保存。前文所提常懋编纂的《宣和石谱》便是专门记录艮岳里的奇山异石。

（2）观赏收藏石品的数据库

对奇石的喜好自古便已形成，许多士大夫、名流都有收藏奇石的爱好，为其著书题诗也络绎不绝。前文便提到过一些著书，像清末学者诸九鼎的《惕庵石谱》就命名和记述了20个奇石，皆为独一无二的个案记述，并非像《云林石谱》是按类泛指。新中国成立以来，奇石观赏与收藏的活动也一直延续不断，各地均建立了赏石协会并且定期举办展览，后来还陆续出现了奇石收藏博物馆，比如国家旅游总局在南京清凉山建成了第一座中华奇石博物馆。随着赏石之风愈盛，终于有了较为系统的为中国著名奇石编纂的书册，一些杂志也偶尔会刊出奇石品鉴的文章和图片。

如果将这些观赏性奇石建立一个模型库，进而可以将其发展成为数字化博物馆，访问者便能以全新的方式对其进行参观，或者以付费的方式获得模型的文件用以3D打印等其他用途。

（3）掇山选石的数据库

目前全国各地营造园林都在寻觅适合掇山用的石材，由于长期存在对石头的采挖造成环境破坏，国家为了生态保护的目的已禁止了许多传统优秀石品的开采，其中就包括太湖石，于是现在出现了很多新的掇山用石开采地，它们大多也都以地名命名。如果可以为这些从不同地域开采的石材建立模型库，就可以让广大园林设计者在选石的时候有更清楚的认识。这个库并不需要将每一块石头都扫描建成模型，只需要挑选一些较具有代表性和有特色的。

3. 掇山数据库内容

（1）图像描述

如同《素园石谱》图文并茂的石品论述方式，数字化掇山的石品数据库更应该具有视觉上的可观性，但有了三维信息获取技术之后，图像描述的内容就不止于平面图画的二维信息，浏览者能够通过旋转视图以全角度观察石材的形态，之前论述的照片建模技术还为石材赋予了贴图信息，从而能够体现其表面色彩与纹理等选石需要注重的方面。图像描述并不摒弃传统的表现方式，例如可以拍摄一些石材的细节来辅助表达色彩与纹理信息，有些较著名的假山石曾有画家为其作画，如果将这些绘画资料也囊括进来则是锦上添花，不仅能够查看石头的基本信息，更在石品意境上体会良多。

（2）文字描述

文字描述的内容与图像不同，图像是被动采集获得的（对名石的绘画除外），而文字要由人主观叙述。一些基本信息可以以其他方式较便捷地录入，甚至是点选的方式，例如石头的地理和时间信息，包括石材的开采地或产地以及开采时间，名石可能会有现存位置信息如哪个园林或哪个博物馆；石材的类型，比如是页岩、石灰岩、火山岩或其他等；石品目前的状况，是完整、残缺、破损或者其他状况等。文字叙述一方面配合数字模型及图片进行补充说明，另一方面为通过文字检索石品奠定了基础。

4. 掇山数据库功能

（1）数据添加和管理

数据库的内容是需要人工添加和管理的，只有按照一定章法才不会使数据库到最后越发展越乱。

（2）数据查询

数据库应该具有可查询、检索的功能。用户只要根据需求输入某一关键字，便能够将所有结果显示出来，比如名称、地域、色彩、大小等各种特征。数据库也应该具备综合检索的功能，也就是说选择不同的特征，将具备这些特征的所有对象显示出来（图10-1）。

▶ 图10-1 掇山数据库的分级分层内容

5. 古柏园假山资料库内容结构

笔者构建了古柏园假山资料库的结构框架。点开古柏园假山资料库后有三大内容，整体信息的文件夹、个体石材的文件夹以及若干张图片，就是图中的"石材编号图像信息"，它是指给假山的每块单体石材编号，对应"单体石材信息"里的石头编号。笔者所用的方式是直接在照片上标数字，本例假山规模不大，固只使用了两张照片来给石材标号。在照片上给石材标号除了用于统计作用以外，也有定位的作用，为访问者快速找到某一石材的具体信息提供引导（图10-2）。

数据库的内容分为两部分：掇山的整体信息和单块石材信息。整体信息和单体石材信息的每一块石头资料文件夹里基本上包括了四个内容：Auto CAD图形文件、照片文件、数字模型文件和手绘文件（表10-1）。

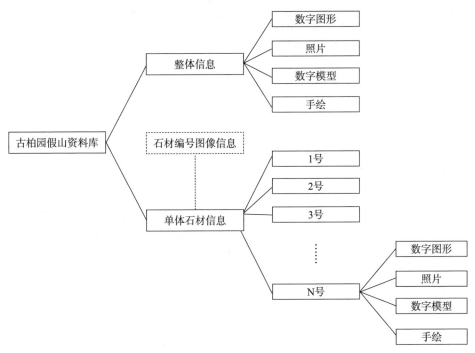

▶ 图10-2　古柏园假山资料库结构图

资料文件格式类型　　　　　　　　　　　　　表10-1

信息类型	打开软件	格式类型	备注	
数字图形	Auto CAD	dwg	立面及顶平面等信息	二维信息
照片	照片查看器	jpeg	展示色彩纹理	
手绘	照片查看器	jpeg		
扫描原始数据	FARO SCENE	xyz		三维信息
点云模型	FARO SCENE	xyz		
三角网格模型	Geomagic studio	wrp	用于拆解模型	
	3DS Max	obj		

　　数字图形或模型的格式会有很多种，这里所写的格式是笔者自身建库过程所使用的格式。例如，笔者使用的三维激光扫描仪扫描出来的原始数据就是xyz格式文件，拼接是在FARO SCENE软件里；笔者使用的是Geomagic studio软件来将点云模

型转化为三角网格模型，并且给每个单体石材添加模型文件是需要从整体模型上拆解下来的，所以使用Geomagic studio软件专用的wrp格式。

6. 掇山的数字化设计

假山石多较笨重，形状复杂，往往在最终成形之前不可预期，只有成熟的假山匠人才能够根据每块石头的形体判断出如何堆叠，因此古代文人也只能止步于掇山原则，具体的理法与施工还得由专门的掇山匠师操作。现当代园林设计对假山的营造需求依然很大，但真正能够将假山艺术完美展现出来的设计师少之又少，可咨询的假山名师则更少。假山工程最大的问题在于假山石的堆叠成形不像园林景观其他方面可以用图纸表现，如果没有专人在现场指导如何置石，完全由文化程度较低的工人摆放，结果不堪设想。如果能够将假山的施工效果像建筑和植物等其他内容一样提前在电脑中绘制，便可以形成多种不同的假山堆叠方案，供园主选择和施工队参考。

（1）传统掇山流程

传统掇山建造的全过程包括前期准备、建造施工、整理清场三个阶段，具体内容有勘察地形、制图、识图、制模、估重、选石、购石、运石、放线、挖基槽、筑基石、分层堆叠、填充、结顶、镶石、勾缝、养护、去支撑、调试、覆土、植绿、清场等。

前期准备工作主要包括实地勘察、初步与扩初设计、选石相石估重、搬运等工作。前期的这些工作要综合考虑预算，保证费用在预算之内，一般石材的费用分两种：普通石材用来堆叠，特殊造型的奇石用于独置。过去会用橡皮泥、煤渣、水泥砂浆、油画颜料等材料制作微缩模型。选石相石是施工前最关键的环节，石材的正确选择直接影响假山的质感，并决定最终成形后的艺术效果。现在许多的假山施工工程由于经济利益驱使、业主非专业要求、运输、工期等诸多原因，导致选石的重要性被削弱，求数量不求质量，乱叠一通，艺术效果差。估重的目的主要是为了施工的安全性，假山施工离不开人力和机械，对每块石材估重的准确性很重要，一般项目总耗量允许5%的误差范围。估重之后才能合理安排劳动力，有两人肩扛的、四人肩扛的，半吨以上的石材就需要使用机械，重量不同其吊装方式也不一样。总而言之，安全第一。

建造施工按照顺序主要包括筑基、放线与基点石定位、分层堆叠、收顶、镶石拼补、胶结、着色、勾缝等，由下至上，由粗及细。筑基是掇山的重要环节，山石大小不同，重量不一，因此所造成的不均匀沉降决定了筑基的重要性。定位放线一般遵循先池后山的原则，根据地形及建筑物合理布置。基点石又叫中心石或定位石，其位置决定整座假山的主要观赏面的位置。基点石是"掇山之本"，之所以这样说是因为基点石的安置在一定程度上影响所有竖向和横向组石的造型，尤其是堆石不多的组合拼峰时，其重要性不可小觑。掇山的基础完成后就该是下一步的中层石材堆叠以及最终的收顶了。假山组合是有层次的，可分为基础层、中间层、发挑层、叠压层、收顶层，中间层承上启下起到了自然过渡的作用，每块石头的安置堆放对整体效果都有直接影响，中间层的准确置放是成功收顶的必要和先决条件。假山施工把叠置位置最上部分的山石叫作收顶，不同类型的石材堆叠风格不同，但收顶的结构方式与层次表现原理相通，主要有分层收顶和压顶。前者有平卧式和剑立式，都是用数个石材组合收顶；后者泛指用独块造型完整的山石进行收顶，这种方法对选石要求较高，要有多个可观赏角度，体量相对要大于中层置石，质地、纹理、色泽等方面也都要一致。假山的整体完成堆叠之后，就要进行镶石拼补的工作，它主要起到保护垫石，连接、勾通山石之间纹路的作用，同时也为了承重和传递重心，增加结构强度。紧接着就是胶结、着色、勾缝，这是假山最后的补充和美化。

整理清场包括养护、调试、拆撑等工序。假山用石沉重，有些包含洞体的假山需进行水泥砂浆或其他材料的加固，因为假山不像建筑，它的不规则形体使其结构需要特别养护。在对假山置石最终的调整完成后，可以说假山堆叠就结束了，最后的部分就是撤去支架，以及包括覆土种植、局部调整补缺、勾缝收尾、放水调试等清场工作。

（2）掇山数字化设计的基本步骤

无论是为了文物保护工作还是假山的修缮设计，三维建模是掇山数字化的先决条件，即前期的三维扫描工作和扫描数据的处理工作，主要涉及本文第5、6部分内容。

掇山理法是分析传统掇山的主要方法。对模型的分析主要有两方面：从任意角度进行观察，和根据模型来制作分析图表从而量化式研究造型。

对模型进行观察和分析之后，可以根据结果对假山的造型进行调整。如果有了所有石料的完整模型，那么在对方案进行调整时可发挥的自由度较大，但如果对象是建好的假山想进行调整，那么一般只能对其外部的石料或散置的置石进行局部调整，原因在之前曾说过，扫描仪不能获得掇山内部信息。调整的方式主要以空间位移和旋转为主。

传统的掇山初步设计阶段，无论是用笔画还是制作模型，都不能做到精准，所以一般皆以建立掇山整体形态意向为目标，到施工时会根据实际情况再作调整。数字化设计的优势，除了精准获取石料形体之外，还在于在虚拟三维空间里对其操纵。

以估重为例，过去以取样过磅、试堆，结合传统实践经验推算的方法估重，但现在有了数字化建模技术，这一过程能够以全新方式实现。

数字化假山石估重按照笔者的设想应该分为如下几个步骤：首先仍然需要获得石材的数字模型，包括掇山的石材及其取样石材，三维信息获取方式可以根据实际情况而定，如果是刚从开采地运到施工场地，则可以用照片建模方式获取，取样的石材同理。其次是对取样石材的称重，然后再根据数字模型的体积读取数值得到其密度。最后，通过密度和体积较大的石材数字模型体积数值得到其重量（图10-3）。

笔者认为数字化估重方式为假山石估重步骤提供了更加科学可靠的方法，也为没有过多经验的设计和施工人员提供了一个较为可行的办法。

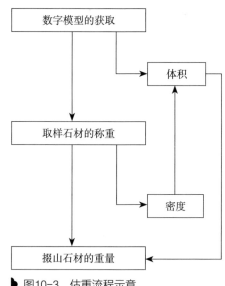

▶ 图10-3 估重流程示意

7．小结

三维信息的扫描只是掇山数字化的一部分，另外一部分是要求我们利用这些扫描获得的数字模型，为古典园林假山设计的前前后后各道工序服务，为保存我国珍贵的奇山异石服务。

人们对于石的痴迷从古至今从未间断，并为之著书建谱，既有石品专家为石编纂石谱，如宋《云林石谱》的文字描述、明《素园石谱》的图文共赏，也有赏石玩家为奇石收藏抒发个人所见所想，如明《长物志》的"卷三·水石"，更有掇山造园家对园林叠山选石的专业评述，如明《园冶》的"掇山篇"。笔者正是根据过去的优秀古典文献，提炼精华，将其思想与现代化数字技术相结合形成新的石谱形式。笔者以信息整合与逻辑推导演绎的方式得出现代数字化掇山数据库的具体构建思想，阐述了不同类型的掇山数据库特点和涵盖内容，并总结了掇山数据库建立在学术研究方面、教学方面的意义，以及在商业选石的便捷性方面的意义。总而言之，石材、石品、掇山的数字化会为石迷、设计师、园林业主等各界相关人员提供全新的用户体验。

同时，假山石的数字化模型在假山的设计施工方面也可以起到重要作用。园林假山不同于建筑的规则的构建组合，它是不规则的形体组合，因此会产生许多预料不到的问题，需要假山匠师根据实际情况作现场调整，除了要形成最终如诗如画的艺术效果以外，还要保证假山结构合理、施工安全等诸多事项。

本文论述了通过三维扫描技术与电脑三维软件来模拟设计假山的堆叠，内容包括对假山石估重的方法，以及在电脑里掇山建模，以建立起数字化掇山的思路与方法。

本文是硕士学位论文《数字化掇山研究》(北方工业大学，2015)的节选，导师：张勃、秦柯。

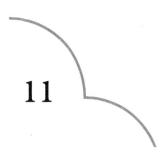

11

对掇山建造模式与匠作工具的思考

张 勃

　　掇山，是中国古典园林的一大要素，也是一门相对独立的技艺。它是以石、土为主要材料，建构实体和空间，具有立体的艺术价值。掇山既可以作为审美对象，也可以作为审美活动的载体，使人进入而获得环境艺术体验。

　　掇山在计成的《园冶》中有专门的一章，归纳而言，在园林或庭院中以石、土为材料而构筑的石山、土山、置石（单独安置的整块石峰）都可以归入掇山。其大可构筑园林之格局，小可用作点缀，增加意趣。计成是松陵人（今苏州同里），所言"掇山"中，"掇"是苏州方言，有摆弄、拾掇之意，掇山就是叠石造山，北方通常称为"叠山"。掇出来的山并不是真山，因此习称为"假山"。狭义的假山，特指那些完全用石头或者以石头为主的堆叠，掇山和叠山作为动词用即是建造假山，作为名词用就是假山的意思。

1. 掇山的三种设计建造模式

掇山的设计建造模式有三种：第一种是园主（投资人使用者）凭自己的爱好和审美情趣构思并监督匠师进行建造，这种情况园主集投资、设计、使用于一身；第二种是园主委托匠师进行设计、建造，由匠师发挥创造；第三种是园主委托设计师设计并由设计师监督匠师进行建造。

第一种模式，园主本人是假山爱好者，并且对假山的审美艺术效果有着明确的个人品位和要求，只是借匠师之手建造出来。第二种模式，掇山的主要材料是自然形态的石块，因其施工建造具有相当的难度，因而要取得好的艺术效果也殊为不易，即使有好的设计也必须借掇山匠师之手来完成。一些经过长期假山实践的匠师，可以掌握假山的审美艺术效果，并满足园主的要求，因此园主便委托匠师设计并建造，这样的匠师被称为"山子"或"花园子"。第三种模式，出现了相对独立的设计师，计成是其代表，设计师具有独到的见解，得到园主的认可，并被委托监督匠师进行建造。设计师不是匠师出身，并不一定掌握匠师的手艺，但他可以指挥匠师按自己的意图完成掇山。柳宗元在《梓人传》中描写的不会修床腿的梓人指挥工匠盖房子，也是这种情况。[1]

掇山发展到今天，仍然是三种建造模式并存，以第二种、第三种为主。第二种模式以匠师为主体。由于近代以来掇山实践停滞甚久，技艺几近失传，直到新中国成立之后，伴随着传统园林中掇山修复保护工作增多和经济发展，掇山的建造量和掇山匠师的数量才大增。为了规范从业市场，区分和提高匠师的水平，建设部于2002年出台政策，明确把假山工（也就是掇山匠师）列为独立的工种，并依据水平划分为初级工、中级工、高级工，其中高级工的技能要求须达到独立设计并组织施工建造的水平。[2] 第三种模式，设计师大多由高等院校培养，能够从美学层面把握

---

① 梓人对柳宗元说："吾善度材，视栋宇之制……吾指使而群工役焉。舍我，众莫能就一宇"，而柳宗元"入其室，其床阙足而不能理，曰：将求他工"，因此"甚笑之"。直到亲眼看到梓人在建造房屋的现场对工匠指挥自如的场面时，才"圜视大骇"，真正佩服他，"知其术之功大矣"。柳宗元. 柳河东集 [M]. 上海：上海人民出版社，1974.

② 中华人民共和国建设部执业技能岗位标准·执业技能岗位鉴定规范·执业技能岗位鉴定试题库 假山工 [S]. 北京：中国建筑工业出版社，2002.

设计效果。但不足之处在于培养过程中较少进行掇山实训，设计理念落实有困难，在具体的掇山实践中，受到石料、砌法、资金等一系列因素的制约，引起匠师抱怨："叠石造山最忌讳不懂叠石造山技术的人进行规划设计和制图，这种现象却经常发生"[1]。

2. 匠师控制掇山建造的两个关键点

（1）拼叠

匠师的工作分为核心工作和辅助工作。辅助工作技术含量不高，任务简单明了，易把控结果，如做基础、搬水泥、抬石头等。核心工作包括相石、拼叠、做缝等，需要凭长期积累经验才能做得好。把石料安装到位最关键的一道工序是拼叠，拼叠既是结构，也是造型，拼叠完成了，掇山总体形态就确定了，因此拼叠是必须控制的。拼叠的结构形式有堆砌、简支、悬挑、发券等，与砖砌体结构逻辑完全一致，惟一的不同在于掇山的石料（相当于砌块）是不规则形状的，由于石料的不规则，进行结构计算几乎是不可能的，所以要依靠匠师的经验来做。

拼叠的主要工具是各种人力或机械起重装置。由人力抬运的一般从两人至数十人不等，多用于平面搬运，垂直方向提升石料需要用起重装置吊装，《古今图书集成》中有杠杆式、滑轮式吊机等图示，专门用于吊装假山石（图11-1）。现在用手动葫芦替代古代吊机。三脚或四脚吊架有其优势，拆装方便、成本低，基本能担负大部分石料的吊装，但覆盖面小，需要频繁移位，影响施工速度。

现在也有将卷扬机、摇臂相结合的摆臂式卷扬机吊机，基本上就是一种土造的塔吊，具有较大的灵活性和适用性，成本较低，不失为一项因地制宜的好发明（图11-2）。

---

① 方惠. 叠山造石的理论与技法 [M]. 北京：中国建筑工业出版社，2005：62.

望山览石——中国古典园林掇山数字化研究

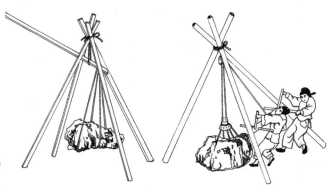

▶ 图11-1

古代吊装架具：杠杆式（左）

滑轮式（右）

图片来源：陈梦雷. 古今图书集成-79-80-经济汇编，考工典［M］. 影印版. 北京：中华书局，成都：巴蜀书社，1985. 由刘劲芳描图。

▶ 图11-2 摆臂式卷扬机吊机

图片来源：方惠. 叠山造石的理论与技法［M］. 北京：中国建筑工业出版社，2005：219.

现代起重机械也可胜任掇山的吊装工作，采用与否主要取决于成本费用，如果费用有保证或者工期比较紧，就一定会使用起重机，既方便又灵活。

吊装过程中，如何用绳和打结也是不可忽略的细节，通常用棕麻绳捆石料，以保护石料的棱角、细部。捆绳的位置和绳结的打法要兼顾捆绑的牢固性和拆绳的方便性。从匠师的技能培养看，从初级工到中级工再到高级工，对于堆叠假山的规模，有一个由小至大的要求。工作量增加，难度也随之增大，需要解决的拼叠问题自然也就更多，对匠师的总体把握能力要求更高，而学会起重吊装只是匠师入门的基本条件。

使用上述方式将石料吊装到位后，有一道非常重要的工序——垫刹。这种垫在石料下面的石片叫"刹"，刹是一个配件，用来把石料垫稳，看似不起眼的石片，却起到了稳定掇山的关键作用。按照掇山的工艺要求，每一块石料下面都要垫刹，通常至少要先垫四块，垫好之后才进行填充，用水泥砂浆将缝隙填实，使石料之间结合牢固。

在吊装、垫刹、总体成形稳定之后，最后是修饰环节——勾缝。勾缝所用工具是一种特殊的小抹子，是一片细长、微弯的小铁片，有的地方也叫柳叶抹，工具简单却很重要。

匠师常用的工具还有小铁锤、錾子等，有经验的匠师用小铁锤制作刹片，因为刹的形态相对比较规律、平整，规格相近，靠人工从石料上敲下来。而锤子加錾子，可以在拼叠过程中敲掉石料的一些凸出部分，使安装到位。

现场指挥的匠师在这些时候常常亲自上手，因为这些细节微妙之处，很难用言语说得清楚，而这也是有经验匠师的重要看家本领之一（图11-3，表11-1）。

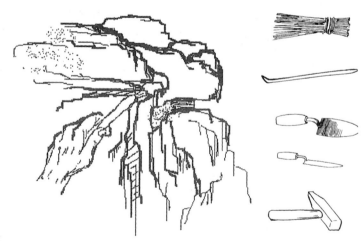

▶ 图11-3

掇山常用工具图示

图片来源：方惠. 叠山造石的理论与技法［M］. 北京：中国建筑工业出版社，2005：70；孙俭争. 古建筑假山［M］. 北京：中国建筑工业出版社，2004：95.

工序	手工工具	机械工具
捆石吊装	杠、绳（粗棕绳、钢丝绳、尼龙化纤绳）、三角铁架、钢丝绳千斤扣、手拉葫芦（5吨）、中型方锤（8～12磅）、方铁锤（2磅）、圆铁锤（1.5磅）、尖嘴小锤、撬棍、旱船、滚杠、空心段钢管、木制脚手板、镐、耙、手推车、钢筋夹、小嵌子	双卷扬机独杆独臂摇头拔杆、起重机、卡车
支撑加固	毛竹片、撑棍、木刹	
平稳/填充	灰桶/箩筐、瓦刀、铁铲、软质水管	
镶石/勾缝	小抹子（柳叶抹、特制专用勾缝条）、刷子（竹刷、毛刷、钢丝刷）	
其他	黄沙或土、钢丝网、中型铁板、特制小铁板、喷壶、木铲板、拌水泥板、圆段木、各种规格的顶撑、固定铁件	电焊机、砂浆搅拌机、蛤蟆夯

（2）选石

对拼叠这个关键点的把控，取决于指挥的匠师对现场已有石料的了解，但是匠师对石料的揣摩不是从石料进场后才开始，而是在进料的时候就考虑清楚了。匠师进料的依据是设计方案，这个设计方案通常不是由设计师提供的图纸和模型，而是匠师自己做的设计，匠师的设计只用示意性图纸表达，根据可选石料的情况再灵活调整。能否找到适合的石料，就是考验匠师技艺的第二个关键点。

做方案时是否熟悉石料出产情况？依照方案有没有找不到合适石料的可能？这些问题在做设计方案的同时就应该考虑。

找石料这个阶段叫作"选石"，而具体评判石料合不合用、如何用，叫"相石"，设想在掇山时该怎么用。在选石的过程中，匠师并不使用专门的工具，主要是记下石料的大致尺寸、重量，以及主要的特征。在实践中，只有熟悉石料来源，才能做出好的设计方案，在此基础上，现场叠拼才有可能进展顺利。

3. 石料的开采与运输

（1）采石

掇山用石主要来源有湖石和山石，即开采于湖中和山里。

唐代"洞庭山下湖波碧,波中万古生幽石。铁索千寻取得来,奇形怪状谁能识"[1]描写的采湖石场景,取石工具为长铁索。南宋《云林石谱》"太湖石"对湖石的开采有更详细的记载:"采人携锤錾入深水中,颇艰辛。度其奇巧取凿,贯以巨索,浮大舟,设木架绞而出之。其间稍有巉岩特势,则就加镌砻取巧,复沉水中经久,为风水冲刷,石理如生。"[2]为保证湖石的外观,主要用铁锤、錾子等工具进行人力开采,不像采山石可以借助火烧、火药等方式节约人力。

把湖石从岩床开凿下来之后,要用木架、绳索等工具做成"绞机"将石块装上大船。"绞机"的作用类似于今天的卷扬机,属于轮轴类机械,《古今图书集成·经济汇编·考工典·奇器部》关于"起重"有多幅图解(图11-4),其中第三图到第六图都画了以木杆做支架,用"绞具"起重石块的方法。第三图(参见图11-1右图)用十字形桩木转动辘轳带动滑车(滑轮)。第四图说为:"假如有石太重"(即用六滑车并十字辘轳法仍或不起),"则以辘轳改作大轮,用人转轮,重则起也"。第五图说为:"假如石为巨重"(用第四图之法也不行),可从旁(在第四图的大轮

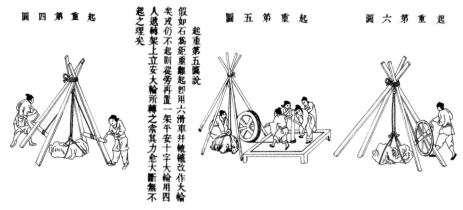

▶ 图11-4 古代起重绞具

图片来源:陈梦雷. 古今图书集成[M]. 影印版. 北京:中华书局,成都:巴蜀书社,1985. 由刘劲芳描图。

① 吴融. 太湖石歌[M]//程国政. 中国古代建筑文献集要:先秦-五代. 上海:同济大学出版社,2016:370.
② 杜绾. 云林石谱[M]. 陈云轶,译注. 重庆:重庆出版社,2009:12.

旁）"再置一架平安十字大轮用四人递转"，则石块"断无不起之理"。第六图则是对第四图的一些改动，增加为两条绳索，用两个辘轳代替一个大轮。

开采山石可以用火烧法、火药法等。在深山峭壁中开采山石，采石工匠时有"霍飞鸟堕，骨无完收"（摔死）、"石时倾炸，群醢于内"（炸死）、"石尽底通，冒洪溺漂"（淹死）等事故发生，可见开采之艰苦。[1]

（2）运石

古时运输石材，长途多走水路漕运。在运输过程中也特别注意对石料的保护，据记载有用敷泥法，对石料的孔洞、纹理进行保护。

陆路运输通常以普通人力或畜力车辆运送，如《东京梦华录》中所记载的"太平车"，是由畜力拉动的有轮子和围栏的平板车，基本上就是目前还能见到的马车。对于比较大的石料，往往采用不带轮子的载具，以畜力或人力拖动，《东京梦华录》中描写了一种有"短梯盘无轮"的"痴车"，可能就是这种载具。[2] 现在掇山施工中使用的"旱船"也属于此类。为了减少与地面的摩擦，旱船之下可铺圆木。《古今图书集成》有一幅引重图，"先为太平车，下有活安长辊木"，以人力绞动十字桩木而前移，就像是今天的十轮卡车或履带式运输车，这种长辊木太平车可能就是《东京梦华录》中所写的"痴车"（图11-5）。

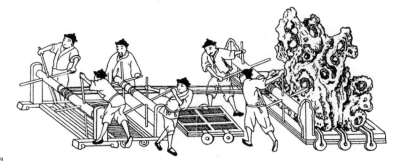

▶ 图11-5

古代辊木载具

图片来源：陈梦雷. 古今图书集成［M］. 影印版. 北京：中华书局，成都：巴蜀书社，1985. 由刘劲芳描图。

---

① 胡天游. 伐石志［M］//中国科学院自然科学史研究室. 中国古代建筑技术史［M］. 北京：科学出版社，1985：252.
② 孟元老. 东京梦华录［M］. 姜汉椿，译著. 贵阳：贵州人民出版社，2008：53-54.

4. 设计师的匠师化与匠师的设计师化

设计师体现设计意图的介质是图纸和模型，可用来表达掇山的整体轮廓和大感觉。设计与施工的分工是工业时代生产方式的重要特征，这得益于制图技术的进步，设计图纸作为特殊的设计语言，能够传达必要的信息，使设计师和匠师之间实现有效的交流。

对于图纸的作用，方惠的意见具有代表性，他说："自古叠石和造山的规划设计就是没有具体的形态可以事先约定的，更不是靠图表示就可以按图施工的。"他主张由匠师对叠山进行全程设计，从一开始就进行"粗框"设计（即进行"初次相地设计"），"通过图纸和模型表示时就只是一个山石形态的框架，某些东西只可以心领神会而难以言语传达"。①

模型可以配合图纸，向匠师传达更多的设计信息。孟兆桢先生是深谙叠山之道的设计师代表，他在假山设计实践中，注重以模型准确传达设计理念，追求"真实的表意"。同时也充分注意在设计方案中照顾到施工的可能性和方便性。他认为，"古代传统假山模型是示意性的，不能指导施工，而统一于假山师傅抒发胸中所蕴"，为了配合好这种传递关系，他采用电烙铁烫聚苯乙烯酯的方式制作假山方案模型，"追求尽可能逼真和（模型）轻重易于搬运，是与时俱进的创新设计工艺"（图11-6）。②

也有匠师较重视现代设计图纸、模型在设计流程中的作用，如韩良顺提出，模型可以"立体展现未来叠山胜景，如不满意，可以改动，直到最佳，作为接下来的叠山依据"③。

随着计算机辅助设计手段的发展，现在采用3D扫描、计算机虚拟建造等技术，已经可以非常快捷地采集石块数据，以3D方式呈现并进行建造方案推敲，并最终以3D打印方式输出实体模型④，其仿真程度超过任何一种现有的模型制作方

① 方惠. 叠山造石的理论与技法 [M]. 北京：中国建筑工业出版社，2005：63-64.

② 孟兆桢. 园衍 [M]. 北京：中国建筑工业出版社，2012：244.

③ 韩良顺. 山石韩叠山技艺 [M]. 北京：中国建筑工业出版社，2010：203.

④ 张勃. 以三维数字技术推动中国传统园林掇山理法研究 [J]. 古建园林技术，2010（2）：36-38.

▶ 图11-6

电烙铁烫聚苯乙烯酯掇山模型

图片来源：孟兆祯. 园衍［M］. 北京：中国建筑工业出版社，2012：245.

式，可更为直接地为叠山提供进一步设想依据，设计师能够在选石之后，用该技术将石料扫描获取数字三维模型，并在计算机中对石料进行模拟建造，用来优化设计方案，这个建模优化方案阶段是以前设计流程中没有的。[①] 如果将现场所用的每一块石料进行精确扫描，那么就有可能给出精确控制每块石料叠放位置的施工图，使匠师做到按图施工，也能大大提高施工管理效率。

图纸、模型及"粗框"实际上都是一种介质，目的是落实设计意图，设计师必须如匠师一样密切参与叠石、选石两个关键环节。只有充分了解了石料的状况，才可能对设计方案的实施有充分的判断，否则就主导不了掇山的建造，也失去对效果的把控，因此只有盯在现场进行监督，有不如意处马上修改，设计师便具有了匠师化的意味。反过来，如果匠师能够有效地利用这一技术成果，也可以进一步解放在现场指挥吊装的工作量，使匠师也更接近设计师。

不久前董豫赣在红砖博物馆庭园施工现场，为了看清楚掇山驳岸效果，攀在大树上指挥起重机吊装（图11-7）。在铺设天井的石径时，他每天与匠师讨论，并在现场

---

① 参见 白雪峰. 数字化掇山研究［D］. 北京：北方工业大学，2015.

▶ 图11-7

设计师攀在大树上指挥掇山

图片来源：曾仁臻摄，转引自 金秋野、王欣. 乌有园·第一辑：绘画与园林 [M]. 上海：同济大学出版社，2014：118.

调整石块的摆放效果。在过程中，匠师也能够逐渐跟上设计师的思路，主动帮助出主意，而不是被动工作，从而取得了一些意外的好效果。①

　　同样追求自然意趣的日本造园师枡野俊明在《日本造园心得》中明确地写道："设计师直接进行石组和植栽等的指导。在日本庭园制作时，这部分是最重要的工作，设计师为了将自己的意图传达到每个角落，一定必须亲临主要部分的施工现场"，"与施工人员要充分进行想法上的沟通，建立信赖关系"。②

5．能主之人

　　对于今天仍然在进行掇山实践的我们来说，重新认识"能主之人"对于掇山技

---

① 董豫赣. 败壁与废墟 [M]. 上海：同济大学出版社，2012：46-58.
② 枡野俊明. 日本造园心得 [M]. 康恒，译. 北京：中国建筑工业出版社，2014：125.

艺的意义殊为重要。计成用了十六个字概括了"能主之人"的职责："相地立基、定其间进、量其广狭、随曲合方"，又用八个字"小仿云林，大宗子久"，点明了掇山的审美评价标准是对照倪瓒、黄公望的画作。①

绘画水平体现了审美能力和艺术修养。倪瓒、石涛都是留下掇山名作的画家，写下《长物志》的文震亨也是画家，像张南阳、张涟、戈裕良这些名垂史册的叠山家，也无一不是绘画高手。李渔虽不是画家，他是公认的戏剧家、戏剧理论家，笔者认为他也是杰出的舞台美术家，文化艺术修养极高。②

现代学者刘敦桢、陈从周等，重视对存世掇山作品的揣摩和研究，并将心得和成果与匠师交流，对新一代匠师提高技能和艺术修养都起到了很重要的作用。匠师韩良顺回忆刘敦桢参与园林工程时写道："他经常到苏州考察园林，指导韩良源、韩良顺修复古园假山。在南京瞻园的修复工作中，深入现场，手指目顾，亲自指导，边施工边讲解边研讨，演畅妙法，列论技艺，如同在学院课堂给学生讲课一样，诲尔谆谆，情意深长"③。

陈从周与韩良顺在20世纪50年代修复苏州留园时，经常讨论叠山技艺，并且充分尊重匠师，总是先问韩步本是如何教的，再问韩良顺如何施艺，最后才说出自己的见解，谦和可亲，韩良顺受教颇多，"每每修复旧园，必尊师训而寻味"。因此在20多年之后一起建造美国明轩时，朝夕相处，为明轩做模型并叠山，对陈从周所提出的"皴法要明快，利用石纹形态，使线条飞动。石是景物，有了动势，虽静犹动"的见解非常赞同。③

以上从匠师韩良顺的记述可以看出，作为设计师的学者亲临现场不仅仅是对熟练匠师进行指导，更重要的是传达设计总体思路和意图，使匠师心悦诚服。

从设计师和匠师双方的关系来看，合作互动应该是做出优秀作品的前提，如果在计成上面十六个字的职责和八个字的审美追求基础上，再加上"业主支持、把控施工"，就都可以成为掇山建造中真正的"能主之人"。

---

① 计成. 园冶注释［M］. 陈植，注释. 北京：中国建筑工业出版社，1988：223.

② 参见姜光斗对李渔的评价. 出自 李渔. 闲情偶寄［M］. 张明芳，校注. 太原：三晋出版社，2008：1.

③ 韩良顺. 山石韩叠山技艺［M］. 北京：中国建筑工业出版社，2010：8.

6. 结语

掇山是全过程设计，设计师只有全过程介入，才有可能把控设计效果。设计师与匠师不是绝对对立的，只是在掇山设计建造流程中的分工不同，因此设计师应该在一定程度上匠师化，才能成为"能主之人"。

匠师由于掌握掇山的基本方法，可以对掇山设计建造全过程承包，因此可以直接受业主委托进行设计建造，对匠师中的优秀者，应加强文化培养和熏陶，提供成为"能主之人"的渠道。

三维建模技术引入设计流程的外部条件已经具备，应积极探索实施，这样可以根据已到达现场的石料进行深化设计。这个设计环节的增加可以优化设计方案并具体指导施工，使设计方案得到更好的体现。

本文原载于《新建筑》，2016年第2期，41-45页。

项目名称：北京市（市级）人才培养模式创新试验项目—建筑学卓越人才培养（项目编号：PXM2015-014212-000022）。

12

对北京恭王府花园掇山料石的
数字化记录

贾钎楠

1. 恭王府花园掇山分布

　　恭王府花园又名萃锦园，占地面积约2.8万平方米（40亩），园中掇山环抱。
西、南、东三面为山脉状，形成"凹"状走势，根据其位置分别称为西山、南山、
东山，除堆土外大量使用青石。北面掇山呈山峰状，为全园制高点，名为滴翠岩，
主要以北太湖石砌筑。此外，院内分布了很多独立的置石，包括位于中轴线入口处
的独乐峰，是一块造型很有特点的北太湖石，还有方塘西岸的石笋等（表12-1、
表12-2，图12-1）。

恭王府花园各要素面积统计表   表12-1

元素	面积（平方米）	占全园面积比（%）
山地	3860	13.8
水面	1590	5.7
建筑	6290	22.5
绿地	11470	41
总面积	28000	

恭王府花园掇山分布及形态特点   表12-2

序号	位置	掇山类型	石种	形态特征
1	花园南侧	石山	青石	山体以土为主体，山底用青石堆砌，形状如转折的带子，层叠横卧
2	花园东侧	土石山	青石	
3	花园西侧	土石山	青石	
4	湖心亭西侧假山入口	土石山	青石	山石陡峭、突兀，棱角分明，山势高大壮阔，形象雄伟
5	益智斋周围	石山	青石	散置于墙下、亭角，既可加固基础，又能丰富建筑物线条的变化
6	棣华轩周围	置石	青石	散置于墙下、亭角，既可加固基础，又能丰富建筑物线条的变化
7	沁秋亭假山	石山	青石	散置于墙下、亭角，既可加固基础，又能丰富建筑物线条的变化
8	益智斋到榆关	土石山	青石	山石苍忍厚重，线条横向，层理清晰，嵯峨堆叠，给人以强烈的节奏感，具有阳刚雄厚的形象
9	花园西侧假山东立面	土石山	青石	
10	秋水山房周围	石山	青石	山石苍忍厚重，线条横向，层理清晰，嵯峨堆叠，给人以强烈的节奏感，具有阳刚雄厚的形象
11	妙香亭周围	石山	青石	
12	西洋门西侧樵香径—山神庙—棣华轩	石山	青石	山石苍忍厚重，线条呈横向，层理清晰，嵯峨堆叠，给人以强烈的节奏感，具有阳刚雄厚的形象

序号	位置	掇山类型	石种	形态特征
13	西洋门东侧假山	石山	青石	山石苍忍厚重，线条呈横向，层理清晰，嵯峨堆叠，给人以强烈的节奏感，具有阳刚雄厚的形象
14	梧桐院到听雨轩周围	石山	青石	山石苍忍厚重，线条呈横向，层理清晰，嵯峨堆叠，给人以强烈的节奏感，具有阳刚雄厚的形象
15	大戏楼东侧	石山	青石	山石苍忍厚重，线条呈横向，层理清晰，嵯峨堆叠，给人以强烈的节奏感，具有阳刚雄厚的形象
16	花园西侧假山顶	土山	青石	在路旁、蹬道两侧，与乔松野卉组合，点缀林泉景色，平添乡野情趣，使环境幽雅秀美
17	邀月台长廊两侧	土石山	青石、北太湖石	在路旁、蹬道两侧，与乔松野卉组合，点缀林泉景色，平添乡野情趣，使环境幽雅秀美
18	方塘周围	置石	石笋	石材细长、尖峭，表面有纹理和凹坑，状若松树皮；三五成群聚散得宜，似连实断
19	方塘到蝠池周围	石山	青石	濒水布列可成为自然驳岸，与水相融成为一体
20	蝠池	石山	青石	濒水布列可成为自然驳岸，与水相融成为一体
21	安善堂周围	石山	青石	与建筑物相映成景，作为台阶，与环境协调一致，衬托出殿堂的雄伟沉稳、辉煌大气
22	退一步斋台阶	置石	青石	与建筑物相映成景，作为台阶，与环境协调一致，衬托出殿堂的雄伟沉稳、辉煌大气

序号	位置	掇山类型	石种	形态特征
23	蝠厅	石山	青石	与建筑物相映成景，作为台阶，与环境协调一致，衬托出殿堂的雄伟沉稳、辉煌大气
24	滴翠岩	石山	北太湖石	石峰纤细多姿、风骨磊磊，大孔小窍涡洞相连，使沉重坚固的石体虚实相生、阴阳开合，兼有形神二质
25	邀月台北侧	石山	北太湖石、青石	山石叠错，丘壑万条，山体矫激离奇、参差骈出，形成纵理节纹，其轮廓跃然天际，古朴、浑厚
26	独乐峰	石山	北太湖石	玲珑剔透、隽秀奇特。山石上空穴之间相互关联、相同相异；假山明暗对比鲜明，造型变化多端

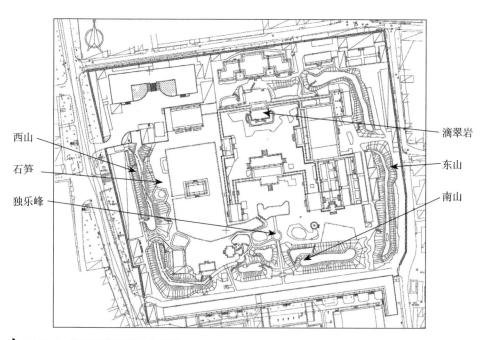

▶ 图12-1　恭王府花园掇山分布图

2．恭王府花园掇山料石种类

恭王府花园掇山料石主要有青石[①]和北太湖石[②]。青石主要用来堆叠围绕全园东、南、西侧的假山，北太湖石主要是滴翠岩和独乐峰，另有少量石笋点缀在方塘周围。

青石大多产于北京西郊，属于青灰色的细砂岩，质地纯净且少杂质。青石与黄石同属细砂岩，二者在形态上有所类似，都浑厚沉实、雄奇顽夯，但颜色、纹理、形态有很大区别。青石属于沉积而形成的岩石，所以会有一些水平层，但大多数呈倾斜的平面，导致其节理面并不是相互垂直，而是倾斜相交，纹理清晰硬朗、见棱见角。青石很少是完全方整的，大多数是有平有斜的各种块状体。由于青石水平层的间隔一般不大，所以形体多数为片状，呈墩状的较少，因此青石也被称作"青云片"。恭王府花园的青石假山在掇山手法上依据其石块节理多采用"横云式"叠法，形成状如堆云、气势连贯的效果。呈片状的青石也可以三两竖拼，形成陡峭冲天的劈峰状堆叠效果。笔者从恭王府管理处了解到，在20世纪80年代恭王府花园修缮

---

① 明代曹昭的《新增格古要论》、文震亨的《长物志》、林有麟的《素园石谱》等，大量论述了太湖周边出产的类似太湖石形态的南方山石品种；计成的《园冶》所列的昆山石（苏州）、岘山石（镇江）、龙潭石（金陵）、湖口石（九江）、青龙山石（金陵）等，均是明代园林常用之石，然在宋代《云林石谱》中并无记载。显然《园冶》新增石种属于明代新开发的品种。就近采石和开发新品种是明清园林叠山用石的一个主要特征。北魏茹皓叠山，采北邙及南山假石，魏明帝造华林园，采谷城之石，均是在北方就地开采，就近解决园林用石问题。虽《园冶》和《云林石谱》中均未记载青石这一品种，但有诸多著作提及皇家园林的青石叠山，如王劲韬在《中国皇家园林叠山理论与技法》中提到："清代皇家园林叠山所用青石，为北京郊区门头沟或房山所产，有方形节理，棱角分明如黄石者……现存恭王府滴翠岩后山的青云片叠山……"；周维权在《中国古典园林史》中提到："萃锦园叠山用片云青石和北太湖石，技法偏于刚健，亦是北方的典型风格"；汪菊渊在《中国古代园林史》中提到："南山的东段和西段的土山的面，皆以青石为短墙，山北面和悬崖部分也用青石作'矾头'或包镶"。

② "北太湖石产地繁杂，地域辽阔，安徽、江苏北部、河南、河北、湖北、山东、辽宁等地皆有所产。而其中以北京房山区的房山石为最出名……"许维磊. 北京房山石研究［D］. 天津：天津大学，2008.

"北京皇家园林所用北太湖石，产于北京房山大灰厂一带，又称房山石。北方其他地区，如河北易县，河南张郭，山东泰山、崂山以及太行山往东一带都有产出。与南太湖石一样，房山石属于石灰岩一类，多产土中，新出土之石呈土黄、黄白色，日久经露后，表面带有灰黑色。房山石质不如太湖石清脆光莹，扣之有声，形态也少有太湖石的玲珑宛转……"王劲韬. 中国皇家园林叠山理论与技法［M］. 北京：中国建筑工业出版社，2011.

时，曾邀请"山石韩"到府内进行假山修复，"山石韩"去往门头沟潭柘寺以南的山中寻找合适的石材，相中之后，打炮眼用火药崩炸开采下来。但这并不是最理想的开采方式。传统的采石应该是先挖土，加火烧山，然后浇水，通过热胀冷缩使石头自然崩裂。但是现在出于效率等原因，普遍采用火药开采。当时采集的一批用来修复院内青石假山的石头，历经二十余年，仍宛如一体，可见当时的石材选择和修复方式还是很理想的。

湖石是水中的石灰岩通过水的溶蚀和洗刷作用所形成的具有窝、环、沟、洞的石材。其中最为著名的是洞庭湖石。北方园林中所用的湖石大多产自北京西南郊房山大灰厂一带，称之为北太湖石，因含有氧化铁而呈现出橙黄色。房山石重大，质韧且带绵性，孔洞小而密，如蜂窝状，随着时间的推移，颜色会由橙黄变为淡黄色。房山石属于湖石中比较浑厚的类型，很适合用来表现北方宫殿园林雄伟宏大的气势。

石笋是指适合竖立成形的山石的总称，主要形成于地下沟中，被采出后竖起来用。有一种形体很高，石质类似于青石的叫作"慧剑"，高可达数米。还有一种石笋是在青灰色的细砂岩中沉积的卵石，笋叫白果笋。恭王府花园方塘西北角处点缀的石笋，笔者推测分别是慧剑和白果笋。

3．对料石形态的数字化记录

笔者对恭王府花园的南山、东山、西山的石块大小、重量、位置、比例进行了现场的测量、记录、统计和分析。以AutoCAD绘制了恭王府花园南山南立面，东山东立面，西山西立面，滴翠岩东、南立面以及独乐峰（图12-2～图12-7）。

在图纸绘制过程中，按照石块和假山的整体节理层次，将线条粗细分为四个等级，用以表现石块的纹理和层次，按照由粗到细依次为外轮廓线、石块分隔线、主要石面分隔线、石块细节纹理线。

▶ 图12-2

南山南立面图：1段～8段

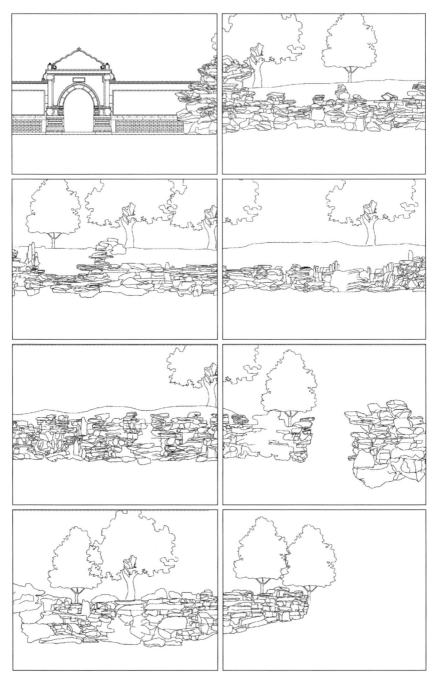

▶ 图12-3

南山南立面图：9段～16段

望山览石——中国古典园林掇山数字化研究

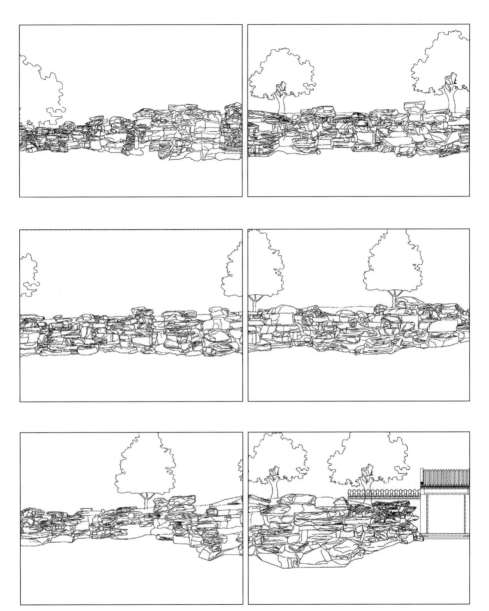

▶ 图12-4

东山东立面图：1段～6段

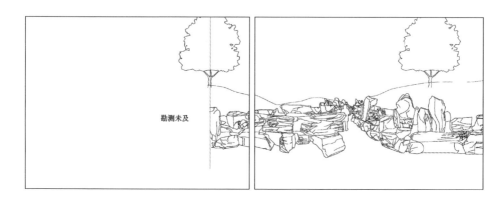

勘测未及

▶ 图12-5

西山西立面图：1段~5段

望山览石——中国古典园林掇山数字化研究

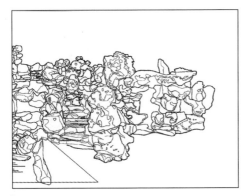

▶ 图12-6

滴翠岩南立面图：1段～5段

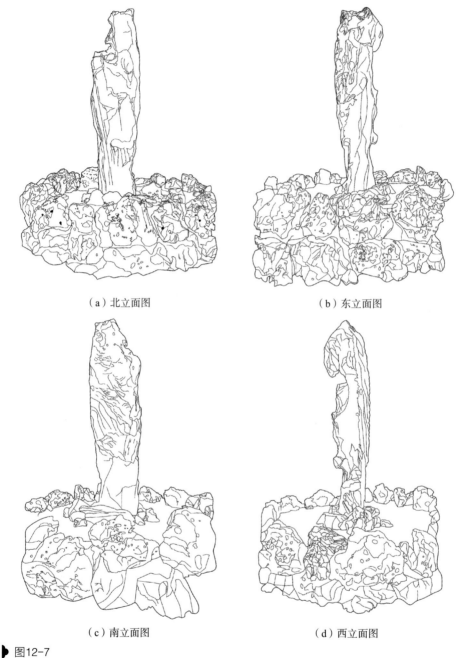

（a）北立面图　　　　　　　　　　　　（b）东立面图

（c）南立面图　　　　　　　　　　　　（d）西立面图

▶ 图12-7

独乐峰立面图

　　　　　　　　　　　　　　望山览石——中国古典园林掇山数字化研究

经统计，恭王府花园东、南、西假山石块约有7500块，从体量大小看大致可分为1.5～3米的大石块、0.5～1.5米的中等石块和0.5米以下的小石块，表中对不同体量石块所占的比例和所处竖向高度位置的分布比例做了统计（表12-3）。

恭王府花园东、南、西山不同体量石块竖向位置的统计　　　　表12-3

石块体量（长度）	数量	总量占比	处在高度0~1米数量	在同类石块占比	处在高度1~2米数量	在同类石块占比	处在高度2~3米数量	在同类石块占比	处在高度3~4米数量	在同类石块占比
<0.5米	291	3.9%	145	49.8%	50	17.2%	72	24.7%	24	8.2%
0.5~15米	2193	29.2%	637	29.0%	501	22.8%	430	19.6%	625	28.5%
1.5~3米	5016	66.9%	1204	24.0%	1180	23.5%	1163	23.2%	1469	29.3%
合计	7500	100%	1986	总量占比 26.5%	1731	总量占比 23.1%	1665	总量占比 22.2%	2118	总量占比 28.2%

4．小结

本文通过对恭王府花园南山、东山、西山、独乐峰、滴翠岩的主要立面进行一系列完整的照片拍摄后，在电脑上合成，并进一步完成了假山主要立面的CAD绘制和叠法分析。此种绘制的研究方法虽然存在视觉上的误差，也无法探究假山内部的结构，但在探索叠山的拼接技巧和假山形态的塑造之法，从而对恭王府花园假山进行修复保护方面，具有一定的借鉴意义。

本文是硕士学位论文《恭王府花园叠山研究》（北方工业大学，2016）的节选，导师：张勃、赵向东。

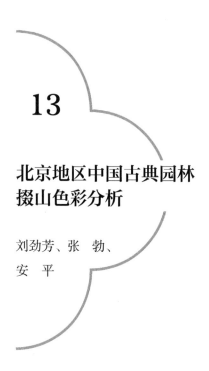

13

北京地区中国古典园林掇山色彩分析

刘劲芳、张 勃、
安 平

1. 对于古典园林掇山色彩研究现状

    中国园林研究人员对风景园林中色彩应用的研究开始于1975年左右，把三原色作为基础色彩，研究的重点是色彩调和、色彩情感在园林景观设计中的应用情况。

    重庆大学杨古月的《传统色彩、地方色彩与现代城市色彩规划设计》一文对传统色彩和地方色彩的不同与共同之处进行了全面、系统的分析研究，并在此研究的基础上，较为仔细地分析了城市形象和城市色彩规划设计之间的紧密联系，进而描述了中国古典园林中，园林的色彩设计在南北方之间存在的差异，以及存在的这些差异对当代园林色彩设计的影响。同时，对建筑学专业色彩课程的设置提出一定的建议。此论文侧重于城市色彩设计与人文色彩之间关系的研究。北京林业大学郭会丁的文章《园林景观色彩设计初探》包括色彩学基本原理、园林设计要素、古典园林色彩景观、色彩设计新理念，以及现代园林景观色彩设计实例几个部分，主要研究了影响园林景观色彩设计的几大因素，继而分析总结出几点经验，期望能对之后的研究具有一定的参考价值。周红卫在《从拙政园看苏州园林的色彩美》一文中以拙政园为例，分析苏州园林的植物、建筑、山石的色彩及道家思想的影响。胡静的《传统建筑中的色彩构成艺术》一文结合了对色彩构成的色相、明度、纯度三者间对比的理解，描述了传统建筑色彩的魅力。何征的《论江南园林的小巧与淡雅》一文，分析了形成江南园林色彩风格的原因，进而希望为现代园林色彩设计提供更多的参考。郭建政的《浅谈中国传统建筑的色彩》一文，研究分析了中国传统文化对建筑色彩的主要影响，展现了建筑色彩具有的艺术、文化及社会意义。梳理上述研究成果发现，对于古典园林掇山色彩设计的专题研究并不多。

2．掇山色彩的影响因子——色彩组成

研究园林景观的色彩，首先需要明确色彩是物质的基本属性之一，掇山、水体、建筑和植物这些园林物质是构成园林色彩的主要载体，而植物对掇山的色彩具有很大的影响。通过大量的研究分析可知，从其载体性质角度来说，掇山的色彩可以分为三类，即自然色、半自然色和人工色。

自然色是指自然物质本身的色彩，可以概括为天然石材、天空、水、植物等原本就有的自然色彩。而半自然色指的是人工处理过的但不改变颜色本身属性的颜色，在园林景观色彩中表现为经过加工的各种石材、木材和金属色，但仍保留原来的自然颜色如不锈钢景观、防腐木、人工染色石等。人工色是指通过各种人工、科学技术而产生的颜色，在景观表现中为各种各样瓷砖、玻璃及涂料的颜色。

自然色是天然的颜色，也是人类适应的颜色。但是自然的颜色并不是固定的色彩因素，它们会随着时间的推移和气候的改变而变化，我们无法人为控制这种不确定的变化，只能控制色彩的设计因素，协同考虑自然色。除此之外，由于自然色在不同园林中的面积和位置存在差异，我们可以依据这些差异进行设计，同时和其他色彩进行配色，最终搭配出色彩宜人的效果。

半自然色是各种材料（如石材、金属等）经过加工之后所呈现的颜色。半自然色是材料经过加工而形成的外观颜色，它们在色彩的自然表现中同样重要。同时，协调半自然色之间的搭配非常容易，也因此得到广泛应用。在通常情况下，表现的并不是单纯的自然色彩，而是这些不同色彩间的组合和叠加。

人工色通常情况下都是单一固定的，缺少色彩丰富的全色相组成。相比于自然色和半自然色，人工色的优点是可以根据个人喜好来进行调配，而且可以把这种色彩应用于园林小品、园路铺装及园林建筑等方面，可以营造出任意的园林色彩景观，充分体现出掇山色彩景观营造过程中的人性化和个性化。

本文基于这三类色彩对北京地区中国古典园林掇山色彩进行分析。

3. 掇山色彩的选取

（1）北京地区园林色彩

北方的园林主要以皇家园林为主，大多集中于北京、西安、洛阳等自古以来多次作为都城的城市，尤其是作为多朝古都的北京，其大多数园林都为帝王将相建设，因而地域宽广，辐射范围较大，建筑富丽堂皇。不过，因受自然气候条件的限制，秀美不足。

在我国古代皇家园林的造园手法中，色彩因素的应用与森严的皇家等级是紧密联系在一起的。如红色象征喜庆和富贵，因而宫殿的宫墙等以红色为主体色的情况较多。自隋代以来，黄色的应用逐渐超过了红色的应用，并成为各代皇帝专用的颜色。园林中也有类似颜色的不同搭配，很好地展示了中国古代的人文气息。

（2）北京地区的掇山选石

北京地区的掇山选石主要以房山北太湖石、青石、太湖石为主。清朝乾隆年间，皇家园林掇山置石崇尚太湖石，导致太湖石一度开采过度，数量骤减，加之太湖石产自太湖，清朝运输条件落后，运输至京城需耗费相当大的人力物力。乾隆皇帝思虑太湖石资源不可再生，并体恤民情，故在皇家园林掇山置石中以北京地区产房山石（也称北太湖石）为代替品。北方的私家园林纷纷效仿，房山北太湖石故成为北京地区掇山选石的主要石材。

①太湖石

太湖石因来自太湖而闻名，多以白色居多，青色、黄石较为珍贵稀少。《清异录》记载，后晋开始用太湖石作为造园石品，到唐代备受推崇。白居易的《长庆集》写道："石有足，太湖为甲"，太湖石在被选作叠石掇山石品后，备受文人雅士的赞赏。洞庭湖消夏湾出品的湖石同样有名，《园冶》云："苏州府所属洞庭山水边产石"，"产于消夏湾者为最佳"。太湖石在湖水中长期被侵蚀冲刷，表面形成大大小小的"弹子窝"。在有湖水暗流的地方，往往会形成洞洞相连的形态，兼有纹理。湖石属于石灰岩，产自湖水中或土壤中，经历湖水冲刷的湖石往往更加名贵，更加晶莹剔透，色泽浅灰中略发白，造型呈现"瘦""漏""透""皱"（米芾《论石》中归纳），是掇山置石的最佳选择。相比而言，产自土壤中的湖石，颜色青灰，石质表面干涩，纹理粗糙。到了宋代，文人苏轼评价太湖石则曰："石文而丑"。

②青石

青石产自北京西郊洪山口一带，外形上与黄石相似，体态雄浑，见棱见角，也是细砂岩的一种。北京白云观后花园的青石掇山堪称一绝，圆明园"武陵春色"的桃花洞、北海公园"濠濮涧"都采用青石掇山，气势磅礴。

③房山石（北太湖石）

清代出产自北京房山地区大灰场的房山石逐渐成为北方皇家园林掇山置石的首选，因其外观与太湖石类似，故称北太湖石。除了北京房山之外，华北太行山一带也有出产。房山石不似太湖石有产自水中或土中，房山石多产自土壤中，颜色有土红色、橘红色、土黄色、黄白色，长期置于园中后表面变为黑灰色。房山石较太湖石体型较大，空洞较密且小，石体外观浑厚，不似太湖石变化丰富。乾隆皇帝称北太湖石"体大器博"，更符合皇家园林的气势磅礴，他对房山石的推崇并号召造园应就近取材，直接纠正了当朝一味追捧南太湖石的风气，缓解了南太湖石被过度开采的危机，保护了太湖等产地的自然环境。应用实例如北海公园的琼华岛、故宫御花园、承德避暑山庄等。比较出名的置石有颐和园的"青芝岫"、中山公园的"青云片"及恭王府的"独乐峰"。

（3）掇山色彩的搭配分析

①太湖石色彩搭配（表13-1～表13-4）

编号: No.019	假山主体色			环境辅助色		
色卡编号	430U	728U	726U	732U	7491U	7421U
比例	19%	38%	13%	17%	6%	5%
材质属性	青石	太湖石	太湖石	树干	植物	建筑
色相	185°	29°	33°	17°	69°	354°
饱和度	7%	33%	21%	19%	24%	18%
亮度	58%	71%	74%	50%	63%	43%

恭王府滴翠岩太湖石大假山　　　　表13-1

北海公园琼华岛北侧太湖石掇山　　　　表13-2

编号: NO.029	假山主体色			环境辅助色			其他点缀色			原始 照片	2592× 1936	像素化 照片	64×49
色卡 编号	1205C	404C	466C	473C	713C	4735C	371C	378C	409C				
RGB	251/ 247/ 214	171/ 151/ 124	231/ 205/ 170	249/ 200/ 170	254/ 232/ 178	215/ 175/ 150	84/ 109/ 42	113/ 127/ 59	146/ 133/ 115				
比例	5%	9%	13%	6%	3%	7%	3%	4%	5%				

编号: NO.029	假山主体色			环境辅助色			其他点缀色			原始 照片	2592× 1936	像素化 照片	64×49
材质 属性	太湖石	太湖石	太湖石	黄石	黄石	黄石	植物	植物	瓦顶				
色相	54°	34°	34°	23°	43°	23°	82°	72°	35°				
饱和度	15%	27%	26%	32%	30%	30%	61%	54%	21%				
亮度	98%	67%	91%	98%	99%	84%	43%	50%	57%				

故宫宁寿花园太湖石掇山　　　　　　　　　表13-3

编号: NO.048	假山主体色			环境辅助色			其他点缀色			原始 照片	2592× 1936	像素化 照片	64×51
色卡 编号	Warm Gray 8C	Warm Gray 6C	Cool Gray 5C	7489U	7488U	370U	445U	5523U	715U				
RGB	157/ 150/ 142	191/ 180/ 170	206/ 201/ 199	153/ 170/ 140	132/ 176/ 86	94/ 124/ 61	138/ 127/ 131	229/ 235/ 233	216/ 160/ 130				
比例	9%	5%	3%	10%	6%	1%	4%	3%	1%				
材质 属性	太湖石	太湖石	太湖石	植物	植物	植物	鹅卵石	天空	琉璃瓦				
色相	32°	29°	17°	94°	89°	89°	338°	160°	21°				
饱和度	10%	11%	3%	18%	51%	51%	8%	3%	40%				
亮度	62%	75%	81%	67%	69%	49%	54%	92%	85%				

北海公园琼华岛太湖石掇山表13-4

编号:No.028	假山主体色			环境辅助色		

色卡编号	434U	443U	480U	569U	8062U	802U
RGB	213/204/207	155/164/171	185/173/157	103/148/126	152/139/138	149/185/109
比例	23%	36%	11%	18%	4%	8%
材质属性	白色太湖石	青灰太湖石	黄色太湖石	爬墙虎植物	植物树干	植物
色相	340°	206°	34°	151°	4°	88°
饱和度	4%	9%	15%	30%	9%	41%
亮度	84%	67%	73%	58%	60%	73%

②青石色彩搭配（表13-5、表13-6）

摄政王府接富石西侧青石表13-5

编号:NO.086	假山主体色			环境辅助色			原始照片 2592×1936	像素化照片 45×31	
色卡编号	422C	405C	423C	577U	570U	419C			
RGB	180/180/180	106/92/81	146/144/143	135/165/110	128/156/133	255/211/22			
比例	12%	9%	6%	3%	2%	1%			

编号：NO.086	假山主体色			环境辅助色			原始照片	2592×1936	像素化照片	45×31
材质属性	青石	青石	青石	植物	植物	青石				
色相	0°	26°	20°	93°	131°	345°				
饱和度	0%	24%	2%	33%	18%	16%				
亮度	71%	42%	57%	65%	61%	10%				

摄政王府扇亭北侧青石　　　　　　　　表13-6

编号：NO.074	假山主体色			环境辅助色			其他点缀色			原始照片	2592×1936	像素化照片	43×31
色卡编号	443C	424C	420C	360U	627C	362U	420C	382U	410C				
RGB	188/197/201	135/138/139	214/214/214	129/164/100	42/61/40	91/116/69	212/210/218	139/163/67	136/120/103				
比例	9%	8%	5%	10%	3%	2%	3%	1%	1%				
材质属性	青石	青石	青石	湖水	湖水	植物	板青石	植物	树干				
色相	198°	195°	0°	93°	114°	92°	255°	75°	31°				
饱和度	6%	3%	0%	39%	34%	41%	4%	59%	24%				
亮度	79%	55%	84%	64%	24%	45%	85%	64%	53%				

③房山石色彩搭配（表13-7）

景山公园明思宗殉国处房山石　　　　　　表13-7

编号： NO.072	假山主体色			环境辅助色			其他点缀色			原始 照片	2592× 1936	像素化 照片	58×36
色卡 编号	423C	437C	420C	491C	359U	Cool Gray 2U	713C	chrome Green	426C				
RGB	161/ 160/ 159	151/ 137/ 126	202/ 206/ 213	129/ 46/ 52	143/ 168/ 122	222/ 217/ 216	254/ 227/ 175	122/ 158/ 121	55/ 55/ 55				
比例	11%	9%	4%	5%	4%	3%	1%	2%	0.5%				
材质 属性	房山石	房山石	房山石	红墙	植物	青板石	金属	植物	房山石				
色相	30°	26°	218°	356°	93°	10°	39°	168°	0°				
饱和度	1%	17%	5%	64%	27%	3%	31%	23%	0%				
亮度	63%	59%	84%	51%	66%	87%	99%	62%	22%				

④石笋色彩搭配（表13-8）

恭王府花园石笋　　　　　　表13-8

编号： NO.020	假山主体色			环境辅助色			其他点缀色			原始 照片	1399× 879	像素化 照片	55×35
色卡 编号	4685U	Warm grey 2U	721U	7483U	7419U	7048U	708U	726U	Black 4U				
比例	21%	15%	7%	5%	2%	3%	4%	11%	2%				

编号：NO.020	假山主体色			环境辅助色			其他点缀色			原始照片	1399×879	像素化照片	55×35
	▓	▓	▓	▓	▓	▓	▓	▓	▓				
材质属性	笋白果	笋白果	笋白果	植物	植物	竹	建筑	板青石	地面				
色相	39°	35°	33°	81°	56°	30°	2°	29°	35°				
饱和度	25%	35%	48%	80%	18%	55%	40%	25%	42%				
亮度	76%	35%	77%	44%	56%	79%	86%	86%	34%				

4．掇山色彩与地域性光气候的适应性

适应性这一概念最早是由著名的生物学达尔文提出的，并发展为适者生存的进化理论。其本义是表达体内环境、体外环境的双向互动性和整体的协调关系。著名学者劳伦斯·亨德尔森对适应性的概念进行了更进一步的讨论，并提出"适应"这一词是有机体与环境的相互作用，具有双向互动的特点，并且与整体存在着协调的关系。

掇山色彩的研究，与园林所处的气候及环境有着不可分割的关系。我国北方的气候较为寒冷，一到植物凋零的冬季，古典园林的色彩整体偏灰暗，掇山的色彩主要以石质色彩为主；而夏季却绿意盎然，这时古典园林的掇山色彩景观比较丰富。因此，北方的古典园林色彩受季节和气候的影响较为严重。相反，南方气候湿热，古典园林常年保持绿意，园林的色彩相比于北方是比较稳定的，其色彩明度稍高。色彩作为古典园林本身不可分割的要素之一，往往兼具季节性地域性。

天气会影响大气透明度。如北京地区属于典型的北方气候，冬季寒冷多风，草枯衰败，环境色彩显得单调而沉闷。上海气候湿热温润，用色朴素而稳重，同样

石质的掇山色彩，在上海豫园较北京恭王府则明度更高。因此，拥有漫长冬季的北京地区在掇山色彩搭配上可选择明度偏高的石质（如太湖石、青石、笋石等），配合以颜色古典的建筑色彩和四季的植物色彩，形成中低彩度的暖色调，使北京地区古典园林掇山色彩和谐而又不过于强烈，同时还可以满足人们趋于温暖的心理感受（图13-1）。

▶ 图13-1

香山静宜园眼镜湖东侧掇山

本文根据硕士学位论文《古典园林掇山色彩研究》（北方工业大学，2016）部分内容改写，导师：张勃、安平。

原载于《圆明园学刊》，2017年第21期，185-190页。

基金项目：北京市人才培养模式创新试验项目—建筑学卓越人才培养（项目编号：PXM2014-014212-000015）。

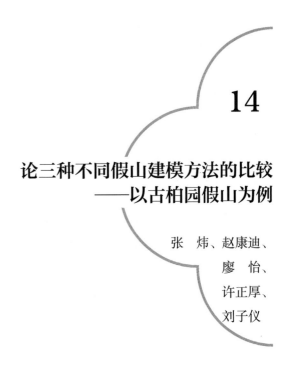

14

论三种不同假山建模方法的比较
——以古柏园假山为例

张　炜、赵康迪、
廖　怡、
许正厚、
刘子仪

　　假山，是以造景游览为主要目的，充分结合其他多方面的功能作用，以自然山水为蓝本并加以艺术概括和提炼，以土、石等为材料，人工再造山体的通称。在中式和日式园林中，假山石更是存在于近乎每一个园子之中。

　　在当今社会，因山石开采受限、掇山技术逐渐失传，以及假山石本身形态复杂，导致图纸绘制难度高、图纸难以具体清晰地表示假山石的形态、纹理，因此借助计算机辅助设计可以在计算机中赋予数字三维模型以物理特性，从而进行虚拟建造的方案设计，进行多方案比较。通过参数的调整，自动获取最优方案或多个符合条件的备选方案。综合运用数字技术手段是推进掇山理法研究的有效途径，这方面的研究和实践虽然尚属空白，但也是时代发展赋予这一代研究者的机遇。

　　我们研究小组认为，将激光扫描技术、图片成模技术与假山建模结合起来，利用这些现代技术更加准确地制作假山石模型越发可行，出于此，本文就三种方法进行试验，探讨各方法的优劣及在假山石建模上的可行性。

1．建模方法及试验

（1）Autodesk 123D Catch

①方法介绍

1965年L. Robert发表的《三维物体的机器感知》这一论文，表明了二维图像通过计算机手段转化为三维模型的可能性，其中之一便是利用图像的轮廓及阴影进行推算，从而得到模型，而这种手段在现今已十分成熟，并且有许多软件公司利用该技术软件推出了使用平台，Autodesk公司的123D Catch便是其中较为成熟的一款软件。

123D Catch这款软件的工作方式是根据图像中的参考系，通过拍摄大量各角度照片，由该公司的云端处理器自动计算拍摄位置，从而还原照片并生成模型。

②试验过程及成果

试验小组为对比不同方法的可实现性及优劣，以位于北方工业大学的古柏园假山为例进行试验，多次拍摄照片并导入软件进行处理。

③成果评估

通过上述成果可以看出，得出的模型已有实体假山的轮廓，部分细节也得到显示，但还存在着以下几个问题。

a．对于大体量的假山来说，拍摄建模难以实现，仅能识别并建成一半的模型，想要制成整个大体块可环视的模型，Autodesk 123D Catch存在较大的局限性（图14-1）。

▶ 图14-1

用Autodesk 123D Catch
得到的数字模型

b. 软件的使用对于拍摄的角度、光线有着较高的要求，如图14-1，当假山周围存在较大面积的植物等环境干扰时，Autodesk 123D Catch将无法识别，在建模过程中会将环境与假山石混在一起，制作出的模型就会出现较大的偏差，因此需要注意图片拍摄的角度、光线，减少外环境对建模的干扰。

c. 假山石的空洞、穿孔、纹路等细节在模型上的表现十分粗糙，甚至有些无法在模型上表达。

d. 导出的模型无法在Rhino中直接使用渲染模式，需要较多的后期修改。

（2）Smart3D Capture

①方法介绍

与上述Autodesk 123D Catch的原理相同，由于照片是三维物体在二维空间的投影，只要利用一定的算法，就可以将这些二维投影还原成三维形体，而这种算法从20世纪80年代就已经出现，现已十分成熟，Smart3D Capture就是其中的佼佼者。

Smart3D Capture是法国Agisoft公司出品的建模软件，其低版本引擎被上述123D Catch使用，可以说二者的原理几乎是相同的，它们都是利用照片进行建模，可读取照片本身的GPS信息，更加精确地利用图像轮廓及阴影推算模型，从而重制模型。

②试验过程及成果

试验小组以相同的假山为例进行多次试验，部分利用了上述试验所拍摄的照片，其余照片也尽量选在相同天气条件下拍摄并进行建模，以求减少除试验方法外的变量对试验结果造成的影响。

③成果评估

Smart3D Capture做出的模型在视觉效果上十分逼真，同时模型的完整性也得到了改善，但仍然存在一些缺陷：a. 假山石的具体尺度需要后期调整；b. 山石的空洞、穿孔、纹路等细节在模型上已有了表达，但仍不清晰（图14-2）。

（3）激光扫描仪

①方法介绍

三维激光扫描技术根据测距方式分为三角测距、脉冲测距、相位测距三种，是现今已经十分成熟的"实景复制技术"，并广泛地运用在医疗、地形测量等各个

▶ 图14-2　用Smart3D Capture得到的数字模型

方面。该技术如同声波定位一般，通过发射激光至一点并接收返回的信号，进行测距、测角、扫描和定位，最终形成点云，供使用者形成模型（表14-1）。这种激光扫描仪的建模方法可以说较为成熟和准确，所以我们使用了前两次建模实验的过程和成果，测试、对比激光扫描仪在假山建模上的优劣。

扫描仪规格　　　　　　　　　　　　　　　　　表14-1

测试工具型号	Focus3D X330 HDR	
尺寸	240mm × 200mm × 100mm	
重量	5.2kg	
测距	0.6 ~ 330m	
测速	976000点/秒	
测量误差	± 2mm	
激光等级	1级	

资料来源：仪器官网数据。

②试验过程及成果

激光扫描仪的工作流程共分为三步：观察要扫描的物体；放置用于扫描仪定位的相位球；布置扫描站点进行扫描。三个步骤只要有一方面出现纰漏，试验成果就会出现偏差，无法使用。

三维扫描仪必须能够扫描到三个相位球才能最后在软件处理时拼合，因此相位球摆放的位置相当关键。扫描的过程中，相位球的位置绝不能移动，否则会造成最后拼合的失败。相位球布置好后，便可以开始扫描工作。

本次试验在假山石附近总共布置了五个相位球，基本完成了假山石从各个角度的扫描采集，得到最终的试验成果（图14-3）。

▶ 图14-3　最终的试验成果

③成果评估

激光扫描仪在完成试验后会导出数据点云，需要利用FARO SCENE软件或者Geomagic studio软件处理点云数据，才能形成模型。从最终的试验成果可以看出，除了山石底部未能扫描到而出现部分缺漏以外，激光扫描仪制作的模型无论是形体还是色彩都十分逼真，同时精细度也得到了保证。

2. 各建模方法对比

（1）简便性对比

从制模的简便性来说，Autodesk 123D Catch和Smart3D Capture的建模过程只需要拍摄照片，后期只需要导入软件或上传数据即可得到模型。而激光扫描仪虽然也是由机器自动化处理，但在前期却需要设置相位球，同时在扫描过程中需要时刻在场避免相位球被移动。在试验时间上，激光扫描仪耗时虽然也不长，但较之Autodesk 123D Catch和Smart3D Capture还是略显不便。同时，Autodesk 123D Catch和Smart3D Capture可以随时随地利用手机拍摄照片再回去处理，而激光扫描仪需要携带特有的设备。所以，在简便性一项上，Autodesk 123D Catch和Smart3D Capture略胜激光扫描仪一筹。

（2）准确度对比

通过对于上述试验的模型进行对比，激光扫描仪无论在细节、材质还是形体上都与实际的假山相差甚少，较之Autodesk 123D Catch和Smart3D Capture更是可以精确地模拟出模型的尺度大小，从准确性来说激光扫描仪胜过其余二者；而将Autodesk 123D Catch和Smart3D Capture的模型进行对比，Smart3D Capture因为其数据处理引擎先进并能读取照片更多的信息，所以能更好地体现假山的细节和材质。总而言之，在准确性上，激光扫描仪胜于Autodesk 123D Catch和Smart3D Capture，而Smart3D Capture又比Autodesk 123D Catch更为精确。

（3）难易度对比

对于制模的难易度来说，三种方法均为全自动倒模，所以我们对比的是制模有效数据的获取难度。激光扫描仪的难度在于相位球的定位和保证相位球在试验过程中固定，可以说，只要保证相位球的数量及各角度均能见到相位球，激光扫描仪的制模就不存在什么难度；而Autodesk 123D Catch和Smart3D Capture的难度在于有效照片的获取，由于Smart3D Capture可以读取照片包括GPS定位在内的更多信息，Smart3D Capture有效照片率更高，更不容易出现Autodesk 123D Catch里常出现的无效照片，只要保证照片的衔接和角度的全面便能成功制模，而Autodesk 123D Catch却需要更多地考虑光影及外环境的影响，对于照片的采集较为困难。

（4）投入资金对比

三种方法的成本相差较多，激光扫描仪仪器的价格十分昂贵，而Smart3D
Capture的正版许可也价格不菲，相比之下，Autodesk 123D Catch是Autodesk公司免
费提供给大众的制模软件，性价比可以说是三者之中最高的。

3．结论

根据实验对比，我们从简便性、精确度、难易度及所需成本上对三种方法进行
了评价（表14-2）。

三者性能评价（按程度从低到高分为1～5级评价）　　　　　表14-2

评价内容	激光扫描仪	Smart3D Capture	Autodesk 123D Catch
简便性	3	5	5
精确度	5	4	3
难易度	2	3	4
所需成本	5	5	1

可以看到，激光扫描仪虽然需要购买昂贵的设备，并有计划地携带扫描设备
进行数据扫描，但在精确度和难易度上都有着极大的优势，适用于高精度的假山建
模；而Smart3D Capture和Autodesk 123D Catch虽然精确度不足，但能随时随地利用手
机拍照，简便实用，对于采集假山特征、进行自身尺度对比等方面的建模更加适用。

本文原载于《现代园艺》，2016年第23期，29-30页，36页。

项目基金：大学生科技活动——基于数字化的古典园林掇山研究。

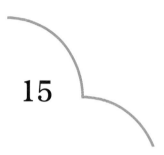

15

优化昆石清理方法的实验研究

秦 柯、张 勃

1. 昆石简介

（1）地质构成及土壤特征

昆石，也称为昆山石，产于江苏省昆山市玉峰山（马鞍山）中（图15-1）。钟华邦认为，由于地壳运动的挤压，位于岩浆中富含二氧化硅（SiO_2）的热溶液，流入了白云岩中断层破碎带内，冷却后形成石英矿脉，而昆石是石英结晶晶簇体。[1]邹景清认为昆石的主要成分为石英，含有的氧化物元素为SiO_2、三氧化二铁（Fe_2O_3）、氧化钠（Na_2O）、氧化钙（CaO）等，莫氏硬度七度，相对密度$2.65 \sim 2.66$，SiO_2是其主要成分。[2]

---

① 钟华邦. 江苏观赏石——昆山石［J］. 江苏地质，2005，29（2）：128-128.

② 邹景清，刘先令. 昆石的成因和历史［J］. 昆山石韵，2011（1）：10-11.

▶ 图15-1
玉峰山及岩石细节

　　昆山地区则属于江南平原中的古滨海沼泽平原，龚子同等人的研究表明昆山全新世以来河湖相发育的土壤，氧化物以SiO_2、Al_2O_3、Fe_2O_3、二氧化钛（TiO_2）、氧化镁（MgO）、氧化钾（K_2O）和氧化钠（Na_2O）等为主。[①]

　　（2）观赏形式与特点

　　昆石采挖似可追溯至唐代中后期。宋杜绾《云林石谱》中"昆山石"条载："（昆石）其质磊块，巉岩透空，无耸拔峰峦势。扣之无声。土人唯爱其色洁白，或栽植小木，或种溪荪于奇巧处，或置立器中，互相贵重以求售。"[②]可见自宋代起，昆石就在园林和生活中作为观赏石得到应用，至明清时，应用日广，但尺寸日蹙，而禁采愈严，至今昆石稀少，多置案头把玩。昆石观赏方式主要有：置立器中，置立案头，与植物相结合做成盆景；观赏特点：色白、微透明、空灵、形态多样。

　　（3）昆石的分类

　　明代昆石的分类尚较粗浅，仅分有鸡骨和胡桃两种。现代根据石英晶簇的结构及形态特征，将昆石分为鸡骨、雪花、胡桃、海蜇、杨梅、层叠、荔枝、鸟屎等近十个品种（图15-2）。

---

① 龚子同，刘良梧，张甘霖. 苏南昆山地区全新世土壤与环境［J］. 土壤学报，2002，39（5）：618-626.

② 杜绾. 云林石谱［M］. 北京：中华书局，2012. 35-36.

▶ 图15-2　昆山石的类型：左起分别为鸡骨、雪花、海蜇、胡桃、杨梅、鸟屎

2．昆石的常规清理方法

　　昆石挖出后需要进行清洗以除杂质，留下白色网脉状的石英，从而达到洁白晶莹、玲珑剔透的观赏效果。这些杂质主要有包裹昆石的红色土壤、白云岩角砾及吸附和侵入昆石表层的富含三价铁离子（Fe^{3+}）的杂质等。去除这些杂质需要花费较多的时间，《云林石谱》所载昆石"为赤泥渍溺倍费洗涤"也反映了这一情况。昆石的清洗方法目前分为传统方法和现代方法两种，邹景清等人对此有所详述[①]，现根据其内容简述如下。

（1）传统方法

　　传统昆石处理方法主要有选石、初步清理、暴晒、碱处理、坯石加工、浸泡等流程。

　　选石：在山洞里采挖胚石。

　　初步清理：用竹片、木棍将石面上的泥块初步清理。

　　暴晒：将坯石暴晒五六天，使石上红泥发硬。最佳暴晒时间段为夏季。

　　碱处理：将苋菜梗、皂荚、荆树叶、海棠花、金钱草等含碱性物质的植物捣

---

① 邹景清，刘先令. 昆石的清理 [J]. 昆山石韵，2011（1）：10–11.

烂，与淘米水和成浆状敷在坯石上，或者将坯石浸泡其中。红泥疏松后放入河中清洗，去除泥沙。该过程需反复进行，直到红泥彻底清洗干净为止。

胚石加工：用钢针或竹签剔除没有清洗掉的杂质泥屑。昆石加工不能破坏其主体的结构、减少其断裂面，人工痕迹少为宜。

浸泡：用白醋和少量盐浸泡，这一过程是使石上黄渍全部去尽，让雨水反复冲洗，直至石块洁白如玉。此时还可采用少量荆树叶之水浸泡，可使昆石光洁度更好。

清洗工具总结：粗细钢针、竹签、小榔头、放大镜、木盆、木桶等，以及含碱性物质的草木原料，如荆树叶、海棠花、金钱草等，酸性溶液如白醋等。

传统方法工序多，费时多，完成清理大概需五年时间。

（2）现代方法

现代昆石处理方法主要有选石、初步清理、暴晒、碱处理、坯石加工、酸洗等流程。

选石：选取坯石。

初步清理：用竹片、木棍将石面上的泥块初步清理。

暴晒：坯石放在石质的板上进行暴晒，一热一凉更容易使泥土脱落。三五天将坯石翻动一次，使坯石的各个面都能被晒到。

碱处理：将坯石放入热碱水中浸泡一两天以去除残泥，之后将坯石取出用清水反复冲洗，直至无泥为止。

坯石加工：一是用细小的金属棍等工具把石孔打开，清除坯石窍孔、夹缝里的杂质；二是修整石形。

酸洗：目的是去掉昆石上的黄渍。酸洗的方式、时间的长短及酸的浓淡，要依据坯石黄渍的厚薄而定，以免昆石的结构和石质受损，从而影响到它整体的观赏价值。酸洗后须用淡碱水中和，并用清水将残留的酸碱全部清除，晾晒完成。

清洗器材：木棍、竹棍、石板、碱、草酸、金属棍等。

清理时间长短受具体情况影响，泥土少、黄渍薄的坯石大概需要三五个月或者七八个月，泥土多、黄渍厚的则需用一二年甚至更长的时间。

（3）两种现有方法的比较

两种现有方法流程基本相同，但内容有所变化，通过比较可以发现，现代方法和传统方法的主要区别在于碱处理和酸处理。现代方法是对传统方法的优化和改良，从而大大缩短了清理时间，清理更为干净，石质更为洁白（表15-1）。

两种清洗方法流程比较 表15-1

清理流程	传统方法	现代方法	异同及分析
选石	采挖坯石，进行挑选	挑选坯石	同
初步清理	用竹片、木棍去除石上泥块	用竹片、木棍去除石上泥块	同
暴晒	夏季，5~6天，使红泥变硬	夏季，上晒下蒸，一热一凉，3~5天翻动一次，使红泥脱落	异，现代方法利用了热胀冷缩原理进行改良
碱处理	苋菜梗、皂荚、荆树叶、海棠花、金钱草等含碱性物质的植物混合淘米水成糊状	放入热碱水中浸泡一两天以去除残泥	异，现代方法提高了碱的纯度和温度，提升处理效率
加工处理	钢针或竹签剔除剩余泥屑	用细小的金属棍等工具把石孔打开，去除杂质	同，现代方法用了硬度更高的工具
酸处理	白醋和少量盐浸泡	根据坯石黄渍厚度决定用酸浓度和时间	异，现代方法提高了酸的纯度，提升处理效率

上述两种方法均可以对昆石进行有效清理，但均未探究昆石及清理部分的主要成分，尤其是现代方法，如何尽量避免化学品的滥用可能带来的破坏昆石晶体结构的不利影响，同时提高处理效率，值得探究（表15-2）。

两种清洗方法结果比较 表15-2

内容	传统方法	现代方法
处理结果	5年左右	3~8月（黄渍薄） 1~2年（黄渍厚）
优势	没有或较少对昆石晶体结构的破坏	清理时间短，见效快 杂质清理干净，石质更洁白 充分利用昆石资源，增加观赏用石数量
劣势	清理速度慢，不能满足当代需求 杂质清理不够干净	可能破坏昆石的晶体结构

3. 昆石清理实验设计

（1）清理方法分析

传统方法和现代方法的清理流程基本相同，这是昆石清理长期实践的经验总结。笔者认为，昆石清理过程中最重要的两个过程是去酸性土壤的碱处理和去黄渍的酸处理，这两个过程对清理时间、清理效率和清理结果等有着重要影响（图15-3）。

▶ 图15-3　清理方法流程图

暴晒和碱处理的主要目的是去掉包裹在昆石上的酸性红土。酸处理的主要目的是去掉昆石上的黄渍。弄清红土和黄渍的成分并进行分析，有利于选择更加有效的处理手段和方法。

暴晒主要是从热胀冷缩的物理角度使红土胶体开裂或剥落，而碱处理才是去掉红土的关键步骤。吴艳等人认为，红土中未定形SiO_2经长期演变而成的水合物原硅酸（H_4SiO_4），能析出具有显著能力的硅溶胶（$mSiO_2 \cdot nH_2O$）。[1]Gersan A. R. 在一篇1997年的文章中指出，黏土矿物表面带负电，而游离Fe_2O_3、Al_2O_3等表面带正电，电荷间的引力使其具备水稳胶结效果。[2]袁宝印等人认为，红土风化壳发育到

① 吴艳，翟玉春，牟文宁. 粉煤灰提铝渣中二氧化硅在高浓度碱液中的溶解行为［J］. 中国有色金属学报，2008，18（增1）：408-411.

② Gerson A R. The surface modification of kaolinite using water vapour plasma［C］// Cisneros G. Computational chemistry and chemical engineering. New Jersey：World Scientific Press，1997：227-235.

富硅铝阶段和脱硅富铝阶段，会产生一水软铝石和三水铝石等土壤胶体。[1]杨华舒等人实验证明，在碱性物质足够多、化学反应时间较为充分的条件下，红土颗粒的包裹层、胶结物、填充物将逐渐遭到破坏，导致红土黏聚力下降，孔隙率增加，密实度下降。[2]这也是碱处理能使红土从昆石上剥落的主要原因。杨华舒等人针对红土的渗蚀实验表明，碱液的浓度与渗出液中的金属离子如正价铝离子和正价钛离子等浓度呈正向关系，与硅溶胶反应产生硅酸盐量也呈正向关系，电镜图分析表明，参与反应的碱液量与破坏红土胶质效果也呈正向关系。碱液的碱性、浓度、处理时间均与处理效果呈正向关系，而浸泡是使碱液与昆石表面能充分接触的处理方式。然而碱液碱性太强对昆石本身会产生溶蚀作用，林培滋等人的实验表明，5%的氢氧化钠（NaOH）水溶液与石英发生溶蚀作用，石英中的硅和铝以离子形式转移到溶液中。[3]连晨光研究了两种碱性腐蚀溶剂，即氢氧化钾（KOH）溶液和NaOH溶液，其对各种类型的石英腐蚀后会形成腐蚀坑，从而影响石英晶体结构。[4]这说明强碱对昆石的腐蚀是不可逆的，故在碱处理时应使用弱碱以减少或避免对昆石本体的溶蚀。

黄渍主要是吸附或侵入昆石的Fe_2O_3或是离子状态的铁元素。根据无机化学理论，铁的氧化物不会与碱性物质发生化学反应，故碱处理无法去除，而酸性物质可以与Fe_2O_3发生化学反应。SiO_2的稳定性强，只有强酸才能将其腐蚀，工业上提纯石英去除Fe_2O_3通常采用一定比例的盐酸（HCl）、硝酸（HNO_3）和氟化氢（HF）作为溶剂，但这些强酸都会对石英有一定的腐蚀。Panias 等人研究草酸的作用机理和铁溶解动力学，证明草酸与矿粒表面的Fe^{3+}反应生成几种络合物，草酸浸铁过程中形成表面络合物的溶解机理有别于无机酸对铁矿物的溶解。[5]F. 维格里奥等人的

① 袁宝印，夏正楷，李保生，等. 中国南方红土年代地层学与地层划分问题［J］. 第四纪研究，2008，28（1）：1-12.

② 杨华舒，杨宇璐，魏海，等. 碱性材料对红土结构的侵蚀及危害［J］. 水文地质工程地质，2012，39（5）：64-68.

③ 林培滋，曾理，何代平，等. 碱与岩石矿物组分（蒙脱石、石英）的相互作用及动力学研究［J］. 石油天然气化工，2002，31（3）：144-149.

④ 连晨光. 石英晶体碱（KOH、NaOH）腐蚀像及其与酸（HF）腐蚀像对比研究［D］. 武汉：中国地质大学，2011.

⑤ Panias D, Taxiarchou M, Paspaliaris I, et al. Mechanisms of dissolution of iron oxides in aqueous oxalic acid solutions［J］. Hydrometallurgy, 1996, 42：257-265.

望山览石——中国古典园林掇山数字化研究

实验表明，用草酸浸取石英中的铁元素效果好且利于环保[1]，并于1999年提出草酸浸出法除铁，生产高纯石英的工艺[2]。草酸酸性弱，不能与SiO_2发生化学反应，这对于用酸处理、清洗昆石非常合适。

一块昆石的表面积相对固定，传统方法使用的碱和酸浓度低，处理溶剂的碱性和酸性较弱，导致其反应过程时间长，处理效果差。而现代方法尤其是酸的酸性强或是浓度过高，可能会对昆石产生溶蚀，破坏局部的晶体结构，影响昆石形态和外观，降低其美学价值。因此，在处理过程中应参考已有研究成果，结合昆石观赏特点，选择合适的酸或碱的种类、浓度、处理时间和处理方式，使清洗既能较快地去除杂质，又能尽量不破坏昆石。

（2）昆石清理实验设计

本次实验以昆石的清理为主，不深入涉及昆石的外形处理，其过程基本遵循已有方法的流程，即选石、初步清理、暴晒、碱处理、坯石加工、酸处理。结合上述研究分析，针对碱处理和酸处理的方法进行了改良尝试，以期达到优化原有方法的目的。

选石：昆石现已禁采，笔者偶然在昆山得到三块昆石，标记分别为S1、S2、S3，其中S1较为平整，包裹的红泥较薄；S2孔洞较多，包裹红泥较厚；S3孔洞较大，包裹红泥最厚。

初步清理：用竹片、木棍将石面上的泥块初步清理。

暴晒：将S1、S2、S3放在石质的板上暴晒5天。

碱处理：本次实验采用60℃固液比为1.5的饱和小苏打（$NaHCO_3$）溶液分别对S1、S2、S3进行10天浸泡，其中S1在3天后红土去除，表面基本呈白色，溶液稳定为透明接近无色；S2在9天后红土基本去除，但红渍全石可见，溶液稳定为透明接近无色；而S3在10天后仍包有部分红土，红渍全石可见，溶液浑浊呈红锈色（图15-4）。

① F. 维格里奥，B. 帕西利罗，M. 巴巴罗. 使用草酸和硫酸从石英中排除铁的滚动浸取试验 [J]. 黄福根，译. 国外选矿快报，1999，8（4）：13-16.

② F. 维格里奥. 用草酸浸出法除铁以生产高纯石英砂的研究 [J]. 张艮林，童雄，译. 国外金属矿选矿，2001（6）：33-36.

主要的化学反应方程式为：

$SiO_2 + 2NaHCO_3 = Na_2SiO_2 + H_2O + 2CO_2 \uparrow$

$Al_2O_3 + 2NaHCO_3 = 2NaAlO_2 + H_2O + 2CO_2 \uparrow$

$TiO_2 + 2NaHCO_3 = Na_2TiO_2 + H_2O + 2CO_2 \uparrow$

坯石加工：清除S1、S2、S3窍孔、夹缝里的杂质。

酸处理：采用80℃固液比为1.5、浓度为16g/L的草酸（$C_2H_2O_4$）溶液分别对S1、S2、S3进行50天浸泡，其中S1在15天后色泽稳定，溶液稳定为透明接近无色；S2在45天后色泽稳定，溶液稳定为透明接近无色；而S3在50天后大部分仍呈灰色略黄，溶液浑浊呈黄绿色，黄色浑浊物应为未清理干净的红土残留（图15-5）。

主要的化学反应方程式为：

$3C_2H_2O_4 + Fe_2O_3 = Fe_2 (C_2O_4)_3 + 3H_2O$

$Fe_2 (C_2O_4)_3 = 2Fe (C_2O_4) + 2CO_2 \uparrow$

（3）清理结果

实验清理时间总计如表15-3所示（选石过程不计）。

实验清理时间分配　　　　　　　　　　　　　　　表15-3

	初步清理	暴晒	碱处理	坯石加工	酸处理	合计
S1用时（天）	1	5	3	1	15	25
S2用时（天）	1	5	9	1	45	61
S3用时（天）	1	5	10	1	50	67

▶ 图15-5 酸处理过程及清理后的 S1（上）、S2（中）、S3（下）

清理结果：S1和S2色泽洁白，达到清理目的，清理效果良好；S3小部分露出石英本色，其他部分仍呈灰色略黄，尚未达到清理目的，清理效果不佳。

（4）结果分析

从清理结果看，S1较易清洗，S2次之，S3较难。这与其形态和外表包裹的红泥厚度有很强的一致性。然而S3清理差距较S1、S2较大，其影响因素似有二：一是渗入昆石表层的氧化铁含量高，酸处理时间不够；二是由于碱处理不到位，残存的红土胶质对昆石表面与草酸有阻隔作用，导致反应面积减小，增加了反应时间。从清洗时间上看，本次实验清理比现代方法用时短，提高了清理效率。

4. 结语与展望

昆石的清理从本质上来说是石英提纯的过程，但长期以来，昆石清理更多依赖于实践经验而疏于科学地分析和检测，工业上更多从材料应用角度进行研究（如多将石英粉末化进行提纯），忽视了材料的美学价值。因此，如何使用科学的提纯方法并结合美学鉴赏方法是提高昆石清理效果和效率、充分发挥昆石观赏价值的关键。

本实验借用已有的实验或工业提纯原理与方法，结合昆石观赏特点，选择适合的处理手段，从而提高昆石的清理效率和效果，希冀起到抛砖引玉的作用。限于条件，实验还有很多不足之处，需将来进一步探讨。在今后的昆石清理中，如使用专业仪器检测各种形态昆石的成分和结构，检测包裹昆石红土的成分，根据具体情况制定具体的处理方法，则可以进一步提升清理效果和效率。

本文原载于《古建园林技术》，2017年第2期，92-96页。

基金项目：北京市人才培养模式创新试验项目-建筑学卓越人才培养（项目编号：PXM2014-014212-000015）。

16

圆明园寿山历史发展演变初探

秦 柯、张志国

1. 引言

　　圆明园中有寿山福海之景。福海为圆明园中最大的水体，人所共知；寿山位于圆明园正大光明殿后，为正大光明景点的收尾部分。《圆明园四十景图咏·正大光明》载曰："园南出入贤良门，内为正衙，不雕不绘，得松轩茅殿意。屋后峭石壁立，玉笋嶙峋"。正大光明殿是御园举行朝会、节日庆贺、赐宴亲藩、宴请廷臣等典礼的正殿，其功能类似紫禁城的太和殿与保和殿，在清代具有极高的政治地位。寿山是划分朝寝空间的界山，寿山南侧是朝仪空间的终点，其北侧又是寝居空间的起点。在清代皇家园林中，采用山体划分朝寝空间似为定式，但由于正大光明殿的特殊地位，寿山的地位也绝非他园界山可比，如寿山上形似万笏朝天的假山立峰即为孤例。目前学者研究大多提及的是寿山假山的特殊形态，郭黛姮团队对寿山土山变迁和复原进行了探讨，贾珺对清代离宫御苑朝寝空间进行了整体对比，就目前来看，尚未对寿山进行较为全面和专门的论述。在对寿山相关的图档、图像、文字及测绘资料的收集、整理与对现存假山进行调研的基础上，本文对寿山的历史及演变过程进行梳理和探讨，以期抛砖引玉。[①]

2．寿山的功能、内涵与价值

（1）寿山的功能

寿山为正大光明殿的靠山，是自扇面湖经大宫门、出入贤良门、正大光明殿的朝仪中轴线的终点所在，其南侧的假山峭石壁立、玉笋嶙峋，强化了作为朝仪空间终点的作用。寿山还是寝居空间的起点，九洲清晏是圆明园中帝王的寝居之所，其起点则为寿山北侧，从九洲清晏看，寿山又是湖光山色的园林屏障。寿山还是空间转换的节点，从朝仪空间至寝居空间的转换通过寿山口的曲径来完成，这条曲径从功能上是一条通道，但由此完成了从庙堂到江湖、从帝王到个人、从危坐到闲适的转变。寿山的空间转换还体现在东西走向，向东则可看到勤政亲贤、保合太和一带的宫殿和院落，向西则能通长春仙馆。《圆明园四十景图咏·长春仙馆》云："循寿山口西入，屋宇深邃，重廊曲槛，逶迤相接"。

① 相关资料：于敏中，等．日下旧闻考［M］．北京：北京古籍出版社，1981；嘉庆帝起居注［M］．广西：广西师范大学出版社，2006；唐岱，沈源．圆明园四十景图咏［M］．北京：中国建筑工业出版社，2008；张恩荫，杨来运．西方人眼中的圆明园［M］．北京：对外经济贸易大学出版社，2000；张恩荫．圆明园变迁史探微［M］．北京：北京体育学院出版社，1993；郭黛姮．乾隆御品圆明园［M］．杭州：浙江古籍出版社，2007；郭黛姮．远逝的辉煌：圆明园建筑园林研究与保护［M］．上海：上海科学技术出版社，2009；圆明园管理处．圆明园百景图志［M］．北京：中国大百科全书出版社，2010；中国圆明园学会．圆明园（全五册）［M］．北京：中国建筑工业出版社，2007；MALONE C B．History of the Peking Summer Palaces under the Ch'ing Dynasty［M］．Urbana：The University of Illinois，1934；张超．家国天下：圆明园的景观．政治与文化［M］．上海：中西书局，2012；故宫博物院．故宫博物院藏品大系——善本特藏编13：样式房图档［M］．北京：故宫出版社，2014；贺艳．从皇子赐园到帝君御园——圆明园营建变迁原因探析［D］．北京：清华大学，2006；端木泓．圆明园新证——长春园旧园考［J］．故宫博物院院刊，2005（5）．

（2）寿山的政治文化内涵

寿山在政治上为山河永固与王朝永存的隐喻。天地间物之至高大而永久者，莫如海与山。圆明园中最重要的水体为福海，山体则为寿山，寿山通过延展的山体来体现其静重不迁的永久性，而通过林立的立峰来体现截浮云、翳星汉的高大性。作为朝仪空间的终点，嶙峋玉笋又是万笏朝天与万国来朝的隐喻。万笏朝天的自然形态来自于花岗岩垂直节理发育分化，形成后的峰体岩石如削，线条均匀，状如笏板，故名万笏朝天，以苏州天平山、江西三清山的最为知名。

寿山在文化内涵上是礼乐的统一与分野，天地万物的秩序见于朝仪，天地自然的和谐见于园囿，礼乐转化为山形，体现仁寿。仁寿又是君王福寿的寄托，人之所深愿而不可必得者，莫如寿与福，祝君亲之福寿，故名有托于是。

3．寿山及其假山发展演变过程

根据目前公开出版的样式房图档、历史图像资料、文献及测绘资料中相关的寿山情况，可将寿山及其假山发展演变过程分为五个阶段：形成阶段、发展阶段、更迭阶段、破坏阶段与保护阶段。

（1）形成阶段——雍正至乾隆初期

雍正即位后，在圆明园开始了大规模的建设活动，正大光明及周边景点即建于雍正元年至三年（1723～1725年）间。寿山亦在此间形成，成为前朝区和后勤区的分界山。

乾隆四年，唐岱、沈源绘制的《圆明园四十景图咏·正大光明》图中，寿山曲径南口依稀可见，左侧乔木一株，灌木两株，小型立峰若干。右侧可见灌木及立峰。寿山主峰前有油松六株，上有立峰二十多处，立峰西侧微露横叠山石。山后面临前湖，杂花生树。此时寿山口西侧的土坡尚未向西配殿旁的翻译房南延，长春仙馆的东护山余脉尚在西配殿西的太监房附近［图16-1（a）］。

圆明园图尚有张若霭所绘的摹本《御制圆明园图咏》，此绘本不晚于乾隆十一年

(a) (b) (c)

▶ 图16-1 绘画中的寿山

图片来源：（a）出自唐岱、沈源绘制的《圆明园四十景图咏·正大光明》；（b）出自张若霭所绘的摹本《御制圆明园图咏》；（c）出自孙祜、沈源的墨线白描图摹绘《蓬壶春永》。

（1746年）。此绘本尚有光绪年间录石重印的刻版。张若霭所绘图据王湜华考证为唐岱绢本的摹本，此图与绢本相仿，建筑绘制较唐岱绢本体量较大。寿山曲径在本图中清晰可见，呈S形，主峰立峰绘制较唐岱绢本少，立峰根部有较多横叠山石。石印本与之相似，两图均未表现正大光明殿庭院中的十字甬道［图16-1（b）］。

故宫博物院藏《蓬壶春永》中亦有正大光明景点，据张恩荫先生考证，该图按照乾隆初年孙祜、沈源的墨线白描图摹绘，图中寿山曲径清晰可见，立峰较为稀少，但立峰下横叠山石明显而清晰［图16-1（c）］。

（2）发展阶段——乾隆中后期

根据目前公开图档的情况和各学者的研究，圆明园最早的总图为乾隆年间绘制。从这些图档中寿山部分的绘制时间来看，涵盖乾隆中后期至咸丰后期约100年时间。在这百年间，寿山区域发生了几次变化。乾隆初年的正大光明殿尚"不雕不绘"，檐下无斗栱，屋顶覆灰瓦。乾隆晚期时正大光明殿已经使用了多踩斗栱，与形成阶段风格相比，松轩茅殿之意已经消失，而是更加富丽堂皇。

确定为乾隆中后期总图的有样1704和样043-1（图16-2）[①]，其中样1704中寿山

----

① 样1704为目前所知最早的样式房底图，贺艳（2005）认为样1704底图绘制于乾隆四十年至四十二年之间（1775～1777年），端木泓（2009）认为样1704的绘制时间为乾隆四十四年（1779年）。本文中样式房图档的年代判定暂以郭黛姮团队研究为依据，后不赘述。详见郭黛姮，贺艳. 圆明园的"记忆遗产"——样式房图档［M］. 杭州：浙江古籍出版社，2010.

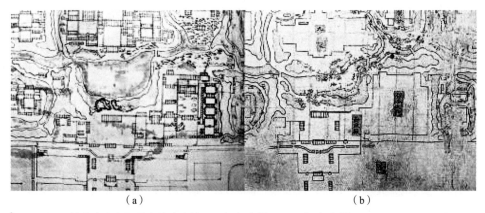

（a）　　　　　　　　　　　　　（b）

▶ 图16-2　乾隆中后期图档中的寿山情况：（a）为样1704，（b）为样043-1

图片来源：郭黛姮，贺艳. 圆明园的"记忆遗产"——样式房图档［M］. 杭州：浙江古籍出版社，2010.

部分经过至少三次以上的涂改①，对研究寿山山体的演变有十分重要的价值。而样043-1则绘制了完整的方格网，这为研究圆明园山水格局及平面控制提供了非常便利的条件。

其中第一次涂改为乾隆中后期，如图16-2所示。

①寿山山体宽度较小。山体被寿山口分为东西两个部分，寿山西侧向北的余脉被道路分隔，东侧沿前湖至富春楼西，向北延伸至如意桥南。

②寿山口位于正大光明殿西北角，与西配殿东和正大光明殿的西山墙形成的通道贯通、呼应。寿山口宽度较大，南口约占4/5格，北口约占2/5格。

③寿山以土山为主，置石主要分布在正大光明殿后、寿山口曲径两侧，立峰主要在正大光明殿后。

④正大光明殿距寿山山体相对较远，约占1/3到近1/2格。

⑤长春仙馆东护山余脉尚在西配殿西的太监房附近，这与图咏所绘一致。

成书于乾隆后期的《钦定日下旧闻考·圆明园一》卷八十云："出入贤良门内

---

① 样1704中寿山变化有三次。一是寿山口曲径在最西侧，二是改寿山口曲径入口位置，将原入口位置向东改动，曲径也发生变化。两次修改均为较淡墨线绘制。三是寿山缩小，曲径改至中部，为粗墨线绘制。

为正大光明殿七楹，东西配殿各五楹，后为寿山殿。"实际上，正大光明殿后边紧靠着的是峭石壁立、玉笋嶙峋的寿山，并无殿宇可言。张恩荫先生认为该条显属讹误。《宸垣识略》亦因袭该条。

乾隆五十八年（1793年）英使马嘎尔尼访华，全权公使斯当东后著有《英使谒见乾隆纪实》一书，中有钢笔画插图两幅［图16-3（a）、（b）］。这两幅图透视清晰准确，为研究乾隆后期寿山及正大光明提供了有价值的材料。这两幅图中，一幅为从东配殿附近看正大光明殿，此图中正大光明殿后的寿山石峰清晰可见，立峰高度并未超过正大光明，立峰前有松树一株；另一幅则从西配殿南侧看正大光明殿，从西配殿与正大光明殿形成的视廊中可以较为清晰地看到寿山口及其附近的较小的立峰，并绘制寿山口西侧乔木一株和东侧松树一株，这与《圆明园四十景图咏》等宫廷绘画中描述的情形非常吻合。这些绘图显示正大光明殿前已有月台，月台与地面有一步台阶，前有香炉四个。除了这两幅画以外，还有一幅原载于《Visiteurs de L′Empire céleste》的水彩图可以与其相互印证［图16-3（c）］。

此时寿山口较为宽阔平坦，嘉庆三年（1798年）正月，作为太上皇的乾隆在圆明园召见和绅，和绅"竟骑马直进左门，过正大光明殿，至寿山口"，此事在嘉庆皇帝给和绅的二十条罪状中定为"无父无君"，位列罪行第二。

（3）更迭阶段——嘉庆至咸丰十年

嘉庆、道光、咸丰年间，圆明园营建活动较为频繁，寿山附近也发生了四次变化。

| （a） | （b） | （c） |

▶ 图16-3　西画中的寿山形象

图片来源：（a）（b）均出自斯当东《英使谒见乾隆纪实》；（c）出自《Visiteurs de L′Empire céleste》。

第一次变化为嘉庆亲政后，对圆明园进行了较多的局部改造，嘉庆后期图档涉及寿山的有样1370、样043-3（图16-4）。此时较乾隆中后期的变化主要体现在：

①前湖驳岸发生变化，寿山北口驳岸向湖中延伸，九洲清晏南侧中轴线上驳岸向前湖延伸，似为停靠船只之用；

②如意桥南山体发生小的调整，乾隆中后期此处山体与东侧保合太和北侧山体距离更近。样043-3中，如意桥南的寿山余脉收头呈半圆形，这与样043-1中所描绘相一致。

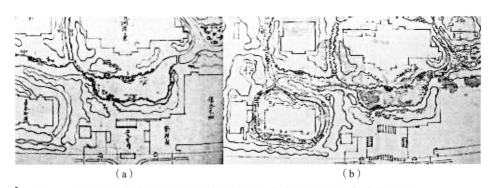

（a）　　　　　　　　　　　　　　（b）

▶ 图16-4　嘉庆后期至道光前期图档中的寿山情况：（a）为样1370，（b）为样043-3

图片来源：郭黛姮，贺艳. 圆明园的"记忆遗产"——样式房图档［M］. 杭州：浙江古籍出版社，2010.

第二次变化为道光中后期，涉及图档样1306、样043-2、样001-3、书4140（图16-5），此时的变化较嘉庆后期主要体现在以下几点：

①寿山西北侧余脉与长春仙馆的东护山相连；

②如意桥南山体增加建筑，建筑周边山坡增加叠石；

③正大光明殿东侧连廊南北增加叠石踏跺。

道光九年（1829年），清廷平定张格尔叛乱，道光皇帝命画师绘制《道光平定回疆张格尔战图册》，藏于故宫博物院。其第十幅，也是最后一幅为《正大光明殿凯宴成功诸将士》（图16-6）。该图受西画透视影响，展示了道光八年时正大光明及附近场景，正大光明东侧连廊已有叠石踏跺，西侧则绘制西配殿北侧翻译房后土山场景，此与《圆明园四十景图咏·正大光明》图所画较为相似，但寿山口附近的叠石由立峰变成了横叠。

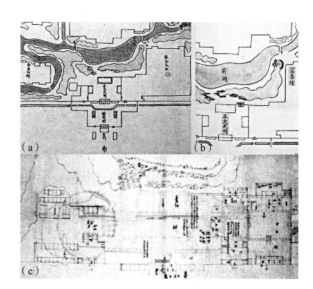

▶ 图16-5

道光中后期至咸丰前期的寿山情况：
（a）为样043-2，（b）为书4140，
（c）为样001-3

图片来源：郭黛姮，贺艳. 圆明园的"记忆遗产"——样式房图档［M］. 杭州：浙江古籍出版社，2010.

▶ 图16-6

道光九年《正大光明殿凯宴成功诸将士》所绘制的寿山情况

图片来源：故宫博物院藏《道光平定回疆张格尔战图册》。

第三次变化为道光晚期至咸丰中前期，涉及图档为样001-2，此时的变化较道光中期主要体现在：

①寿山主体加厚，与正大光明殿距离明显缩短，前湖西南岸线似乎较前几个阶段北移；

②寿山口宽度有所收缩，叠石数量明显增加；

望山览石——中国古典园林掇山数字化研究

③西配殿院落北侧土山增加，并延伸至西配殿北侧，强化了寿山口的通道。

第四次变化为咸丰晚期。涉及的图档为样1203、法国吉美博物馆藏全图、样1704、书3892、书5462（图16-7），此时的变化较道光晚期主要体现在：

①寿山西北侧余脉与长春仙馆的东护山复相断离，北侧余脉被道路分隔；

②寿山口东移，接近正大光明殿中轴线，这似乎与正大光明殿北侧外廊明间、次间安装隔扇门有关；

③寿山西侧土山向西南方向略有加出。

（4）破坏阶段——咸丰十年至建国

咸丰十年（1860年），圆明园被英法联军烧毁，正大光明亦在其中。R. J. L. M´Ghee对寿山有记载："这殿的后身，却是一道步廊，左右皆通，一边紧紧靠着正大光明殿的后墙，另一边却傍着一大块假山石。"同治十二年（1873年），同治帝下诏重修圆明园，同治十三年（1874年）罢。光绪二十一年（1895年）康有为游圆明园时，还看到"虽蔓草断砾，荒凉满目，而寿山福海，尚有无数亭殿"。自光绪二十六年（1900年）八国联军入侵北京始，圆明园长期受到土匪、军阀、官僚、地痞、奸商的肆意破坏和盗窃。

1933年，北平市工务局对圆明园遗址进行了测绘，绘制了《实测圆明园长春园绮春园遗址形势图》，其中寿山尚存部分。同年，美国人C. B. Malone出版了《清代

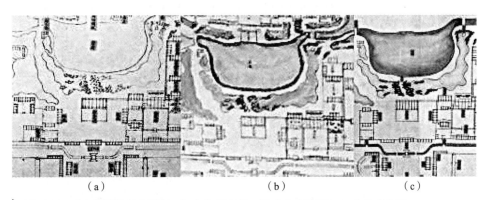

(a)　　　　　　　　(b)　　　　　　　　(c)

▶ 图16-7　咸丰晚期的寿山情况：（a）为样1203，（b）为书3892，（c）为书5462

图片来源：郭黛姮，贺艳. 圆明园的"记忆遗产"——样式房图档［M］. 杭州：浙江古籍出版社，2010.

皇家园林史》一书，书中插有正大光明遗址照片，并对照片进行了注释："从浅水湖收集来的芦苇堆被出售，用来制作垫子和遮阳篷。芦苇收割者的小屋占据了正大光明殿所在石平台的一部分，正大光明殿背后的假山也正在被破坏。"这似乎是目前能够查到的寿山最早的照片影像，而该影像反映出的内容正是寿山假山被破坏的场景，更使此影像弥足珍贵（图16-8）。

▶ 图16-8　正大光明遗址及寿山图像

图片来源：MALONE C B. History of the Peking Summer Palace under the Ch´ing Dynasty［M］. Urbana：The University of Illinois，1934.

该影像反映出几个内容：

①此时寿山假山上主要立峰已被拆除；

②假山与台基相比，残高约在5～6m；

③台基中心线清晰可见，根据透视关系，可看到咸丰晚期寿山口改为磴道的痕迹；

④该影像与现存寿山形态较为接近，尤其中轴线西侧一带置石，与现存情况仿佛，但现存山石更少，可推测现在保留的寿山是在此基础上自然倾圮、老化、脱落，人为干扰较之前有所减少。

关于寿山石笋的去向，曾昭奋等人认为，部分石笋移入颐和园前山东侧荟亭一带。①

（5）保护阶段——新中国成立以后

新中国成立初期，周恩来总理就明确指示要保护好圆明园遗址。1956年起圆明园遗址内进行绿化种植。1959年圆明园遗址被划定为公园用地。1960年圆明园遗址被划定为区属重点文物保护单位。1976年圆明园管理处成立。1988年圆明园遗址公园被公布为全国重点文物保护单位，并正式开始对社会开放。1996年被六部委命名为爱国主义教育基地。1998年圆明园遗址公园被北京市国防教育委员会命名为"北京市国防教育基地"。2000年国家文物局正式批复《圆明园遗址公园规划》。2008年圆明园遗址公园通过国家旅游局4A景区评审，2010年荣获"北京新十六景"之一。

郭黛姮团队在复原正大光明景区建筑时，对寿山遗址测绘图进行了分析并对寿山的复原进行了探讨。1965年的测绘图中显示，寿山山体局部被挖蚀，中部海拔49.63m，山脚44.5m。2002年的测绘图中，寿山仅存中部山体，山顶海拔49.91m，山脚44.5m。2004年考古勘探结果显示，寿山中段山脚南距正大光明殿2.5m，山顶海拔50.80m；东段宽6m左右，南距爬山廊2.5～4.5m，海拔46.58～46.04m；西段宽9～22m，从东往北形成三个起伏小山峰，海拔45.97～47.64m；中段与西段间过山石蹬道长24.3m，宽3.3m左右。郭黛姮团队认为，寿山环前湖南岸堆筑，山体以土为主，局部置石。山体中部立石笋，西部开山口，设一条通往前湖西南角的甬路。乾隆晚期至道光初年间，在寿山中部断开了一条过山石磴道。②

2017年笔者对寿山进行调查，寿山山体与2009年测绘图及图像接近，其中寿山中部残存部分较多，但叠石多有脱落，脱落山石自然散布在周边（图16-9）。接近正大光明殿中轴线的部分，尤其是西侧山石与Malone所摄影像有较高的一致性，中轴线附近磴道遗迹可见，东侧山石脱落严重，但仍可与Malones所摄图像进行比对识别。寿山口清晰可辨，曲径两侧山石虽然脱落严重，但边界清晰，寿山口北侧尚存3.5m×2.5m左右大型的山石踏跺。这与样1203及法国吉美博物

---

① 何重义，曾昭奋. 圆明园园林艺术［M］. 北京：中国大百科全书出版社，2010.

② 郭黛姮，贺艳. 圆明园的"记忆遗产"——样式房图档［M］. 杭州：浙江古籍出版社，2010：124-125.

（a）　　　　　　　　　（b）　　　　　　　　　（c）

▶ 图16-9　现存寿山情况：（a）为2009年图像，（b）为现状，（c）为脱落的叠石散布周边的景象

图片来源：（a）郭黛姮，贺艳. 圆明园的"记忆遗产"——样式房图档［M］. 杭州：浙江古籍
出版社，2010：124-125；（b）（c）为作者自摄。

馆藏全图、书3892、书5462所展示出的咸丰晚期格局并不一致，与样001-2、
样001-3绘制的结果似乎更为接近。其原因需要进一步地探讨和研究。现存假
山山石残损较为严重，一些山石可观察到明显断裂，甚至出现风化酥解现象
［图16-9（c）］。从近十年的图像资料对比来看，杂树（以刺槐为主）生长较多，
虽然绿化效果良好，但给寿山假山也带来了一些不利影响。

4. 结论

正大光明是清代皇家园林中最重要的举行朝会和重大典礼的场所，作为正大光
明殿的靠山和划分朝寝空间的界山，寿山在从形成到毁坏的近150年间，其形式、
内容、形象等都发生了较大的变化，与以正大光明殿为代表的朝仪区的变化与调整
基本同步。现状寿山遗留的山石虽然较少，但依然能够反映出道咸年间的风貌，其
假山形态与1933年左右保留情况较为接近。寿山历史发展演变的探讨，对寿山价值
的综合与深入发掘、遗址保护等方面都具有一定的意义。

本文原载于《圆明园学刊-2017》，北京：中国社会出版社，2018年，126-136页。

17

三维数字技术在假山测绘研究中的应用初探
——以北方工业大学校园假山为例

秦 柯、温 宁

1．中国传统园林假山测绘及研究现状

假山作为中国古典园林的核心骨架，以其独具特色的形式伴随着中国古典园林的发展，历史悠久，成果显著。[①] 园林假山的造景作用和实用功能可以巧妙地结合在一起，这样独特的景观特点使得假山成为表现中国园林最广泛、最具体和最灵活的一种传统方式。[②] 因此，对假山的深入研究对于中国古典园林乃至当今的景观设计意义重大。

---

① 彭一刚．中国古典园林分析 [J]．北京：中国建筑工业出版社，2008.

② 中国科学院自然科学史研究所．中国古代建筑技术史 [M]．科学出版社，1985.

中国古典园林研究时至今日已硕果累累，但大多从文化审美、园林意象等角度分析，后来的各研究者也从空间营造、施工工程等方面对园林假山进行过分析研究，但由于形态复杂等原因，假山测绘研究始终未能像建筑研究那样纳入现代精确量化研究的体系中。随着现代科学技术的发展，新技术的出现为假山的研究提供了新的方法，也为我们完善古典园林的研究提供了新的机会。

（1）传统园林假山测绘研究现状

对假山这种形态复杂的园林要素的测绘一直是一个难题，因此也影响了这项独特技艺的传承和发扬。究其原因，其一是由于假山所用材料多为自然石材，加之假山创作本身效仿自然山水环境，力图营造峰回路转、变化丰富的空间形态，假山又常与建筑、路径、花木等其他园林要素相结合，更增加了假山测绘研究的难度。其二由于技术的制约和假山自身的材料、工艺特征的特殊性，对于假山的测绘研究一直以来借鉴建筑的二维表达方式，而且古人对假山的测绘记录也更多地受到主观因素和中国传统文化的影响，传统测绘记录多少含有写意的成分，不能真实地体现假山的各种三维特征（图17-1、图17-2）。

早在唐代就有文人画作中出现对园林置石的细致描绘，例如孙位的《高逸图》就运用了皴染的技法将湖石的质感描绘得逼真传神。北宋作为我国传统山水画的高峰时期，涌现出大批描绘山水园林的艺术作品，酷爱笔墨的宋徽宗以一幅《祥龙石

▶ 图17-1 《高逸图》局部

▶ 图17-2 《祥龙石图》局部

图》（公认为宋徽宗之作）细腻工整的笔触描绘了祥龙石的全貌，极有可能是写生之作[①]，在历史上属于较早对石进行主动刻画的作品，但笔墨层层渲染的技法在现在看来更接近艺术的描绘而非客观严谨的表达。

为了突破二维表达的局限，明代文人画家吴彬曾作出过努力和尝试。在其画作《十面灵璧图》中，他尝试从十个角度来描绘非非石的形态特征，力图面面俱到，虽然描绘极其细致，艺术价值极高，但对于非非石的空间形态描绘仍然不足以让后人完整再现非非石。

非非石和祥龙石等虽非园林假山，但从古人的努力和尝试可见，技术的限制和二维表达方式没有摆脱主观因素的影响，也同样制约着对形态复杂事物准确深入地研究，可以推测古代假山的测绘研究也是如此。

（2）现代假山工程测绘

从古至今，关于园林假山的研究一直伴随着古典园林的研究，前人也尝试了将各种方式应用于假山的研究，取得了形式众多、内容丰富的成果。但园林假山的研究大多局限于文字描述，或者依附于建筑测绘以配景出现，而建筑的二维表达方式较难应用于形态复杂的假山测绘研究之中，因此单独对假山进行精确研究也就落后于对古典建筑的研究。

在现代园林研究方面，学者童寯被公认为开创了现代意义上的中国古典园林研究。他在《江南园林志》中第一次运用了28幅经过大致测绘的园林平面图，使得测绘图在园林研究中得到重视。书中曾对园林假山作出经典评论："虽天然之物赖于人巧，是半人工、半天然之物"[②]，由此可见，假山虽效仿自然，但也包含了设计者的思考。所以，深入严谨地研究古典园林假山的掇叠之法，不仅对研究古典园林很有意义，对系统地传承这门技艺也很有必要。

当代学者刘敦桢在《苏州古典园林》中对苏州各大园林进行了详尽的测绘和理论研究[③]，其中对假山理论进行了深入的总结，是较为重要的理论成果。书中有大量精美的测绘图纸，其中的假山测绘，大量依附于建筑测绘，作为建筑的配景

---

① 余辉. 在宋徽宗《祥龙石图》的背后［J］. 紫禁城，2007（6）：86-89.

② 童寯. 江南园林志［M］. 北京：中国建筑工业出版社，1984.

③ 刘敦桢. 苏州古典园林［M］. 北京：中国建筑工业出版社，1979.

（a）测绘图

（b）实景图

▶ 图17-3　拙政园别有洞天

图片来源：刘敦桢. 苏州古典园林［M］. 北京：中国建筑工业出版社，2005：175.

出现，描绘虽生动形象，但多为概括性的勾勒，角度单一，与照片对比来看，难以表现出假山复杂的空间三维关系（图17-3）。《江南园林图录》也对江南各大园林进行了测绘研究[①]，书中增加了许多鸟瞰及透视图来体现园林要素的空间关系，但图纸的描绘仍然没有突破主观因素的影响，难以客观体现假山的完整形态和空间关系。清华大学、天津大学等高校师生对北海、故宫、颐和园等文物古迹进行了测绘研究，成绩斐然，在测绘精度上有了较大的提升，但依然受到技术条件的限制。

除此之外，传统的测量方式通常是接触式的，有以下缺点：①大体量的假山测量难度大；②效率较低；③精度较低；④耗费大量的人力物力；⑤可能会对珍贵的文物造成一定的损坏。在园林古迹越来越宝贵的今天，这种缺点颇多的测量方式也不再适用于园林古迹的测绘。因此，对于园林假山这类非规则要素的测绘研究亟待技术的进步来突破目前研究的瓶颈，用新的方式来解读优秀的假山作品。

伴随着技术的发展，当代研究者在将数字技术应用于假山的测绘研究中作出了很多尝试。笔者了解的文献主要有以下几篇：

北方工业大学的张勃教授从中国传统园林掇山理法研究的现状和难点出发，论

---

① 潘谷西，刘先觉. 江南园林图录：庭院·景观建筑［M］. 南京：东南大学出版社，2007.

望山览石——中国古典园林掇山数字化研究

证了三维数字技术对推进掇山理法研究的意义。①

古丽圆、古新仁、扬·伍斯德拉利用航拍器对北京和承德多个假山进行拍摄，通过不同软件处理得到模型，将得到的平面图和三维模型进行比较，探讨三维数字技术在园林测绘中的可行性。②

北方工业大学的白雪峰运用多种技术对校园假山进行建模对比分析，并对数字化掇山数据库的建立作出了展望。③

2．几种数字测绘技术在假山测绘中的应用

近年来，三维数字技术的发展引起了建筑园林领域的关注。三维数字技术突破了传统二维测绘记录的局限，效率大大提高，可处理较大的数据量，尤其可以对园林假山这种非欧几何元素进行精确的三维建模，为园林叠山的研究提供了新的可能性。

目前开始应用的数字化测绘技术可以分为两种：第一种是以三维激光扫描技术为主的测量方式，得到假山的三维点云数据，通过后期软件进行分析；第二种是基于图像的模型重建方式。本文将选取这两种数字技术的几种常用手段对北方工业大学校园内的一处假山进行数字测绘，比较分析各种方式的测绘精度及技术特点，探讨数字技术在园林假山测绘中的运用及可行性。

（1）三维激光扫描技术

三维激光扫描技术是20世纪90年代出现的一种获取对象三维空间数据的技术手段，利用激光测距的原理，扫描仪可以发出激光束，经物体反射后接收激光束，计算其中

① 张勃. 以三维数字技术推动中国传统园林掇山理法研究 [J]. 古建园林技术，2010（2）：36-38.

② 古丽圆，古新仁，扬·伍斯德拉. 三维数字技术在园林测绘中的应用——以假山测绘为例 [J]. 建筑学报，2016（S1）：35-40.

③ 白雪峰. 数字化掇山研究 [D]. 北京：北方工业大学，2015.

的时间差以得到观测距离①，能够在无接触的情况下，精确高效地获得海量被测对象的点云数据，具有自动化、测量速度快、精度高、信息量丰富、对文物无伤害等特点。

（2）近景摄影建模技术

基于照片影像的建模技术是近几年兴起的一种新技术，通过计算拍摄被测物体的数码照片中同一特征点的不同坐标位置，来确定空间三维关系，从而得到被测物体的三维模型。同时，因为其数据来源为数码照片，模型可被赋予真实的纹理贴图，所以迅速成三维空间研究领域的热点。

以下为本文实验选取的两个近景摄影技术软件，进行对比研究：

①Bentley Context Capture Center：通过Context Capture软件可将数码照片生成高分辨率的三维模型。此软件能处理非常大的数据量。对于较大型假山测绘来说，可通过连续环绕拍摄得到原始照片，输入软件后可自动捕捉假山每个特征点的空间三维关系，对特征点进行多视角匹配同名点，然后反向计算出每张照片的姿态角度和空间位置，从而确定整个模型的空间形态。

②3D Cloud：3D Cloud为适用于普通用户的免费三维建模软件。用户将拍摄的照片上传云端服务器，利用强大的云计算能力将上传的照片转换为逼真的三维模型，下载后即可得到三维模型。

（3）无人机技术的应用

随着信息技术及航空摄影技术的发展，低空无人机测绘及建模技术能够快速获取较大范围目标的形体、材质、环境等多方面的高精度影像数据，从而得到高精度空间三维模型。②相较地面设备，无人机技术弥补了测量范围和角度的短板，例如手持设备较难测量高处的物体，无人机则可以不受限制地进行高空拍摄。就假山测绘来说，由于假山空间的复杂性，加上植物等物体的遮挡，一些较隐蔽的假山空间不易被扫描到，利用无人机结合地面拍摄则可以弥补这一缺憾。但有些地区有空中管制，例如本次测绘对象所在的北京市区域就无法使用无人机，在此不再赘述。

---

① 薛彩霞，杨威，张璟. 园林三维数字化测绘研究与应用［J］. 现代测绘，2011（5）：53-55.
② 孙帅，张玲娣. 基于低空无人机遥感测绘技术的传统村落3D空间模型应用前景研究——以山西省段河村为例［J］. 华中建筑，2016（7）：118-121.

3．数字测绘实验（以北方工业大学校园假山为例）

（1）实验目的

以北方工业大学校园古柏园假山为例，利用两种测绘技术对假山进行测绘，以比较各技术的操作特点、技术优势、实现难易度，以及得到测绘数据进行精度分析比较，并总结各技术的应用场景。

（2）实验对象

本实验对象为北方工业大学校园内一处假山，利用不同数字技术对其进行测绘，以期得到数字三维模型并进行研究，以对比各技术在假山测绘方面的应用特点。

规模尺度：基座为一圆形池，直径约8.7m，假山高度约4.2m，假山以南为主观赏面，形成主峰、次峰、配峰的"三安"格局。

假山材料：主要由湖石、青石等石材构成。

周边环境：假山周边为平地，园内种植20棵古柏树及其他植物。

（3）实验设备

①笔者所用设备为FARO公司的Focus3D X330型号激光扫描仪，能够扫描最远330m的对象，测量速度可达976000点/s，测量误差可以控制在±2mm，并赋予每个点云以RGB色彩信息。

②近景摄影建模技术的拍摄相机参数为：像素1200万，f 2.2光圈，相机CMOS[①]尺寸为4.89mm。

（4）实验设计

以北方工业大学古柏园假山为例，首先使用激光扫描仪进行测绘。为得到完整假山点云数据，测量过程中需要在假山周围设置若干个站点以全面扫描假山，避免出现死角。同时设置若干相位球用于软件后期拼合模型时统一参考坐标，每次扫描保证至少三个相位球能够被扫描仪扫到。经过观察，最终在假山周围设置五个相位球，在更换站点时，要保证至少三个相位球能被相邻站点扫描到，这样有助于减少

---

① CMOS为互补金属氧化物半导体（Complementary Metal Oxide Semiconductor）的英文缩写，是相机的核心成像部件。

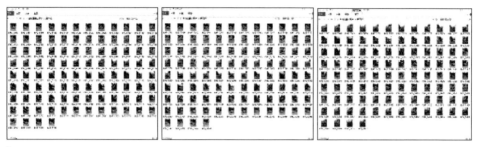

▶ 图17-4　拍摄测得三组照片

后期点云数据处理的误差。

其次，在同样条件下利用像素为1200万的相机对假山进行拍摄，为避免直射光线对数据的干扰，实验挑选有漫反射光线的阴天作为拍摄条件，得到以下三组照片数据（图17-4）。

导入后期软件分别对数据进行处理，得到模型，导入3Dmax软件中去除冗余部分，得到完整假山模型。在3Dmax中以得到的假山实验数据作为基准数据，再利用三维激光扫描和近景摄影技术分别对假山采集三组数据，得到三组模型，以此来对比各技术的精确性和应用特点等，处理流程如图17-5。

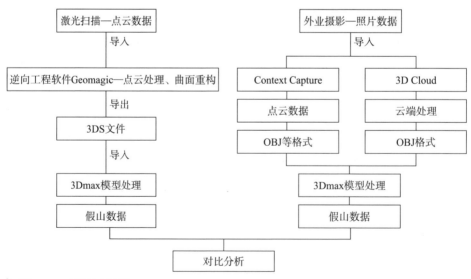

▶ 图17-5　实验处理流程

　　　　　　　　　望山览石——中国古典园林掇山数字化研究

（5）实验结果及数据分析

在得到假山模型后，利用软件去除周边树木等冗余，修剪模型使得模型体量相当，以软件中计算出的假山模型的三角网格面和顶点数量等数据作为模型精度参数，以此对比各种技术手段在假山测绘中的优势和特点。由于测绘原理不同，三维激光扫描的单点精度可达到毫米级，所以本实验以三维激光扫描结果为基准，比较各项数据的准确性（图17-6～图17-9）。

▶ 图17-6　假山实景照片

▶ 图17-7　三维激光扫描假山模型

▶ 图17-8　Context Capture假山模型

▶ 图17-9　3D Cloud假山模型

对比传统方式对于假山的描绘可以看出，传统方式较为简略，较难体现假山的三维空间。数字技术可以摆脱主观因素的影响，客观地展现假山的形态特征，空间信息丰富（图17-10）。

①模型数据分析

模型数据经过软件处理后计算得出各组模型参数（表17-1）。

▶ 图17-10

传统二维方式绘制的假山

图片来源：白雪峰. 数字化掇山研究［D］. 北京：北方工业大学，2015.

古柏园假山建模数据

表17-1

三维数字技术	组别	顶点数 （个）	三角网格数 （个）	表面积 （cm²）	体积 （cm³）	运算时间 （min）
三维激光扫描	—	6292561	12560729	1480722	28941905	—
Context Capture	第1组	262280	523656	1404233	26995325	152
	第2组	255567	510329	1458583	27395331	188
	第3组	226601	452219	1389972	27068062	205
	均值	248149.3	495401.3	1417596.0	27152906.0	181.7
	标准差	15481.5	31015.5	29561.2	173973.3	22.1
3D Cloud	第1组	419448	835635	1431646	29088137	134
	第2组	510703	1017667	1483217	27293954	162
	第3组	345275	685895	1403942	25169802	117
	均值	425142.0	846399.0	1439601.7	27183964.3	137.7
	标准差	67655.6	135659.0	32849.2	1601543.1	18.6

　　将计算得出的顶点数、三角网格数和表面积作为精度参考对象进行比较，并加入数据处理时间作为可操作性的对比参数。

　　三维激光扫描在精度方面优势明显，体现在相同体量内，数据上的顶点数和三角网格数越多，则可以表现的假山形态纹理信息越多。实验数据测得三维激光扫描得到的顶点数是3D Cloud软件均值的14.801倍，是Context Capture软件均值的25.357倍。近景摄影建模技术原理相同，通过计算机分析同一特征点在不同影像中的空间三维关系来得出模型数据，但对计算机配置和运算能力有较高的要求。3D Cloud运用云端技术处理数据，处理能力较强，体现在数据上为3D Cloud在模型顶点数、三角网格数和表面积方面均超过Context Capture软件，其中顶点数均值是Context Capture软件的1.713倍（图17-11）。

同理，三角网格数越多则可以表现的假山纹理转折越丰富。三维激光扫描测得的三角网格数是3D Cloud软件均值的14.840倍，是Context Capture软件均值的25.354倍；由于3D Cloud的云端优势，三角网格数均值是Context Capture软件的1.708倍（图17-12）。

由于精度越高，纹理信息越丰富，则精度较高的三维激光扫描技术测得的模型表面积也应该大于精度较低的软件。三维激光扫描测得的假山表面积是3D Cloud软件均值的1.028倍，是Context Capture软件均值的1.044倍。3D Cloud表面积均值是

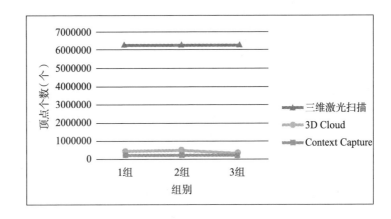

▶ 图17-11
各模型顶点数对比

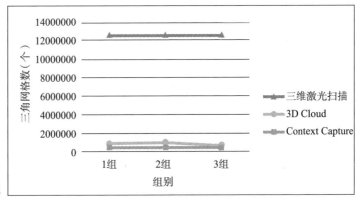

▶ 图17-12
各模型三角网格数对比

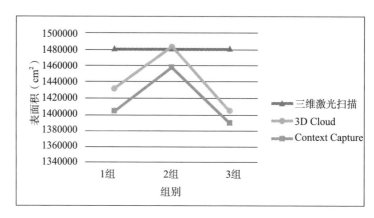

▶ 图17-13
各模型表面积对比

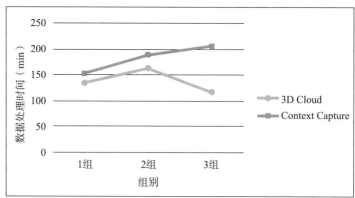

▶ 图17-14
数据处理时间对比

Context Capture软件的1.015倍数。同时可以看出，近景摄影建模技术由于数据来源是手持拍摄的照片，故拍摄过程中并不能保证数据的一致性，例如照片重叠度，连续性等，所以模型数据并不稳定，波动较大（图17-13）。

在软件后期运算时间方面，3D Cloud虽然处理的数据量较小，但依靠云端技术能够在较短时间内完成建模，平均运算时间是Context Capture的2/3，所以在处理较小的模型创建时，3D Cloud具有一定的优势（图17-14）。

经过对比，三维激光扫描技术在模型的顶点数和三角网格数量方面超过近景摄影建模技术，即在单位面积或体积内，可细分的面更多，体现的细节信息更加丰富，同时，丰富的细节使之表面积数值也较其他两种技术更大。可明显地看出三维激光扫描技术在细节丰富度方面远超其他两种技术，石头的纹理细节更清晰（图17-15~图17-18）。

▶ 图17-15　假山局部实景照片

▶ 图17-16　三维激光扫描模型细节

▶ 图17-17　Context Capture模型细节

▶ 图17-18　3D Cloud模型细节

②三维数字技术在假山建模过程中的一些问题

除了技术原理本身不同造成的精度差距外，笔者在实验过程中还发现，不论哪种技术由于拍摄角度遮挡或者软件后期算法不同都会造成最终得到的模型存在以下几种问题。

问题一：近景摄影建模技术很大程度上受到拍摄设备和拍摄条件的影响，假山的细小孔洞其实并未在模型中真实展现，而是以深色贴图模拟孔洞的空间进深，去除贴图后可以看到近景摄影得到的模型其实并未还原孔洞真实的形态（图17-19～图17-22）。

问题二：由于假山形态复杂、互相遮挡等原因，假山个别角落不易拍到照片，最终模型在个别死角较易出现破面的情况，影响模型的完整度。激光扫描虽然精度较高，但由于测绘位置和角度的原因，也存在盲区，局部也存在破面情况（图17-23～图17-26）。

▶ 图17-19　假山孔洞照片

▶ 图17-20　三维激光扫描模型孔洞情况

▶ 图17-21　Context Capture模型孔洞情况

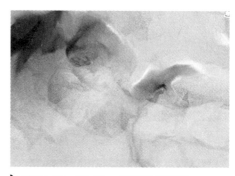

▶ 图17-22　3D Cloud模型孔洞情况

▶ 图17-23　假山局部实景照片

▶ 图17-24　三维激光扫描模型局部

　　问题三：在近景摄影建模的数据后期处理过程中，由于软件算法不同，局部没有拍摄到的地方软件会自动修补，因此所得模型存在局部面拉伸变形的情况，这也会影响模型的真实度（图17-27～图17-30）。

▶ 图17-25　Context Capture模型局部

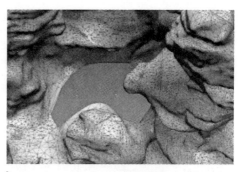

▶ 图17-26　3D Cloud模型局部

▶ 图17-27　假山局部实景照片

▶ 图17-28　三维激光扫描模型局部

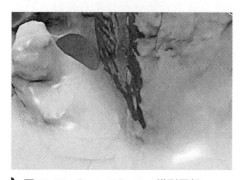

▶ 图17-29　Context Capture模型局部

▶ 图17-30　3D Cloud模型局部

③各技术可操作性对比

　　不同的数字测绘技术所需的测绘设备和实际操作过程也不相同，因此应对不同的测绘对象和场景选择适合的测绘技术，以下以本实验为例总结了不同技术的实际操作特点（表17-2）。

对比项	三维激光扫描技术	Context Capture	3D Cloud
测绘工具	Focus3D X330型号激光扫描仪、相位球、电脑	高像素手机、相机	
仪器规格	240mm×200mm×100mm，重5.2kg	138mm×67.1mm×7.1mm，重约150g	
电力供应	4.5小时	约10小时	
工作条件	5～40℃	0～35℃	
工作局限	受测绘假山本体周围环境制约和仪器架设要求，不可避免出现死角，但不受光线影响	比较灵活，但假山本体较大、较高或者周边环境树木等干扰较多时存在拍摄死角，连续性和重叠度难以保证	
外业工作	激光扫描测绘，2小时/多人操作	影像拍摄，0.3小时/1人操作	
内业工作	点云数据拼接合并、去噪滤波、三维建模	本地计算机自动建模	网络云端自动建模
成果数据	原始点云数据、原始影像数据、精细三维数据	OBJ、STL等格式的不同精度的三维模型	OBJ格式模型，精度可选

在应用方面，考虑到数据处理能力和精度等因素，笔者总结了两种测绘建模技术的应用场景。

场景一：三维激光扫描技术在精度方面较之近景摄影建模技术有着较大的优势，假山的任何空间甚至孔洞都会被真实地记录下来，而且不受环境光影的影响，同时还可记录RGB色彩信息。因此利用三维激光扫描技术得到的假山三维模型几乎可以完全真实地记录假山的空间信息，为假山的测绘研究提供了极大的便利，提高了测绘的准确度。但激光扫描设备价格昂贵，同时仪器较大、较重，需要配合现场多个相位球操作，难度较高。

场景二：近景摄影建模技术除了具有传统测绘技术不具有的优势，对比激光扫描技术，还具有以下特点：数据来源方便，通常只需高像素的相机即可满足要求，资金投入较低；操作难度较低，在得到数码照片后，通过软件可自动生成三维模型，无须人工干预；受制于设备及被测文物的复杂空间影响，激光扫描通常只能在地面作业，较难获取较大体量物体的顶面信息，而近景摄影建模技术利用拍摄设备则可以灵活地对被测对象进行数据采集，从而得到完整的三维模型。

3D Cloud软件运用强大的云端技术处理照片数据，可得到精度较高的模型，但受限于用户数量和网络情况，3D Cloud目前仅支持上传100张数量的照片用于建模，而且模型格式单一，仅能生成OBJ格式的文件，目标建模对象大多为小物品，其针对用户也是普通民众，在应对本文实例中的小型假山时尚可得到模型，但倘若想应用在大型假山中则需要处理能力更强的软件技术。因此在应用方面，根据不同的对象选择相应的处理方式会提高效率。

Context Capture软件依靠本地计算机处理数据，因此没有数据量的限制，可应对大型场景，可处理大型假山的模型，纹理更加接近真实，精度比3D Cloud略低，但可以选择输出多种格式的模型文件，有利于对接后期不同处理软件用于继续研究。

（6）结论

本实验以北方工业大学古柏园假山为例利用三维数字技术进行测绘实验，得出以下结论：

①三维激光扫描技术和近景摄影建模技术均可应用于园林假山测绘研究中，得到假山数字三维模型，以解决假山形态复杂无法测绘的问题。

②测绘精度方面，三维激光扫描技术所得模型的顶点数和三维网格数等数据均超过近景摄影建模技术，测绘精度较高。近景摄影建模技术由于数据处理方式和设备不同等原因精度也存在差距。

③两种三维数字技术在假山测绘中均会受到复杂测绘环境的影响，假山体量巨大或者空间形态复杂的原因也使得测绘出现了存在死角、拉伸变形等问题，一定程度上影响测绘结果的完整度和准确性。

④可操作性方面，近景摄影建模技术利用手持拍摄设备即可采集数据，三维激光扫描仪设备较大，需要多人协助完成测绘，可根据不同测绘对象选择适合的测绘技术。

4. 结语

三维数字测绘技术的发展为古典园林的研究提供了新的工具和思路，相较于传统的测量方式，三维数字测绘技术具有的优势能够解决假山这种园林要素测绘难的问题，主要有以下方面：

①在无接触的情况下快速、准确地得到假山的三维模型，解决了假山形态复杂无法测绘的问题，为假山研究提供了新的手段和方式。

②三维数字技术大大扩充了假山研究的手段，对已有的理论研究成果进行验证分析，有利于假山艺术的研究、传承和发展。

③三维数字技术也给相关从业者带来新的展望，利用3D打印技术制作不同比例的模型，为假山空间的研究提供了更多方式（图17-31）。

三维数字技术使我们能从一个新的维度去分析和研究古典园林要素，尤其是古典园林假山这类非规则要素的空间关系，突破了原有研究方式的瓶颈，以此推动古典园林假山的研究和发展。

▶ 图17-31　利用3D打印技术制作的古柏园假山模型

本文以英文题目 "The Comparison of Several 3D Digital Techniques Appplied in Rockery Surveying and Mapping: A Case Study of North China University of Technology" 发表于《Journal of Landscape Research》，2018年第5期，28-34页。

项目名称：北京市（市级）人才培养模式创新试验项目—建筑学卓越人才培养（项目编号：PXM2015-014212-000022）。

18

香山静宜园假山空间数字化研究

温 宁

1. 假山数字化建模及基础数据统计

通过三维激光扫描和近景摄影测量技术对所选假山进行扫描后得到假山多站点点云数据，通过计算机拼接处理得到假山的完整三维模型数据（图18-1~图18-5）。

▶ 图18-1

假山数字化测绘流程图

▶ 图18-2　水泉院龙王殿假山三维模型点云

▶ 图18-3　璎珞岩主山三维模型点云

▶ 图18-4　听雪轩池山三维模型

▶ 图18-5　香山寺后苑区大假山三维模型点云

　　通过三维数字技术得到假山实例的三维模型后，将其导入三维逆向工程软件中进行数据处理、曲面重构及模型精度处理等操作，形成扫描假山的完整模型，得到假山的平面图、立面图和剖面图等图纸，不仅真实地反映假山的体量和与建筑的空间关系，也最大限度地保留了假山的纹理特征，避免了人为描绘的主观性干扰（图18-6～图18-9）。

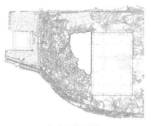

（a）平面图

（b）主立面图

▶ 图18-6

水泉院龙王殿假山

（c）剖面图

（d）三维等高线抽取

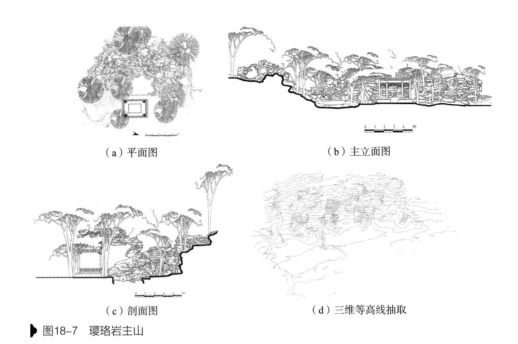

（a）平面图　　　　　　　　　　　　（b）主立面图

（c）剖面图　　　　　　　　　　（d）三维等高线抽取

▶ 图18-7　璎珞岩主山

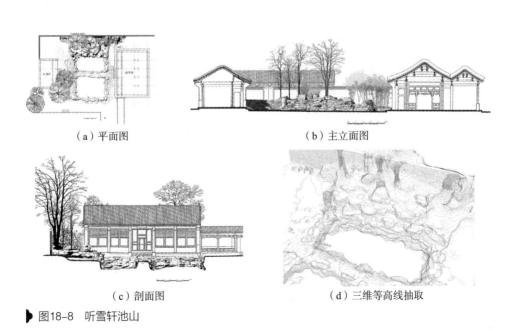

（a）平面图　　　　　　　　　　　　（b）主立面图

（c）剖面图　　　　　　　　　　（d）三维等高线抽取

▶ 图18-8　听雪轩池山

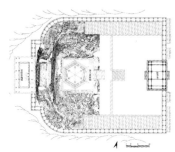

（a）平面图

（b）主立面图

（c）剖面图

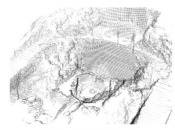

（d）三维等高线抽取

▶ 图18-9　香山寺后苑区大假山

图片来源：三维模型为香山寺修复前激光扫描所得；
假山平面图、立面图、剖面图中的建筑单体测绘图改绘自北京建工建筑设计研究院静宜园测绘图纸。

　　在计算机中利用软件对假山模型的各项数据进行读取测量，得到假山空间的基础数据。运用三维数字扫描技术使数据准确度更高，图纸的输出更加完整，同时在不接触假山的情况下，真实准确地测量假山空间数据，避免了对假山文物的二次破坏，大大提升了测绘工作的效率（表18-1）。

静宜园观赏假山基础数据统计　　　　　　　　　　　　　　　　表18-1

假山 实例	假山 横向跨度 （m）	假山 纵向跨度 （m）	假山高度 （m）	背景建筑 高度 （m）	背景植物 高度约 （m）
水泉院龙王殿 假山	16.71	12.07	3.88	7.57	17.36
璎珞岩主山	19.74	8.32	5.25	—	22.7
听雪轩池山	14.51	6.66	1.82	—	10.63
香山寺后苑区 大假山	42.62	26.12	20.80	32.42	28.48

在得到所选观赏假山的基础数据之后，对数据进行进一步分析，得到假山的长宽比和宽高比。这一数据分析不仅揭示了观赏假山自身的空间特征，同时也将用于后文观赏假山的视知觉研究（表18-2）。

静宜园观赏假山基础数据分析

表18-2

假山实例	长宽比	宽高比
水泉院龙王殿假山	1.38	4.31
璎珞岩主山	2.37	3.76
听雪轩池山	2.18	7.97
香山寺后苑区大假山	1.63	2.05

在所选假山案例中，听雪轩池山是较为典型且特殊的一类，与碧云寺含青斋类似，形制规模相近，属于庭园池山一类，都是将假山置于庭园之中，前后建筑之间以石桥相连。在这样比较局促的空间中，不宜设置高大复杂的假山，否则会使院内空间拥挤，这也是听雪轩池山高度较矮、宽高比数值突出的重要原因。除听雪轩池山之外，水泉院龙王殿假山和璎珞岩主山形制类似，都是背靠建筑而设，隔以水池，假山高度相近，分别为3.88m和5.25m，宽高比分别为4.31和3.76，而香山寺后苑区大假山高度达到20.80m，宽高比数值降为2.05，随着假山高度的增加，假山宽度并未明显增加。究其原因，一方面是由于不同环境限制造成的；另一方面，若假山宽度随着高度增加，会超出人眼的视域区间，因此，为了达到良好的空间效果，将假山的景观面控制在合理的范围内，只能在竖向空间上有所发挥，从而形成灵活多变的假山空间类型。

2．静宜园观赏假山空间视知觉分析

视觉是人类获取外部环境信息的最基本也是最重要的手段和方式，外部环境通过不同尺度空间的对比和变化，借助人的视觉、听觉和嗅觉等感官作用，给人以不同的感受和反馈。根据人的视觉生理特性，外部空间环境可以划分为三个空间级别：宏观尺度、中观尺度和微观尺度。①宏观尺度，一般指城市规划角度的城市空间尺度给人的总体空间感受，这种尺度的空间感受较难把握。②中观尺度，指公共空间中能够给人的活动带来舒适和放松感觉的空间尺度，如广场、公园、街头绿地等。③微观尺度，指人在亲密关系中或者个人活动空间的范围尺度，在微观尺度下，便于人与人进行对话或者视觉交流，同时外界实体空间的变化也会对人产生明显的影响。因此，中观和微观尺度是园林中空间组合变化最丰富、给人感官刺激最多的尺度范围，也是园林设计师和营造者关注的重点。

园林空间由许多要素组成，有些景观可以在指定的位置观看，即视点，在视点位置从确定的方向看到的景观称为静态景观。视点是静态观赏活动的关键，视点的设置与三个因素有关，即基面、高程、视线方向。"基面"的位置设置决定了游人所处位置和园林要素的相对位置关系；"高程"决定了视点的俯仰关系；"视线方向"决定了景观方向和视线分布，确定了景观面的范围。园林中的静态观赏点主要由建筑构成，一般为亭、台、轩、榭和楼阁等，或者明确的开阔场地、路桥中心等。

（1）假山水平方向的视觉尺度控制

根据人眼视觉特性可知，在平视时，人眼的视距大约为25m，在这个范围内可以看清物体细节信息，也是识别人脸的最大距离，同样，这个距离也是人与人发生交往活动、互相引起关注的可能距离。日本建筑师卢原义信和美国城市规划理论家凯文·林奇也都提出了相似的理论，认为25m的距离范围内容易产生生动的空间感，也是形成宜人环境的距离，在70～100m的距离之间，人眼可以确认事物的形象和结构，可以辨认他人的行为动作，芦原义信称这个距离范围为"社会性视域"。当视距达到250～280m时，人眼可以大致看清事物轮廓。而超过500m时，人眼可以根据已有的影像记忆辨认物体的轮廓，超过1200m后，所看到的物体仅仅保留一定的外轮廓。

为了研究所选观赏假山水平方向的视觉尺度，笔者利用扫描后得到的水泉院龙王殿假山、璎珞岩主山、听雪轩池山和香山寺后苑区大假山三维模型，得到所选视点到假山水平方向视距的数量关系并加以分析。在此要说明的是，假山空间复杂，对于正面观赏的人来说，并没有一个确切的视点作为测量中心，因此，笔者将假山观赏面进行网格划分，采集等距离的5个视点的视距作为数据采样，计算得到平均视距作为数据依据，尽可能做到数据的准确。所选观赏假山实例的观赏点统计数据如表18-3～表18-6所示。

水泉院龙王殿假山水平视觉尺度统计 表18-3

观赏点	被视点	平均视距（m）	视角（°）	假山高度（m）	背景建筑高度（m）
试泉悦性山房	龙王殿假山	8.83	101	3.88	7.57

注：视点高度以1.7m正常人计算而得，站立时视点高1.6m，坐时视点高1.1m。假山水平视距的测量以选取5个随机视点取平均值而得。

璎珞岩主山水平视觉尺度统计 表18-4

观赏点	被视点	水平视距（m）	视角（°）	假山高度（m）	背景建筑高度（m）
清音亭	璎珞岩主山	9.44	112	5.25	—

注：视点高度以1.7m正常人计算而得，站立时视点高1.6m，坐时视点高1.1m。假山水平视距的测量以选取5个随机视点取平均值而得。

听雪轩池山水平视觉尺度统计 表18-5

观赏点	被视点	水平视距（m）	视角（°）	假山高度（m）	背景建筑高度（m）
韵琴斋	听雪轩池山主山	—	132	1.82	—
听雪轩		—	123		
石桥中心		9.03	80		
池山东岸		20.08	42		

注：视点高度以1.7m正常人计算而得，站立时视点高1.6m，坐时视点高1.1m。假山水平视距的测量以选取5个随机视点取平均值而得。

香山寺假山水平视觉尺度统计 表18-6

观赏点	被视点	水平视距（m）	视角（°）	假山高度（m）	背景建筑高度（m）
眼界宽	香山寺后苑区大假山	39.63	62	20.80	32.42

注：视点高度以1.7m正常人计算而得，站立时视点高1.6m，坐时视点高1.1m。假山水平视距的测量以选取5个随机视点取平均值而得。

王其亨先生在《风水理论研究》"风水形势说和古代中国建筑外部空间设计探析"一文中曾以紫禁城为例作了细致的说明，分析了紫禁城从建筑单体空间到形制布局都遵循了"千尺为势，百尺为形"的规律。而在香山静宜园中，受制于山地空间的制约，各景观之间相对独立，就本文研究的观赏假山案例来说，单独的景观均体现"百尺为形"的空间特点。

在平面尺度方面，从前文的假山基础数据可以看出，各假山面宽即横向跨度分别为：水泉院龙王殿假山16.71m，璎珞岩主山19.74m，听雪轩池山主山14.51m，香山寺后苑区大假山由于被蔷薇香林阁一分为二，总跨度为42.62m，两侧平均跨度为21.31m。而从视距尺度来看，从观赏点到水泉院龙王殿假山平均视距为8.83m，从观赏点到璎珞岩主山平均视距为9.44m，听雪轩池山东岸到听雪轩池山主山的平均视距为20.08m，石桥中心到听雪轩池山主山的平均视距为9.03m，眼界宽香山寺后苑区大假山平均视距为39.63m，以上数据均在"百尺"的控制范围内，同时在这一视距范围内的景物也最能够体现外部空间中材质、高差的节奏变化，在假山空间中，即最容易体现假山的高度变化、进深变化以及材质、纹理、颜色的变化。

在水平视角方面，通过数据分析可以发现两个层级。第一，以水泉院龙王殿假山、璎珞岩主山以及听雪轩池山为代表，视角在100°～130°范围内，其中以试泉悦性山房、清音亭、韵琴斋和听雪轩为视点的假山视角分别为101°、112°、132°、123°，根据人的最大视角为120°可知，在这一视角控制范围内，视距控制在较小范围内，假山景观面占据人的整个视域范围，能够较大程度地突出展现假山的空间特征，视觉感受得到提升。第二，以香山寺的眼界宽、听雪轩的石桥中心和池山东岸为视点的假山视角分别为62°、80°、42°，均控制在60°范围上下。根据人眼的最佳水平视角为60°可知，在这一视角范围内人能够在固定姿势时获得清晰的视觉形象和完整的构图效果，也是最佳的静态观赏视角，同时这一视角下的假山视距也相对加大，景深效果较好，有更多层次的景观要素纳入视野内，能获得更加丰富的视觉感受。

（2）视角、视距与假山高度的控制规律

人眼的生理结构使得人的观察活动具有一定的视角、视线和视域范围，在人的视觉活动中，不论是不同场景的组合画面还是单一视野下的画面均在进入人眼后，经过大脑的处理给我们留下或深或浅的印象。在园林空间中，人经过这些印象深刻的空间节点时，固定视线所达之处便是园林的视线焦点。在动态的视觉活动中，不同的空间形式、不同的空间衔接和过渡方式会造成空间体验的不同，而在静态的视觉空间中，被视对象的大小、距离、色彩、质感等因素都会给观察者以不同的心理和视觉体验。

根据人眼的视觉特性，一般认为，人眼在静止时，垂直方向的视角上方为50°，下方为70°，理想的垂直视角约为60°，上为25°左右，下为35°左右。当垂直视角超过45°时，所看到的景象将出现失真或者变形。芦原义信在《街道的美学》中明确对街道的宽高比作了界定，他认为视觉空间的宽度（D）与高度（H）比值在1~2左右是比较宜人的，$D/H=1$是空间视觉感受的转折点。当$D/H<1$时，所处空间存在较强的亲和力，也有可能存在较强的空间压迫感；当$D/H>1$时，空间开始出现分离、排斥的倾向（图18-10）。

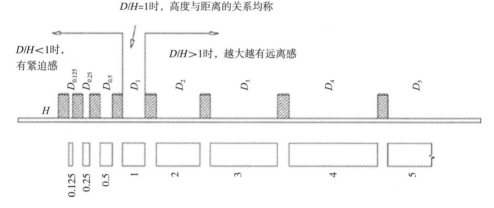

▶ 图18-10　芦原义信的D/H空间关系示意图

图片来源：芦原义信. 街道的美学［M］. 尹培桐，译. 天津：百花文艺出版社，2006.

对于园林中的假山来说，特别是观赏假山，其观赏面明确且固定，也有固定的观赏点，不论是从视距、视角还是视域来说，都考量了人的视觉特性，以实现造园者所设计空间的意图和想象。所以在固定的视觉环境下，垂直于视线的竖向环境画面的假山成为视觉的重点。在众多园林要素中，建筑不仅作为居住和停留的场所，而且常常成为静态观赏空间的停驻点，如亭、台、轩、榭等，有时停驻点也会是在路桥之间或者是开敞空地的中心位置。四个静宜园观赏假山的停驻点分别为：水泉院的试泉悦性山房、璎珞岩的清音亭、听雪轩石桥中部及池山东岸、香山寺眼界宽。从选定的观赏点出发，通过数字三维技术对所选假山进行扫描得到三维模型，并在计算机中测量得到竖向上视线的数据，进行统计和分析（表18-7）。

视角、视距与假山高度数据分析 　　　表18-7

假山案例	假山高度（含背景建筑）（m）	停驻点	视平线以上假山高（m）	水平视距（m）	垂直视角（°）	D/H
水泉院龙王殿假山	7.57	试泉悦性山房遗址	5.97	8.83	34	1.47
璎珞岩主山	5.25	清音亭	3.65	9.44	21	2.58
听雪轩池山	1.82	石桥中部	0.22	9.03	1.4	41.04
		池山东岸	0.22	20.08	0.63	91.27
香山寺后苑区大假山	32.42	眼界宽	30.82	39.63	38	1.28

注：视点高度以1.7m正常人计算而得，站立时视点高1.6m。

假山与建筑、水体、路径和植物组成了丰富的园林空间。在以假山作为观赏主体的情况下，其他园林要素的配合十分重要。在观赏假山的垂直观赏面上，水体一般以水池或者瀑布的形式存在，并不对假山垂直立面的观赏范围造成影响。蹬道、路径虽依附于假山，但更多的是在游赏假山中起到作用。植物是承托假山的背景，使视觉主体明确。建筑在观赏假山的垂直观赏面时起到不可忽视的作用。在所选案例中，水泉院龙王殿假山和香山寺后苑区大假山较为典型，其中水泉院龙王殿正居于假山之上，香山寺后苑区大假山以眼界宽为视点，视线所及经过蔷葡香林阁、水月空明殿，最后落在青霞寄逸楼。两个案例中建筑与假山共同组成了视觉主体。因此在垂直方向上，本文将假山与建筑的整体高度作为研究依据，探究假山空间的视觉性特征。而听雪轩池山较为特殊，其所在空间狭小，假山必然不能设计得过于高大，否则会使建筑空间局促，应以小巧玲珑的体量增加院落趣味性，故单看假山竖向的观赏尺度貌似偏离了D/H的比例关系，但从整体的院落关系来看，建筑高度与空间尺度依然遵循着D/H关系，因此听雪轩池山案例不具有代表性，在此不再赘述。

水泉院龙王殿假山的D/H值为1.47，垂直仰角为34°，瓔珞岩主山的D/H值为2.58，垂直仰角为21°，香山寺后苑区大假山的D/H值为1.28，垂直仰角为38°。在所得测量数据中，水泉院龙王殿假山和香山寺后苑区大假山的D/H值均处在1～2范围内，垂直仰角分别为34°和38°，属于较为理想的视觉尺度关系。而瓔珞岩主山看似D/H值超出了2，达到2.58，但在实际空间体验中我们可以发现，假山周边的高大油松等古树起到非常重要的围合作用，使得以假山为主体的空间感受依然控制在合理的范围内。同时，多层次的植物背景也增加了整体空间的丰富度。

从以上分析来看，香山静宜园静态观赏假山案例的空间尺度设置依然遵循着"百尺为形""外部模数"等基于视觉体验的空间理论，在视点的选择、视距的控制及假山的高度等方面互相制约、互相协调，同时注重假山与建筑、植物的配合关系。综合这些因素才能形成静态观赏假山的空间尺度关系。

3. 静宜园游赏假山空间特性研究

下文将针对静宜园游赏假山空间进行分析研究，所采用的研究方法借鉴了空间句法理论。空间句法理论将复杂空间简化为基本单元，研究内容并非空间本身的面积、距离、形状等性质，而是空间与空间之间的关系特征，以此对照研究这种空间关系特征对空间使用效率及感受等内容的影响和关联，在实际空间使用感受和空间客观实测数据之间搭建桥梁。

空间句法理论的起源和发展一直伴随着城市空间的研究，应用最多的也是城市级别的空间研究。传统古典园林的空间形式无疑复杂许多，众多的园林要素互相交错，空间界限的不确定性使得传统的研究方式难以准确分析其中的空间特性。但从空间构型的本质来说，影响人的活动并在带给人不同活动感受的过程中，起到重要作用的几个因素与城市空间构型的基本元素是一致的，因此，空间句法理论对于古典园林及其游赏假山的研究也具有一定的现实意义。

本文利用空间句法理论研究静宜园假山的目的可以概括为以下两点：①探讨空间句法理论在古典园林尤其是山地园林假山空间研究中的可行性；②将空间本身性质特征与多角度、多因素影响结合起来，避免空间句法理论的局限性，这样的拓展是空间句法理论在古典园林研究中尤其是假山空间研究中的一种创新和突破。

（1）静宜园游赏假山底图修正整理

经过与老照片比对及综合考虑假山保存现状、空间丰富度等因素，最终选择见心斋假山、碧云寺水泉院假山及香山寺假山作为研究对象，从周维权先生编写的《中国古典园林史》，郝慎钧、孙雅乐编写的《碧云寺建筑艺术》和香山公园管理处提供的《香山寺样式雷图档》中选取底图，经过实地调研，绘制假山游览路线图及轴线图（以下相关图纸均基于这三部著作改绘）。为保证数据的准确性和严谨性，关于轴线图的绘制，笔者在此要说明以下两点。①空间句法理论中对轴线模型的绘制要求是将总体空间分为最大化的凸空间（一个空间内部，任意两点可以互视的空间称为凸空间，英文为Convex Space），保持凸空间之间的连接关系不变，用最少且最长的轴线依次连接所有凸空间。②空间句法理论在城市尺度的空间研究过程中往往忽略了高差所带来的影响，但在较小尺度的假山空间中，高差是一个不可忽视的因素，甚至至关重要。高差会对游人的游览体验造成较大的影响，是假山体现空间特殊性的一个重要特征，因此本文考虑到假山空间的高差特殊性以及空间句法理论的适用性问题，决定在路径轴线的绘制方法上增加一条约定：在原有平面轴线的基础上，竖向空间每增加五级台阶即增加一条轴线，以此在空间句法理论实际应用过程中实现对高差因素的计算，同时也更符合人的游览体验。这样，平面上凸空间内较大的高差变化也会被如实记录并计算，既兼顾了不必要的转折，又保证了轴线在横向与纵向上与人的实际感知相一致，以计算机能够读懂的方式重绘了人的运动轨迹，保证了空间句法理论研究方法的适用性和计算结果的准确性。

在以上规则下，利用图纸结合实地调研并修正后，利用AutoCAD软件绘制得到三个游赏假山案例的路线图和轴线图（表18-8）。

游赏假山实例	路线图	轴线图
见心斋假山		
水泉院假山		
香山寺假山		

（2）静宜园游赏假山空间特性分析

在完成轴线图的绘制之后以dxf格式保存，导入Depthmap软件中进行数据分析研究，初步得到三个所选游赏假山案例的整合度图纸。整合度在空间句法理论中的意思即可达性，整合度高的可达性就好，这个数据的意义在于对静宜园假山空间中各节点之间的分布情况及连接关系进行量化对比。在得到整合度之后，通过空间拓扑关系图解将复杂空间简化。关系图解是拓扑结构图解的一种，排除了几何对象的形状、距离、高差等概念，仅概括出各空间之间的连接关系，能够反映空间的基本结构特征，是研究空间差异性最直观的方式之一。通过对整合度数据和空间拓扑关系图解的综合分析可以探讨假山空间结构与游览路线的内在关系，分析影响假山空间趣味性的主要因素（表18-9）。

所选游赏假山空间全局整合度和拓扑关系图解　　　　　　　表18-9

游赏假山实例	假山空间全局整合度图	假山空间拓扑关系图解
见心斋假山		
水泉院假山		

游赏假山实例	假山空间全局整合度图	假山空间拓扑关系图解
香山寺假山	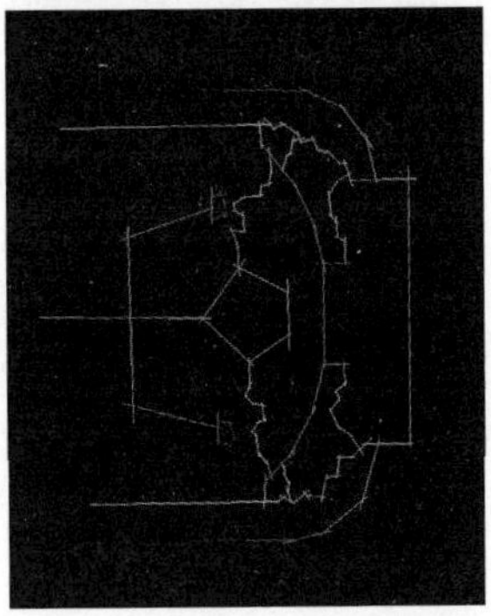	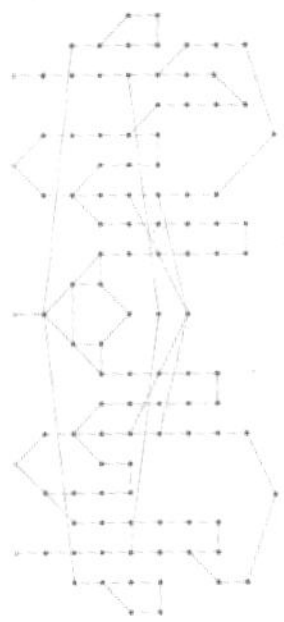

通过读图得到三座游赏假山空间全局整合度数值（表18-10）。

所选游赏假山全局整合度统计表　　　　　　　　表18-10

游赏假山实例	见心斋假山	水泉院假山	香山寺假山
全局整合度值	0.52	0.41	0.37

　　下面综合对比所选三座游赏假山空间全局整合度图、值以及空间拓扑关系图解，结合实际游览体验分析静宜园游赏假山空间特征。

　　从整合度图中可知，所选假山案例中，所有假山蹬道、盘道区域的轴线颜色均较暗，可达性较差，而在主要路径、空地上轴线颜色较亮，可达性较好。这一点可以从两个方面来解释。其一，主要路径上串联了各个局部的假山空间出入口，路径可选择性强，承载着游览活动中起始选择的角色，同时通过拓扑关系图解可以看出，假山区域局部路径均呈现环状，蹬道、盘道不论长短均直接或者间接地连接着主要路径的不同出入口，这一特点在游人游览的空间感受中有节奏变化，有主有次，空间体验丰富。其二，假山蹬道、盘道区域整合度低、可达性差的另一个原因是高差的明显变化，高差因素在绘制轴线图时加入考量，这一点也反映在了整合度图的颜色变化中。高差变化带来的另一个优势就是游览空间脱离了二维平面的限制，在三维空间中带来丰富的空间层次和体验。

假山空间全局整合度由高到低依次为：见心斋，水泉院，香山寺。见心斋全局整合度最高，即平均可达性最好，分析轴线图中可知，见心斋南、北、东均有进入假山空间的入口，这使得到达中心区的拓扑路径均较少，也即较易到达。水泉院相比于见心斋的一个特点就是入口数量的减少，仅有两个入出口且都位于南侧，进入游览区域后均无法离开。香山寺虽然整体来看入口较多，但稍加分析可知，香山寺呈对称布局，两侧假山并无直接联系，故从一侧假山来看，除了最外侧的爬山游廊之外，直接进入假山蹬道的入口只有两个，其中一个位于苍蓊香林阁一侧，位置较为隐藏，另一个位于砖踏跺尽端，且需要攀爬较高之后才能进入假山蹬道，而香山寺假山高差在三个案例中最大，达到30m，这使得蹬道轴线划分较细碎，这几个因素共同造成了香山寺假山空间可达性最差。

通过分析所选假山案例的空间拓扑关系图解可以看出，横向连接是提升整合度、提高可达性的一个重要因素。见心斋中部正凝堂区域横向连接路径较多，是整个区域的核心位置，而水泉院中部则缺乏横向的连接路径，路径虽多，但互相之间较为独立。香山寺因其布局对称，两侧假山无直接联系，故从一侧来看，路径设置同样较为单一，加上高差对比极大，在狭小的空间中营造了俯仰之间的强烈对比，与旁边的苍蓊香林阁也形成鲜明对比，同时突出了青霞寄逸楼的高高在上之感，这是香山寺假山空间可达性较差、趣味性较强的主要原因。

古典园林中假山的设计目的可以简单地总结为趣味性或神秘性的营造，通过假山复杂空间的设置使得人无法对空间有整体的把握，或者说增加了空间的丰富度。这在空间句法理论中有对应的研究值，即可理解度，意即人通过对局部空间的感知建立对整体空间结构特征的感知程度。举个例子，在空间开敞的广场中，人位于其中若能够对广场的形态、大小、距离有较为直接的把握，那么这种空间的可理解度就高，而在迷宫中，人并不知道下一个转弯是否有路口，也并不知道如何找到一墙之隔的人，这种空间的可理解度就低。

在空间句法软件 Depthmap 中，将全局整合度 R_n 和局部整合度 R_3 的数值建立坐标系，得到 R_n 和 R_3 的散点图来判断 R_n 和 R_3 的相关关系的强弱程度。通过在散点图中划定直线，校验节点存在相关关系还是离散分布，若节点能够回归到方程直线上，说明局部和整体之间关联性高。散点图的线性回归值用 R^2 表示，R^2 值（R^2 值在统计学中称为拟合度，用来研究两个变量相关性的大小）即为可理解度。

R^2值＜0.5拟合度低，相关性差，代表可理解度低；0.5＜R^2＜0.7代表拟合度较高，相关性较好，可理解度较高；R^2值＞0.7拟合度高，相关性好，可理解度高。在此需要说明的是，可理解度，以及选择R_3值代表人在假山空间中通过三个基本拓扑空间的移动对整体空间的掌握程度的高低，可用作判断假山空间的复杂程度。通过Depthmap软件可得到所选假山实例的可理解度数值统计表和R_n与R_3散点图（表18-11，图18-11）。

静宜园游赏假山实例可理解度统计表　　　　　　表18-11

游赏假山实例	见心斋假山	水泉院假山	香山寺假山
可理解度数值（R^2）	0.25	0.18	0.05

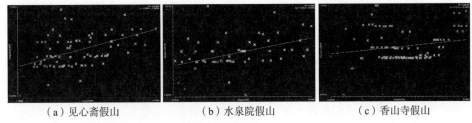

（a）见心斋假山　　　　　　（b）水泉院假山　　　　　　（c）香山寺假山

▶ 图18-11　宜园游赏假山实例R_n和R_3散点图统计表

通过分析可知，所选见心斋、水泉院、香山寺假山空间R_n和R_3散点图节点分布较为分散，均无法回归到方程直线上，可理解度数值分别为0.25、0.18、0.05，均小于0.5，说明三个假山实例空间可理解度较差，代表游人均无法在三个拓扑空间内对整体空间有较好的把握和理解，也印证了古典园林"步移景异"的空间感受，与前文整合度的研究结果相符，再次论证了假山空间路径的复杂程度是造成园林空间趣味性和神秘性的主要原因。

（3）静宜园游赏假山空间的拓扑关系分析

前文分析了以静宜园为例的假山空间与多种园林要素在空间塑造过程中的关系，在同一园林空间中，多种园林要素相互包含，形成功能的多层次穿插，这种复杂的组合关系共同造就了中国古典园林的复杂空间体系。本节在空间句法研究的基础上进行拓展，从格式塔心理学理论的"图—底"理论分析多种园林要素在空间多重拓扑作用下对假山空间塑造的影响和作用。

格式塔心理学理论认为，从平面投影的角度分析，复杂的空间组合关系反映到我们作为分析基础的平面构成上，各要素的叠加现象呈现多层次的"图—底"关系。根据图形在拓扑变化下保持不变的性质，运用"图—底"关系建立分析框架，对园林中假山与其他园林要素所呈现的视距拓扑关系进行描述，运用设计图形学中的视觉结构大范围拓扑性质识别检测的方法，从视知觉的整体性角度达到获得平面构成拓扑性质的目的。基于此，在园林空间中的各要素之间、要素与整体之间以及要素的不同组合方式之间都存在着一定的规律性，即"图—底"互映关系，园林要素自身也存在着多层次的复杂拓扑叠加关系。因此本文从格式塔心理学的"图—底"理论入手，探讨多重拓扑关系在静宜园假山空间塑造中的作用。

经过对所选三个静宜园游赏假山实例中空间的分析，将空间拓扑构成关系进行统计（表18-12～表18-14）。

将空间句法应用于游赏假山的研究结论，对比"图—底"理论对游赏假山的统计结果，可以看出，假山空间的神秘性和趣味性与园林要素的空间拓扑复杂程度成正相关。见心斋假山空间可理解度最高，其空间拓扑类型在三个游赏假山实例中最少，且只存在二重空间拓扑类型。水泉院假山和香山寺假山空间可理解度次之，都存在二重和三重空间拓扑类型，其中水泉院假山中因有水的存在，在一定程度上增加了空间的拓扑类型和数量，使空间丰富度有所增加。值得一提的是，静宜园属于山地园林，不同于其他园林的最大特点就是竖向上的丰富变化，这一点在对静宜园中多个景观的感受方面也体现得非常明显。最具代表性的是香山寺，眼界宽之后，视野豁然开朗，后苑区蔷薇香林阁区域的大假山在竖向上高差极大，从蔷薇香林阁两侧起势，至青霞寄逸，顺山势而上，蹬道回环曲折，左右爬山廊从底部延伸至青霞寄逸楼，蔚为壮观。两侧假山布局及路径设置虽然对称，但竖向的丰富变化使得假山峰回路转，在让游人体验到香山寺制式庄严的同时依然能够保证足够的趣味性。从"图—底"关系来看，多重拓扑关系尤其是三重拓扑关系比重较大。这一点在其他寺庙园林中较为少见，也是古典园林假山与宗教建筑结合的一个典范。

二重拓扑类型		
景观构成要素	假山—路径	假山—建筑
假山空间形式	山径、蹬道、盘道	山亭、山体建筑
假山实景　　1	见心斋西蹬道 	养源书屋半壁亭
假山实景　　2	正凝堂北蹬道 	正凝堂北山亭

景观构成要素	二重拓扑类型			三重拓扑类型
	假山—路径	假山—水	假山—建筑	假山—路径—水
假山空间形式	山径、蹬道	池山	山亭、山体建筑	桥、山涧汀步

		假山—路径	假山—水	假山—建筑	假山—路径—水
假山实景	1	洗心亭蹬道	洗心亭池山	今洗心亭	洗心亭遗址石桥
	2	弹拱台蹬道	龙王殿池山	清净心	龙王殿汀步
假山实景	3	龙王殿蹬道		弹拱台	
	4			龙王殿	

		二重拓扑类型		三重拓扑类型
景观构成要素		假山—路径	假山—建筑	假山—路径—建筑
假山空间形式		山径、蹬道、盘道	山亭、山体建筑	爬山廊
假山实景	1	香山寺假山盘道 	蒼蒼香林楼 	东西爬山游廊
假山实景	2	砖踏跺 	青霞寄逸楼 	
	3	山石洞 	水月空明殿 	

本文是硕士学位论文《香山静宜园假山空间研究》(北方工业大学，2018)的节选，导师：张勃、秦柯。

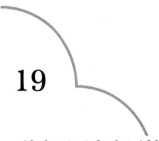

19

一种应用于皇家园林青石假山的数字测量与建模方法
——璎珞岩假山成果及展示

秦　柯、李雨静

1. 研究背景

　　叠山是中国传统造园中最重要和独有的环节，假山是叠山的重要结果，由人工利用土石等材料堆叠而成。假山的根本原则是"有真为假，做假成真"，即通过人工的手法将大自然中的山体进行表达，比真山更加概括与凝练。其构成方式多样，既可群组堆叠，也可单独成景。①

　　由于假山形态复杂多变，一直以来难以精准测量。古代仅能用绘画方式进行表达，近代以来人工测绘技术的发展为假山测绘带来了可能，出现了不少虚拟现实技术在风景园林设计中应用的成果。但假山测绘成果多依附于建筑，仅为概括性的二

---

① 王劲韬. 中国皇家园林叠山研究 [D]. 北京：清华大学，2009.

维勾勒，假山复杂的空间三维关系尚难以表达。^①

近年来，三维激光测量技术和倾斜摄影测量技术发展迅速，并较为广泛地应用于文物研究与考古等工作当中。^②三维数字技术在假山研究方面也有一些探索，如北方工业大学的张勃团队有较多的探索与尝试。^③古丽圆等人以颐和园假山为例进行数字测绘尝试，探讨了无人机测绘假山的可能性。^④喻梦哲等人以苏州环秀山庄与耦园假山为例，尝试以三维激光扫描与近景摄影测量技术采集假山信息，并对成果表达等进行了讨论。^⑤张青萍等人以遂园为例对私家园林所适用的数字测量方法和结果表达方式进行了探讨。^⑥胡洁等人以乾隆花园为例对皇家园林假山进行了多种测量方式的对比等。^⑦就目前的研究来看，针对假山的测量和表现还需要进一步探讨。以"三山五园"为代表的清代皇家园林是中国造园史上的代表作品，"三山五园"中的假山从体量、形态、内容和材料上来讲都独具特色，因此本文拟针对北京皇家园林中的青石假山案例作为研究目标，对其数字测绘建模方法开展讨论。

---

① 白雪峰. 数字化掇山研究［D］. 北京：北方工业大学，2015.

② 相关成果参见：张继贤，顾海燕. 关于新型测绘的探索［J］. 测绘科学，2016，41（2）3–10；魏薇，潜伟. 三维激光扫描在文物考古中应用述评［J］. 文物保护与考古科学，2013，25（1）：96–107；KUZMINSKY S C，GARDINER M S. Three-dimensional laser scanning: potential uses for museum conservation and scientific research［J］. Journal of Archaeological Science，2012，39（8）；KUZNETSOVA I, KUZNETSOVA D, RAKOVA X. The use of surface laser scanning for creation of a three-dimensional digital model of monument［J］. Procedia Engineering，2015，100；CHOI H J，CHOI I H，KIM T Y, etc. Three-dimensional visualization and quantitative analysis of cervical cell nuclei with confocal laser scanning microscopy.［J］. Analytical and Quantitative Cytology and Histology，2005，27（3）；DJORDJEVIC J，JADALLAH M，ZHUROVA I, etc. Three - dimensional analysis of facial shape and symmetry in twins using laser surface scanning［J］. Orthodontics & amp; Craniofacial Research，2013，16（3）；白成军，吴葱，张龙. 全系列三维激光扫描技术在文物及考古测绘中的应用［J］. 天津大学学报（社会科学版），2013，15（5）：436–439；吴育华，王金华，侯妙乐，等. 三维激光扫描技术在岩土文物保护中的应用［J］. 文物保护与考古科学，2011，23（4）：104–110.

③ 张勃. 对掇山建造模式与匠作工具的思考［J］. 新建筑，2016（2）：41–45.

④ 古丽圆，古新仁，扬·伍斯德拉. 三维数字技术在园林测绘中的应用——以假山测绘为例［J］. 建筑学报，2016（S1）：35–40.

⑤ 喻梦哲，林溪. 基于三维激光扫描与近景摄影测量技术的古典园林池山部分测绘方法探析［J］. 风景园林，2017（2）：117–122.

⑥ 张青萍，梁慧琳，李卫正，等. 数字化测绘技术在私家园林中的应用研究［J］. 南京林业大学学报（自然科学版），2018，42（1）：1–6.

⑦ 王时伟，胡洁. 数字化视野下的乾隆花园［M］. 北京：中国建筑工业出版社，2018.

2．使用三维激光扫描技术对假山的测绘实验

目前常用的数字化测绘技术可以分为三维激光扫描技术和倾斜摄影测量技术。其中三维激光扫描技术利用激光测距的原理，计算其中的时间差以得到观测距离。能够在无接触的情况下，精确高效地获得海量被测对象的点云数据。倾斜摄影测量技术是近几年兴起的一种新技术，其通过计算被测物体的数码照片中同一特征点的不同坐标位置，来确定空间三维关系，从而得到被测物体的三维模型。

（1）实验研究对象

以"三山五园"为代表的清代皇家园林假山材料主要有青石和房山石两种。这两种材料均来自北京郊区的房山。其中青石为沉积的细砂岩，形态多呈片状，表面纹理丰富，色彩纯度较高。青石假山以香山静宜园中的璎珞岩最为知名。璎珞岩为一组青石堆叠的假山，堆叠呈半圆形。整个假山群组由三部分组成，主山在绿筠深处之下，次山在瀑布、亲水平台之前，配山在主山东南方向，是一个独立的山峰。璎珞岩每组有至少三个以上的叠石，虽然叠石层数较多，但石块分布均匀，所有石块相互呼应。其周边有林立的古树，假山前有水池和清音亭等建筑。就假山的完整性与环境的复杂性而言，璎珞岩极具有代表性，故为本次皇家园林青石假山的案例之选（图19-1）。

▶ 图19-1　香山静宜园璎珞岩实景

（2）实验设备

实验的主要设备为FARO Focus3D X330，该仪器是FARO公司的一款相位式超长测量距离的高速三维扫描仪，它能够在阳光直射下扫描最远距离为330m的物体。利用集成的GPS接收器，方便数据的应用。设备参数如表19-1所示。

FARO Focus3D X330的主要参数 表19-1

名称	内容
型号	FARO Focus3D X330
重量	5.2kg
尺寸	240mm × 200mm × 100mm
测距	0.6~330m
测速	976000 点/s
激光等级	1级
波长	1550nm
测距误差	± 2mm
集成式彩色相机像素	70000000

（3）实验步骤

扫描计划根据瓔珞岩的形状特点及现有的条件制定，并结合实地扫描的结果不断地进行调整，主要包括数据获取、数据重建和二维图像生成三个步骤。首先进行数据获取，一定要保证数据的完整性，之后对点云模型进行三维重建，三维重建包括点云去噪、重建补洞与模型精简，同时对模型进行纹理映射。在此基础上生成一系列二维图像（图19-2）。

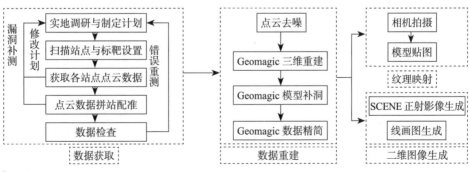

▶ 图19-2 实验步骤及路线框图

3．实验过程

（1）数据获取

①实地调研

进行实验数据测量之前一定要进行场地外部环境的观察与调研，了解场地的信息与场地中的有利条件和不利条件。在实地调研中我们发现，瓔珞岩处于地形较低的环境，相对于地形较高的环境，瓔珞岩的气候环境较适合测绘，因为风速较小，光照较弱，这就避免了一些不可控因素对实验的影响。但是瓔珞岩周围的树木较多，多以柏树等常绿乔木为主，可能会对扫描有一些干扰，所以我们没有选择夏季树木旺盛的时期去调研，而是选择秋季且光线较柔和的一天进行测量。然而测量时还是不可控地出现了许多杂点，同时植物对于测量有较大干扰，这些都要通过后期处理来解决。

②扫描仪站点设置与数据获取

利用三维激光扫描仪扫描研究对象的过程中，首先要布设扫描测站点。根据假山的高度与拐角设置扫描仪站点。除了要保证假山点云数据的完整度，达到无死角扫描，还要保证点云数据之间有一定的重叠度，重叠度为15%以上。本次实验在瓔珞岩周围设置14个站点。为保证站点的拼接，测量时采用FARO公司提供的标准圆球标靶。设置标靶的目的是用于软件后期拼合模型时提供统一的参考坐标，每次扫描保证至少3个标靶能够被扫描仪扫到。同时在更换站点时，要保证至少3个标靶能被相邻站点扫描到。本次实验在每个站点设置6~8个标靶。设置完扫描站点和标靶之后开始进行扫描。激光强度设置为默认设置，扫描分辨率设置为1/4的精度。研究对象光有精确的数字模型不足以体现假山的材质，需要用相对真实的色彩和纹理信息对数字模型进行纹理贴图，实验采用FARO扫描仪内置的600×1200分辨率的相机进行拍摄，每个站点扫描时长在20分钟左右。

③点云数据拼接与配准

站点扫描结束后，将数据导入与FARO扫描仪相匹配的专用软件SCENE，在SCENE中将点云数据进行拼接配准，并对拼接后的点云项目进行数据优化处理，完成后导出xyz格式的点云模型。此时配准的精度在±3mm左右（图19-3）。

（a）完整　　　　　　　　　　　　　（b）局部

▶ 图19-3　点云模型

（2）三维模型构建

点云数据除包含主体假山数据外，还包括周边环境的各类数据和其他干扰数据。因此，在假山三维模型构建中，需要对这些数据进行单独处理。步骤主要包括点云重建、三维模型构建与纹理映射等。

①点云重建

在本次实验中，采用Geomagic studio将SCENE软件中的数据导出成扩展名为xyz的文件打开并进行处理。为了保证假山轮廓的精确性，点云的抽析控制在50%，抽析将不参与三维建构的数据删除。并对点云进行去噪处理，去除一些干扰点，从而提高三维模型构建的精确性。该过程采用人工方法，消耗时间较长。

②三维模型构建

由于三维点云模型只包含测点的空间坐标信息且数据量巨大，不方便交流与展示，所以应将点云模型通过网格化重建，生成相应的三维几何模型。其步骤有封面、补洞、数据精简与模型重构。

对处理后的点云模型进行封面处理，封装为三角网格模型。由于假山形体复杂，加之一些不可控的因素影响，比如树木遮挡，风、光等自然环境，以及杂物的影响，这就导致了封面之后的模型与实际模型相比有一些误差和未封闭的面。这需要手动补洞，将缺损的面按照实际情况尽量复原。在实验中我们对自动补洞的方式进行了比较，采用自动处理和手动处理相结合的方式进行。在分次采用最合适的自动处理方式的基础上，将一些比较明显的漏洞进行修补，之后运用单独补洞与搭桥补洞的方法手动修补较复杂的漏洞，并且配合使用选择工具与删除工具。这是三维模型建构最重要和繁琐的环节。在完成补洞后，对三维模型和点云模型进行对比，控制误差后对三维模型进行重构和数据精简（图19-4）。

③纹理映射

纹理就是附着在网格模型表面的颜色信息，纹理映射就是通过建立模型各个顶点与图像像素间的对应关系来形成一个有材质的模型。具体的方法是应用上一步骤生成的三维模型，将模型调整到和照片对应的视角，再导入之前拍摄的照片，在模型和照片中选取多对符合上述特征的对应点，软件自动将照片映射到模型上。在模型上就形成与原有材质图案大致相同的纹理（图19-5）。

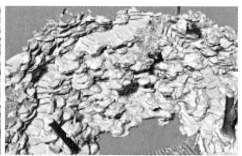

▶ 图19-4　璎珞岩假山的三维模型构建

（a）模型　　　　　　　　　　　　　　　（b）实景

▶ 图19-5　经过纹理贴图的模型与实景对比

（3）二维图纸的生成

三维模型可以直观表示所测绘的物体，但是有些时候也需要二维测绘图来更加准确地表达与分析所测区域的景观特征，同时弥补三维模型中的缺失，得到更加精确的图纸，方便之后的交流。制作二维测绘图的方法有两种：第一种是利用FARO SCENE进行正射影像的导出，第二种方法简称线画图法。

①正射影像图纸

本次实验利用FARO SCENE进行正射影像的导出。它利用的是经过纹理映射的点云模型，为点云的集合投影。具体操作步骤为利用SCENE对拼接完成后的完整点云模型进行切片处理，将得到的模型切片调整为不同视图查看，选择合适的角度进行正射影像的导出，一般导出图像的精度决定导出所用的时间（图19-6）。

▶ 图19-6　正射影像图纸

②线画图法

线画图法是一种应用绘图软件对三维模型导出图像进行处理的方法。它的具体操作步骤为：导出不同角度与方向的三维网格模型的二维图像（也可以进行剖切，导出剖面图像），将导出图像以插入光栅图像的方式插入AutoCAD中，用样条曲线或者多段线将石头及古建筑的轮廓线与特征线描绘出来，之后将图像与绘制好的线稿导入Photoshop中进行加工增效处理，得到最终的图纸（图19-7）。

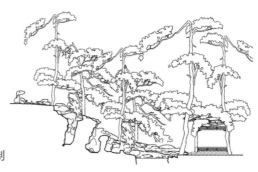

▶ 图19-7

璎珞岩假山二维图纸的生成与绘制

4. 实验成果分析

本次实验得到香山静宜园璎珞岩假山的数据与图像成果，主要包括三维网格模型、三维点云模型、正射影像图纸与二维线画图图纸。现从精度、耗时及其他方面对实验成果进行分析。

（1）三维模型

本次实验对点云模型和三维网格模型进行了精度验证与对比验证。点云拼接中的整体最大误差为–2.87mm，在实验设备本身所容许的误差范围内。点云模型与三维网格模型的整体最大误差为+1.97mm。因此本实验中采用的FARO Focus3D X330对璎珞岩假山的测绘精度是令人满意的（表19-2）。

三维网格模型优化后的数据情况   表19-2

模型名称	顶点数（个）	三角网格数（个）	表面积（m²）	体积（m³）	与点云模型的误差（mm）
璎珞岩	1427701	2791550	927.5579	176.3875	1.97

在点云模型优化的过程中，由于假山形体的复杂性，点云的抽析、降噪会对其边缘的特征点有一定的影响，从而影响三角网格模型的精度。实验表明，当点云抽析选择10%时，假山边缘的特征点有较为明显的损失，使得生成的三角网格模型更趋于平滑。由此可知，点云优化过程对假山三角网格模型的精度有重要的影响。

在假山山体的测绘过程中，假山本体的复杂性与周边环境的复杂性往往给测绘带来不利影响，如假山中的洞壑或罅隙较多或较狭窄，假山受植物、山石等物体的遮挡和其他环境条件的限制等。这些条件往往会使局部和一些细节存在缺失。这些缺失影响了补洞环节采用的方法和步骤，对假山模型的精度影响较大。因此，根据假山情况选择合适的测绘时间和方法就显得更具意义。

假山自身和环境的复杂性使得原本多变的自然光线条件更为复杂，加之无法在白天进行恒定补光，导致图像拍摄过程中的曝光、色温等条件都会发生显著变化，从而影响纹理映射的精确程度。因此，参考文物和考古领域的方法，即采用夜间恒定补光的方法更为精准，但这需要具备足够的条件来完成。

（2）二维图纸

本次实验得到了两种图纸，分别是正摄影像图纸与线画图纸。正射影像图纸导出的是模型的切片，可以选取不同的方向，导出的图像还有色彩，显得逼真、形象、直观、生动，能够反映出测量目标的外观线条、颜色和纹理，甚至园林植物的季节情况。虽然正射影像与照片很相似，但它可以表现出照片无法表现的部分，比如剖面图。影像图由于是应用数据量庞大的点云模型进行的操作，所以导出一张精度很高的图片会花费大量的时间进行计算。

线画图纸需操作人员对测量目标理解后进行二次表达，其制作的自动化程度低于影像图，精准度也因受操作人员人为影响较大而低于影像图，且测绘对象形体越复杂，两者差距越明显。但是线画图可随测绘目的和要求的不同来调整绘制手法和详细程度，其操作灵活度大大增加，工作效率也可随着操作人员绘图效率和技巧的提高而大幅提高。另外，就图的表达效果而言，线画图同样可以表达园中的空间层次和要素特征。

综上两种方法都有其特有的优点与缺点，选择什么方式进行图像的描绘，还要依据时间和操作人员对软件掌握情况等因素来决定。

5. 结论

经过一系列实验研究与结果分析，三维激光扫描技术精度高，测绘生成模型逼真生动，可以大大提高假山测绘的精确性，更加细致地体现假山的精细纹理以及复杂的空间结构，所得到的模型数据可应用于各种关于假山的研究，对于假山的复原、假山与VR技术的结合以及掇山方式的研究都具有很重要的意义。

但是也可以发现三维激光扫描技术的局限性，如会出现相互遮挡的不同物体难以区分、数据量巨大、工作效率过低等情况，所以利用其所获点云或影像进行表面模型构建的时候就会存在工作量大、操作复杂、模型残缺等问题，并且设备价格昂贵、重量大、搬运困难。另外扫描数据处理过程专业化程度较高，从数据获取到应用过程中需要掌握大量的知识及硬件、软件应用的技能。希望未来此技术可以克服这些局限性，简化数据处理过程，让测绘过程变得更加高效与方便。

本文以英文题目"A Digital Mapping Modeling Method Applied to Royal Garden Rockery"，原载于《World Scientific Research Journal》，2018年第8期，324–334页。

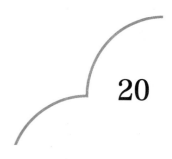

20

世界遗产保护框架下的假山保护内容初探

陈婉钰

自1972年联合国教科文组织颁布了《保护世界文化和自然遗产公约》以来，国际社会对世界遗产保护理念不断完善。在对世界遗产保护认识的不断深化过程中，人们的关注点逐渐从单独的遗产扩展到遗产所处的环境。世界遗产的生存环境是遗产价值不可分割的重要组成部分①，国外关于文化遗产"周边环境"的保护研究从18世纪末起逐渐受到重视，在20世纪实现了制度性的发展②。

我国于1985年加入世界遗产公约，1986年开始申报世界遗产，2007年当选为世界遗产委员会委员国。至2018年，我国共53个项目被联合国教科文组织列入《世界遗产名录》。其中以古典园林为主的有：故宫（沈阳故宫和北京故宫）、承德避暑山庄、苏州古典园林、颐和园，以上四项中均包含假山组合。此外，一些采用主景

---

① 张倩. 历史文化遗产资源周边建筑环境的保护与规划设计研究 [D]. 西安：西安建筑科技大学，2011.
② 李成岗. 论世界文化遗产周边环境保护的重要意义 [J]. 中国文化遗产，2016（2）：66–69.

突出布局方式的园林，如苏州环秀山庄、北海琼岛等，局部空间或以假山为主景，或以假山作为地形骨架，道路、建筑等的起伏、曲折皆以山为基础来变化。①

近年来，随着数字技术的普及，假山逐渐从定性研究向定量研究发展。在假山本体方面，世界对苏州环秀山庄运用跟踪检测与三维激光扫描技术，针对湖石假山由于树根原因导致的山体持续开裂问题进行了研究，为如何处理假山与植物"共生共荣"的问题提供了解决方案。故宫通过数字测绘、VR等技术得到了完整的乾隆花园三维模型。此外，故宫于2017年开始从测绘、物理、化学等多角度展开了假山的安全性检测，如2018年1月完成的乾隆花园假山安全性检测以及即将展开的宁寿宫假山监测项目。承德市文物局于2018年7月发布了《避暑山庄文津阁假山安全稳定性监测与评估项目比选公告》招标项目，该项目计划通过三维激光扫描和变形监测传感器对假山变形进行对比监测，对假山变形的原因和发展趋势进行研究。以上研究项目对假山的保护与监测有着积极作用。②

本文结合前人在假山保护方面的研究，通过分析世界遗产保护与文物保护行业标准，对假山保护内容进行探讨。

1. 关于假山保护真实性与完整性的思考

真实性和完整性是关于世界遗产的两个重要概念，《保护世界文化和自然遗产公约》的核心就是保持遗产的真实性和完整性。

---

① 参见材料：世界遗产中心官方网站；杨菁，吴葱，白成军等. 2012承德避暑山庄测绘及教学思考［J］. 建筑创作，2012（12）：204–211；孟兆祯. 风景园林工程［M］. 北京：中国林业出版社，2012.

② 参见资料：王时伟，胡洁. 数字化视野下的乾隆花园［M］. 北京：中国建筑工业出版社，2018；胡程鹤. 中冶建研院完成故宫乾隆花园鉴定项目［EB/OL］.（2018–01–15）［2023–07–19］. http://www.mcc.com.cn/mcc/_132154/_132572/506432/index.html.

（1）关于假山保护真实性的思考

《日本奈良真实性文件》中指出："想要多方位地评价文化遗产的真实性，其先决条件是认识和理解遗产产生之初及其随后形成的特征，以及这些特征的意义和信息来源。"

中国城市古典园林的真实性保护是文化遗产保护中的一个特例，其形成期与鼎盛期往往分属不同年代。假山作为古典园林中的组成部分，同园林自身一样，一直处于变迁之中，目前留存下来的部分大多不是某一特定历史年代所建成。假山的历史变迁过程往往难以考证。关于"在史料不足的情况下，如何对遗产进行保护与修复"一问，南京瞻园在保护修复方面的研究与实践为此提供了案例参考。南京瞻园的保护内容包括宋代花石纲、明代石矶、清代建筑、太平天国民国历史遗存及20世纪50年代南假山经典之作等；根据《瞻园图》及历史文字记载、诗歌和绘画等资料，根据瞻园历史时期的总体格局、地形、地貌及园内亭台楼阁等园林建筑形式完成了修复设计。

《日本奈良真实性文件》中对遗产真实性在原有（设计、材料、技术、位置）基础上扩展为七个方面，包括形式与设计、材料与物质、用途与功能、传统与技术、地点与背景、精神与感情以及其他内在、外在的因素。可以看出，对遗产真实性的理解从原有的遗产本体向遗产背景进行了拓展。

从掇山组成来说，分为土山、石山、土石山。从掇山流程来说，假山的基本结构组成包括基础、拉底、中层和收顶四部分。在不同环境中掇山，所用的技术手段也有所差异。例如掇山的基础部分，以石山为主，而山上又要配植较大的树木时，常在准备栽植树木的地方留白，与下层土壤相接。如果掇山是从水中堆叠出来的，则主山体的基础就应与水池的池底结构同时施工形成整体。如果山体是在平地上堆叠，则基础一定要低于地面至少20cm。如以土山堆筑，一般不作地基处理，但也有例外，如清代扬州瘦西湖中的小金山，由于地处湖中的砂质土壤而"屡筑不成"，遂"用木排若干层叠加土，费数万金乃成"。[①]因此，假山的真实性不仅局限于假山石本体，也包含对假山营造有直接影响的内外因素，对掇山不同情况下各种

---

① 王劲韬. 中国皇家园林叠山研究［D］. 北京：清华大学，2009.

因素的理解对假山保护有着积极意义。①

（2）关于假山保护完整性的思考

文化遗产所处的生存环境对遗产完整性有着重要意义。《佛罗伦萨宪章》与《实施世界遗产公约的操作指南》（简称《操作指南》）中对世界文化遗产的完整性进行了说明。1981年《佛罗伦萨宪章》第十条指出：在对历史园林或其中任何一部分的维护、保护、修复和重建工作中，必须同时处理其所有的构成特征。把各种处理孤立开来将会损坏其整体性。例如，所有假山基槽的深浅，桩木的长短、粗细都与假山的高度、支撑形式以及土质的坚实程度有关。由于假山基础部分的土质等外界因素与假山主体相互关联，对假山本体进行保护工作时，需结合基础土层的研究将各方面的构成特征同时处理。例如，通过科技手段对恭王府滴翠岩假山地下土层进行的科学物化分析、对颐和园万寿山岩石进行的物理性质力学试验研究及对假山周边环境进行的研究。②2015版《操作指南》第92条指出："……包括保持遗产美景的必要地区。例如，某个遗产的景观价值在于它的瀑布，那么只有将邻近的积水潭和下游地区同保持遗产美学价值密切相连、统一考虑，才能满足完整性条件。"同理，在探讨假山的遗产价值时，将假山邻近的园林环境和城市空间同保持假山价值统一考虑，才能满足完整性条件。

计成在《园冶》中写道"相地合宜，构园得体"。假山作为古典园林的重要组成，在营造之初"环境"便已成为重要因素。孟兆祯院士在《风景园林工程》中归纳的七条掇山手法中，"山水结合，相映成趣""相地合宜，造山得体""巧于因借，混假成真"三条分别从山与自然的关系、假山与园址的关系以及假山与真山的关系方面对环境与掇山的关系进行了进一步的解释。如避暑山庄中模拟名景的"烟雨楼""小金山"，虽仿嘉兴烟雨楼、镇江金山寺，但具体处理又必须考量立地条件。因此，假山保护不能仅局限在假山本体，同时应向假山周边环境和所处城市、园林、山林等地点进行扩展，考虑假山周围的物质环境与自然环境对假山的影响。

---

① 参见资料：周燕，朱道萱. 坚持历史性、真实性与完整性——以恢复瞻园历史风貌扩建工程为例［J］. 中国园林，2016，32（3）：11-15；张成渝.《世界遗产公约》中两个重要概念的解析与引申——论世界遗产的"真实性"和"完整性"［J］. 北京大学学报（自然科学版），2004（1）：129-138.

② 张壮. 恭王府花园水系及水景观修复实践［J］. 古建园林技术，2004（3）：33-62.

2. 假山保护中的"本体"

（1）对假山本体的理解

假山包括掇山和置石两部分，且因材料不同又分为土山、石山和土石相间的山。为对假山保护内容进一步区分，笔者讨论的假山本体为"人工堆叠的山石"并包括与其结构相关的砂浆、铁件等部分，其他因素在"环境"部分中进行探讨。

对于假山本体的保护，在结构方面，假山与砖石砌体有相似之处。在物质方面，石质文物相关研究对假山本体保护有着参考与借鉴的意义。石质文物是"以天然石材为原材料"；石质建筑物及构筑物是"采用石材作为构建材料"；石砌体是"用石材和砂浆或用石材和混凝土砌筑成的整体材料"。石质文物与假山物质组成相近，且已有大量研究。在石质文物保护相关规范中，规定了不可移动石质文物保护工作中，测绘、调查、勘探、取样、测试分析及报告编制等工作的技术要求。在石质文物的预防性保护研究中，常利用无损检测或微损检测技术对岩石的病害原因、风化机理、劣化程度、健康状况等进行评估。相关研究对于假山保护有着参考与借鉴意义。[①]

（2）假山本体保护内容

假山由天然石材组成，连接处辅以砂浆，偶有铁件。《操作指南》第89条从物质角度对文化遗产保护进行了说明："其物理构造和/或重要特征都必须保存完好，侵蚀退化也得到控制。"

从材料角度来说，假山所用石材种类不同，有黄石、青石、湖石、英石等。进行预防性保护时需针对所用不同石材的风化特点，分析病害原因。叠山的胶结和拓缝在各个时代用料侧重不同，主要有白灰、青白、油灰、草灰（纸巾）、糯米灰、盐卤和现代水泥砂浆等材料。如宋代假山胶结材料主要是白石灰、青石灰、合黄灰；清代以后多用草灰替之；明代以后开始出现白灰、细砂和糯米汁混合的灰浆等。因此，对假山进行保护时，不同时期材料的选择以及其中蕴含的时代背景信息是保护的重要内容。

从结构角度来说，叠山时会对山石接缝处进行胶结、拓缝，以增强山石整体感

和连合度。但山石与山石之间的平衡稳固依靠的是相互叠压"前悬后坚"之法，拓缝只是弥合缝隙，并无平衡之功。因此对假山稳定性的保护是假山结构保护的重要内容。同时对不同结构在营造时意图的保留也是体现真实性的重要部分。

从技艺角度来说，在营造方面，影响因素有风格，如南派、北派等；元素，如石刻、碑文等；形态，如峰、峦、岭、岗、壁、岩、谷、壑、洞等。且假山由于石料自然属性的限制，其大多数情况下只有一到两个观赏面，其他面都将作为叠合面掩盖在山体之中。因此对假山保护时应对观赏面加以区分。

因此，假山本体的保护需根据不同的石材、风格、元素、形态等进行分析，其能体现完整性、真实性的部分是重点保护内容。

3. 假山保护中的"环境"

（1）对假山环境的理解

文化遗产环境不仅包括周边的物质环境，还包含自然环境以及"过去的或现在的社会和精神活动、习俗、传统知识、用途或活动，以及其他无形文化遗产形式"[1]。

在假山营造中，存在一些与假山有着间接影响的环境因素。如寄畅园借惠山于园内作为远景、颐和园后湖在万寿山北隔湖造假山等案例中，其周边环境中的真山、水体对假山营造有着重要意义。假山保护时应明确假山营造与其所处地理位置的关系，对影响假山空间感受的外界因素加以关注。虽然在人居环境中，假山所处的地理位置对其自身有着深远影响，但由于离假山较远，不列入本文"假山保护内容"范围。现对假山保护中假山空间所包含的环境因素进行探讨。

（2）环境保护内容

叠石造山首在布局，需根据场地条件、山池位置，决定假山的位置、形状与

---

① 张松. 城市文化遗产保护国际宪章与国内法规选编［M］. 上海：同济大学出版社，2007.

大小高低。一些环境元素对假山设计意图有着直接的影响。如在北京恭王府花园入口一带，假山起到障景的作用，对园内主建筑来说起到框景作用。颐和园仁寿殿和昆明湖之间的地带，用土山带石的做法堆了一座假山，这座假山在空间上起到了将宫殿区和居住、游览区分隔的作用，同时结合了障景处理，这里的宫殿、居住建筑的功能同假山功能密切相连。因此，假山保护时应考虑假山与其周边环境之间的关联，如体现假山在园林中障景、对景、背景、框景、夹景等营造手法的视线通廊，及其涉及的建筑及其他环境因素，是假山环境保护内容的重要部分。笔者将此类与假山没有直接接触的环境元素归为外部环境。

一些环境元素对假山物质本体有着直接的影响。常见的有假山石与土的关系，如颐和园的桃花沟和画中游等处以及颐和园龙王庙土山上的散点山石，无锡寄畅园西岸的土山等，都是用本山裸露的岩石为材料，把人工堆的山石和自然露岩相混布置。有假山与植物的关系，如苏州环秀山庄湖石假山上的古树、圆明园正大光明假山中的土壤与生长的植物、树木。有假山与水体的关系，如颐和园璎珞岩等处的流水系统、后溪河的驳岸等。有假山与建筑的关系，如故宫堆秀山上的亭子、琼岛西坡琳光殿南室内假山"一房山"、扬州何园的贴壁假山等。这类与假山本体有直接接触的"自然露岩""山体""土壤""植物""水体""构筑物"等，对假山空间营造有着直接影响，笔者将此部分影响因素归纳为假山保护中的内部环境，算作假山空间的一部分。

4. 假山保护内容

综上所述，本文从假山建造时所考虑的因素入手，通过对直接与间接影响假山的因素进行分析，将假山保护内容分为"假山本体"和"周边环境"两个方面。

"假山本体"包括假山结构、技艺、材料、功能。其中结构部分按形态可分为洞、壁、蹬道、驳岸等；按组成可分为土山、石山、土石山。技艺部分按口诀可分为挑、飘、压等；按流派可分为扬派、苏派、北派等。材料部分可分为石材种类、灰浆成分、辅助件如铁件等。功能部分按空间可分为分割、障景等；按使用可分为游览、休憩等方面。

"周边环境"包括内部环境和外部环境。内部环境表示假山空间中的小环境，除石材、砂浆外与假山直接接触的物质，如土壤、植被、构筑物、微生物等。外部环境包括与假山没有直接接触，但对假山的建造、功能等有影响的因素（图20-1）。

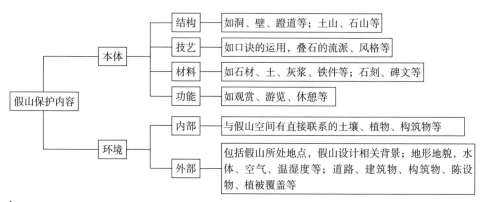

▶ 图20-1　假山保护的总体框架图

5. 结论与展望

近年来我国园林保护与监测系统不断完善，假山作为古典园林中的重要组成部分，古典园林的研究趋势对假山保护有着积极意义。假山保护研究从定性研究逐步向定量研究发展，建立假山保护内容框架对假山保护有着推动作用。在对世界文化遗产框架进行分析后，笔者认为，假山保护应在对"假山本体"进行保护与监测的基础上，增加对假山"周边环境"的保护与监测，从而对假山的真实性与完整性进行更好的保护。

本文以英文题目"Rockery Protection Under the Framework of World Heritage Protection"发表于《Journal of Landscape Research》2019年第1期，61-64页。

21

三维激光扫描技术在中国古典园林中的应用
——以碧云寺水泉院为例

廖　怡、秦　柯、
李雨静

1. 引言

　　中国古典园林作为重要的文化遗存，在不破坏研究对象的前提下，完整、详细、准确地获取其几何和外观数据并加以记录和存档对其保护至关重要。由于其营造风貌多以追求自然意境为胜，特别是其中假山、水体、植物等园林要素形态不规则，所以，利用地面三维激光扫描技术去获取园林数据成为目前古典园林建模存档工作的重点。

　　中国古代对于山石、水体等不规则对象的记录主要是作为建筑附属品以绘画的形式呈现，表达不够准确。现代人工测绘技术的发展使得假山的测绘成为可能，但这些不规则要素的复杂三维关系仍难以体现。自张勃（2010）首次提出将三维数字技术应用于掇山研究后，该技术应用于中国古典园林的研究正在逐步开展，如喻梦哲等（2017）针对园林山池部分对环秀山庄和耦园假山进行三维激光与近景摄影测量技术结合的尝试，并与手工测量复核比较讨论出两种方法的可行性；张青萍等（2018）将无人机倾斜摄影测量、地面三维激光扫描及近景摄影的方法融合，探讨了适用于私家园林的测绘方法；胡洁等（2018）以乾隆花园为例，将不同的三维数字技术应用于不同园林要素，获得较为准确的园林模型。

前人的研究成果对三维数字技术应用于古典园林作出了贡献，可见该技术在应用上具有快速、准确、直观等特点。但对于山地条件下，特别是在湖石假山体量巨大、结构复杂的园林中，如何通过合理的布站方法来获取数据以优化扫描精度、提升效率还需要进一步探究。本文选取山地条件下的碧云寺水泉院为研究对象，探究其三维数据的获取，以期获得高精度的园林模型（图21-1）。

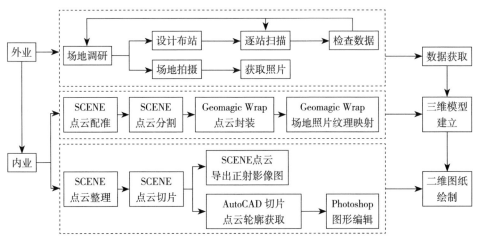

▶ 图21-1　研究方法和技术路线框图

2．研究区域现状

碧云寺位于香山东麓，属于全国重点文物保护单位。水泉院位于碧云寺院内，是一处北京皇家园林中的山地寺庙别院。作为一处重要的历史文化遗存，水泉院对保护我国古代建筑和山地寺庙园林具有积极作用，所承载的历史、艺术、文化价值不言而喻。作为研究对象的碧云寺水泉院，整体园林环境有以下几个特点。①体量较大。水泉院作为清代皇家园林，是皇帝占据大片土地进行营建以供自己参禅礼佛、听泉品茗之用，其规模远非私家园林可比拟。②园林要素丰富且复杂。皇家园林中的主要造园要素包括建筑、假山、植物、水体等，特别是其中三座北太湖石假山，形态复杂，体量巨大，与建筑、植物等要素的搭配较多，因此在扫描中涉及众多要素细节。③地形多变。水泉院轴线依照山势层层而上，增加了扫描的难度（表21-1）。

水泉院园林要素一览 表21-1

类别	水泉院园林要素	
	园林要素	名称
建筑	亭	洗心亭（后建） 清净心（复原）
	庙	龙王殿
	台	弹拱台
假山	叠山	—
	置石	—
植物	乔木	—
	灌木	—
遗址	亭	洗心亭
	建筑	试泉悦性山房

3．研究方法

（1）数据获取

本次研究采用地面三维激光扫描技术对水泉院园林进行了系统性数据采集建模。研究方法如图21-1。地面三维激光扫描设备采用FARO公司的一款相位式三维激光扫描仪Focus3D X330，它是一款超长测量距离的高速三维扫描仪，能够在阳光直射下扫描最远距离为330m的物体，测量速度可达976000点/s，误差可以控制在±2mm。在整个水泉院园林中，包括园林建筑、植被、水体、假山外部和其中的洞穴，以及蹬道，非接触性三维激光扫描一共设置了18站。由于其院内的北太湖石假山较复杂，存在较多互相遮挡的死角面，所以在针对性布置站点时，为照顾到这些死角，假山的布站数量较多。同时，扫描时每站至少保证有三个可识别的相位球，两站之间的数据要保持15%以上的重叠度。在更换站点扫描时，应确保相邻站点至少有三个相位球用于衔接（表21-2）。

对水泉院进行三维激光扫描的工作参数一览　　　　　　　　表21-2

模型名称	扫描信息			
	扫描站数	分辨率	单站扫描时长	数据大小
水泉院园林	18	1/5，3x	6min30s	2.49GB

（2）数据处理

通过以上步骤，地面三维激光扫描获得的水泉院18站点云数据是根据其站点本身的扫描坐标系建立的，而只有将扫描坐标系拼合处理到统一的坐标系下，才可以得到完整的水泉院园林数据。具体处理步骤有以下几点。

①点云配准

点云数据采用与FARO Focus3D X330设备配套的软件SCENE来处理。直接将16个站点的数据拖入工作区，加载完毕后使用平面视图逐站查找相位球，保证每站至少有三个有效的相位球数据。首先对点云进行处理，即软件初步自动降噪和赋予图片信息，这一过程由计算机自动完成。SCENE可以自动识别其点位并进行拼接，配准拼接好的点云数据需要进行注册验证，即将扫描点记录并保存在与扫描仪相关的坐标系中。由于在扫描时站点布置合理，点云配准未发生异常，水泉院的模型数据可以执行基于俯视图和基于云际的自动注册，显示对应视图后验证注册成功。本次点云拼接最大误差为8.2mm，中点误差为3.3mm，均在研究允许的误差范围（10mm）内。

②点云分割

在外业扫描水泉院园林时，除了保证主要扫描对象的完整性之外，扫描范围内游客、垃圾桶、坐凳等噪点数据也会被扫描仪记录，对园林要素的主体造成遮挡和数据空洞，所以需要先在SCENE的探索模式下使用多边形选框等工具来对点云进行初步降噪处理。在本研究中，为保证北太湖石轮廓的准确性和其上空洞的特点，点云的提取率控制在50%。在提取过程中，删除不参与假山三维构造的数据，并对点云进行进一步降噪处理，从而提高三维模型构建的准确性。这一过程需要手动操作，耗时较长。经点云处理拼合好的水泉院模型有15.2GB。为避免因数据运算量过大而造成后续处理的不便，需要将场景中的建筑、植物、掇山、遗址等各园林要素分别从SCENE点云数据中提取出来，分别建模，更方便后期的管理和成果展示。

③点云封装

将分割后的点云数据输出为有序点云，保存为xyz格式，导入逆向工程软件Geomagic Wrap。这款软件可以自动将点云数据封装为准确的三角网格曲面模型。由于此步骤是将各园林要素分别提取封装，所以在修补空洞时，也应基于各园林要素的基本特征和规律设置参数并进行分别降噪、封装处理，以便得到接近真实的模型效果。由于北太湖石假山形状复杂，在封装模型时会出现错误和未封闭表面，应手动填充空洞，以便根据实际情况尽可能地恢复有缺陷的表面。

④纹理映射

模型纹理是附着在网格模型表面的颜色信息，此步骤需要用高质量照片建立网格模型上各顶点与图像像素之间的对应关系。将纹理影像半透明显示在界面中，手动或自动调整模型的角度，使之与纹理影像适应。该步骤可在贴图大师软件中自动完成。

4. 结果表达

（1）基础信息获取

在SCENE软件中可以对三维激光扫描获得的点云数据进行基本信息的测量，

可以获得水泉院园林空间及内部园林要素的相关信息（表21-3）。

水泉院主要数据一览 表21-3

模型名称	基础信息				
	面积（m²）	南北最长（m）	东西最长（m）	植物最大冠幅（m）	植物最小冠幅（m）
水泉院园林	1606	22	73	16	8

（2）三维模型构建

在SCENE软件中提取各个园林要素至Geomagic Wrap软件中进行封装、降噪、修补处理，可以获得基于各个园林要素特点而生成的准确的、高精度的水泉院整体模型。本研究后期进行了点云模型和三维网格模型的准确性验证比较，其中点云注册的中点误差为3.3mm，点云模型与三维网格模型之间的总体误差为1.97mm，以上两个数值均在研究可接受误差范围内（10mm），可见本次研究采用的FARO Focus3D X330扫描的水泉院园林数据质量较高，数据处理结果令人满意。

（3）二维图纸表达

虽然三维模型可以直观地展示出被测物体的形态，但二维图纸可以更为准确地表达被测物体的特征，呈现方式也更为简洁。有以下两种方法可以绘制出水泉院园林的二维图纸。

①SCENE正射影像图

采用SCENE软件中的裁剪框可以直接将处理后包含RGB色彩信息的点云模型导出正射影像图。即对完整的点云模型进行切片处理，所获得的模型切片应在不同视图下进行调整，以便获得合适角度的正射影像。

②线画图

将切片后点云输出的平面图和立面图导入AutoCAD中，利用样条曲线提取各园林要素的轮廓线和内部结构线，通过AutoCAD和Photoshop的图形编辑功能，可以进一步对地形、植物、假山、建筑等要素的细部特征进行绘制，还可以在绘制时编辑合适的线型和标注符号，最终编辑成图。

5．结论及思考

通过本次研究数据获取和分析可以发现，地面三维激光扫描技术具有较高的精度，在复杂园林地形环境中可以充分发挥其稳定性高、无接触扫描等优势，可以快速准确地获取整个园林空间的布局，显著提高园林环境测绘的准确性，特别是形状不规则、表面纹理密集的北太湖石假山三维数据的获取。基于充分的水泉院场地调研，利用18站的数据可以在保证精度和效率的同时完成水泉院园林的扫描，达到预期。

然而其中不乏技术限制，如因假山死角多互相遮挡、细节空洞设备无法进入扫描而造成特征点提取困难的问题；由于外业时间延续过长而导致贴图光源不统一；植物叶片因风的干扰过大形成片状点云而无法封装。因此，在未来的实践中需要具体分析需测绘园林要素的情况，为了获得更完整、更准确的数据而采用多种数字化方法融合，尽量选择对主体测绘对象干扰较小的外业时间，以此来规避可能造成的遮挡，保证贴图的准确性，条件允许可以采用人造光源，多算法的介入也有利于叶片信息封装的准确性。

在图纸的呈现方面上，基于三维技术建模绘制的园林环境图纸在精度、效率上都占有绝对优势。SCENE正射影像图的效果更加生动、直观，能够较为逼真地反映出被测物体的纹理信息，由软件直接导出生成，自动化程度高。线画图则需要在SCENE正射影像图的基础上进一步人工处理，表达效果单一，耗时较长，其精度也会随绘制人员对被测物体结果的理解而产生偏差。为保证高精度、高效率地完成二维图纸的绘制，对于不同的园林要素，可采用不同的表现方法。正射影像图可最大限度地留被测物体纹理轮廓信息，而人工绘制的线画图可以用于规则要素的图纸表现，在绘制过程中还可以主动规避模型噪点，其灵活性大大提高。通过两种方法结合得到的二维图像既具有准确的模型轮廓表达，又有清晰的纹理信息，为未来的文化遗产保护工作提供了依据。

本文以英文题目"Terrestrial laser scanning technology in Chinese Classical Gardens——A Case Study of Biyun TempleShuiquanyuan"收录在2019 International Conference on Computer Intelligent Systems and Network Remote Control（CISNRC）会议论文集中，Pennsylvania：DEStech Publications, Inc., 2019年，276–290页。

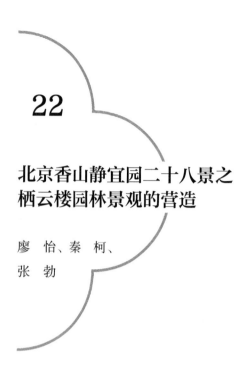

北京香山静宜园二十八景之栖云楼园林景观的营造

廖　怡、秦　柯、
张　勃

　　栖云楼园林是香山静宜园南麓半山坡一处环境清幽的园中园。其西南倚仗山峦、东北远借诸峰的绝佳借景条件体现了中国古典园林"巧于因借、精在体宜"的精髓。乾隆皇帝一生在静宜园驻跸79次，到达栖云楼园林的次数高达34次，为香山内垣景区驻跸次数之最，并在这里留下了关于赏景、农事、即事的御诗共66首。前人对栖云楼这座历史名园的研究主要集中在园林要素和历史变迁方面。有孙婧的学位论文《香山静宜园掇山研究》，其中分析了栖云楼园林掇山技艺，对栖云楼园林内部及周围山路蹬道掇山使用的材料和手法进行了详细论述；有袁长平的期刊论文《山水清音——品读乾隆时期香山静宜园理水之美》，对双清水系和天池的理水布局及其意境营造结合"古人吉水之八美"的审美体验作出了分析；有贾珺的期刊论文《北京西山双清别墅和贝家花园》，对栖云楼园林的历史变迁及重建后的园林双清别墅进行了园林布局、建筑形式的分析。本文基于历史文献和图档资料的整理与分析，以期推敲出栖云楼园林景观的营造方法。

1. 栖云楼园林价值评价

根据我国文物保护法的相关规定，历史建筑与历史名园具有历史、艺术、科学价值[①]，但这一体系在发展过程中也不断衍生、不断积淀。笔者对栖云楼园林历史沿革、文学经典等进行爬梳，将其园林价值划分为历史价值、政治价值、文化价值、艺术价值。

（1）历史价值

栖云楼园林的历史兴衰见证了国力的变化：自清乾隆时期的兴盛至清末被焚毁，再到民国至当代的重建复兴，它是诸多历史事件的发生地、见证地，所以此地所承载的历史价值不容忽视。香山静宜园栖云楼园林建成于乾隆八年（1743年），是乾隆皇帝御题的"香山二十八景"之一。作为清代重要的皇家园林静宜园里的园中园，乾隆皇帝"每来先必到栖云"[②]，并在此观稼问农，接见民族、宗教领袖等，可见栖云楼在静宜园中占有重要的地位。

民国以后，在其遗址上修建的双清别墅作为熊希龄的私人别墅，见证了他创办静宜女校、香山慈幼院等众多慈善机构的历史。

1949年3月，中央从西柏坡迁入香山双清，将其作为进京的第一站。这里见证了新政权指挥所的成立和渡江战役的伟大胜利，解放了全中国，这在中国革命史上具有重要意义。此地现作为1995年北京市第一批爱国主义教育基地向大众开放，旨在弘扬红色经典，传承爱国主义，不忘先辈艰苦奋斗的精神。

（2）政治价值

栖云楼园林是乾隆皇帝与三世章嘉国师谈佛论经、商讨民族宗教问题的重要地点。章嘉是中国清代掌管内蒙古地区藏传佛教格鲁派最大的转世活佛，与达赖、班禅和哲布尊丹巴并称为四大活佛。章嘉若白多杰自8岁入京起就与四皇子弘历一同读书，与他结下了深厚的同窗友谊，使他不仅在佛学方面有很深造诣，还学会汉、蒙、满等语言文字。[③]章嘉三世一生奔走于蒙藏地区，由于其具有广博

---

① 傅凡. 香山静宜园文化价值评价 [J]. 中国园林, 2017, 33（10）: 119-123.

② 香山公园管理处. 咏香山静宜园御制诗 [M]. 北京: 中国工人出版社, 2008.

③ 胡进杉. 第三辈章嘉呼图克图及其创制的满文经咒新字 [J]. 中国藏学, 1996（1）: 105-131.

的佛法知识，声望很高，又与乾隆皇帝关系密切，他在朝廷中处理民族事务时发挥了重要的作用：翻译四语佛经、劝解蒙藏叛乱、参与修建藏式佛寺等。在雍乾两朝蒙藏地区政治交流、巩固祖国统一、加强民族团结和交流方面作出了巨大的贡献。

新中国成立之际，毛主席在此工作居住期间发布了渡江作战、解放全中国的总攻令，与各民主党派人士会面，共同起草多项政策，为新中国的成立作最后准备。

（3）文化价值

栖云楼园林的文化价值主要在于《清文全藏经》的翻译付梓。乾隆朝是满文发展的巅峰时期，精通满、蒙、汉、藏四种民族语言的章嘉国师先后译毕蒙文《丹珠尔》、汉文《首楞严经》、藏文《心经》，惟满文佛经尚未翻译，实属缺憾。弘历于乾隆三十七年（1772年）颁布旨意，命章嘉国师翻译《清文全藏经》。乾隆皇帝每至静宜园，必在栖云楼园林与章嘉国师探讨这部经书的翻译。这部文学经典不但为少数民族语言的研究提供了丰富资料，还展现了清内务府书籍雕版印刷及装帧的最高水平。同时，乾隆、嘉庆、道光、咸丰皇帝多次到访、游览所题诗作也是皇帝园居生活的重要记录，反映了当时政治、经济、文化环境，也是后人研究栖云楼园林珍贵的一手资料。

新中国成立之际，毛泽东等人也在此留下了很多文章，具有不可磨灭的红色革命价值。如总结民主革命的著作《论人民民主专政》、抨击帝国主义的文章《别了，司徒雷登》及歌颂中国革命伟大胜利的诗歌《人民解放军占领南京》。

（4）艺术价值

在园林艺术方面，中国古典皇家园林规模宏大，多采用集锦式布局，名园荟萃，且传统造园以山地园为上，栖云楼园林作为集锦式布局中的一处小园，倚靠自然地貌而建造，饱含自然野趣及清幽气氛，其独特的地理位置也使得借景变得事半功倍。园内有双清泉流过，汇成迥镜天池，水景衍生出的声景也为整个园林增添了不少生动气息，艺术价值颇丰。

民国时期，熊希龄在其旧址上建造的双清别墅明显受到近代欧洲别墅园林的影响[①]，其布局方式、建筑和水景的处理均在传统园林的基础上作简化和变通处理。

---

① 贾珺. 北京西山双清别墅与贝家花园［J］. 装饰，2009（5）：44-49.

全园设一个院落，分为两层台地，南北形成完整的轴线关系，使全园呈对称布局。水池形状北侧为曲尺形，南侧为弧形，还有很多石刻经幢等园林小品点缀，艺术性很高。

2. 栖云楼历史变迁

现在的双清别墅园内仅剩栖云楼台基及部分叠石，其园林环境已与乾隆时期大相径庭，所以现在流传的几张院体画和舆图对于反映和研究相应时期的栖云楼风貌有很重要的参考价值。清代张若澄、清桂、沈焕、嵩贵及董邦达都曾描绘过栖云楼园林。图档资料有清代晚期样式房的测绘图。

（1）图像资料中的栖云楼

①《静宜园二十八景》长卷（图22-1a）

张若澄，字镜壑，官至内阁侍读学士兼礼部侍郎。[1]他绘制的绢本设色手卷《静宜园二十八景》，款署"翰林院编修"。按升授编修的官职变化可推《静宜园二十八景》于乾隆十二年（1747年）正月丁酉至乾隆十三年（1748年）六月庚申间完成。整幅画自东南方向描绘栖云楼园林，对于栖云楼靠山部分的掇山刻画基本写实，笔墨秀劲地展现出"右倚层岩，左瞰远岫"的园林环境。但由于天池和双清泉被建筑遮挡没有体现，植物描绘也重点在意境而不在写实，所以这幅长卷只是基本还原了乾隆早期栖云楼园林特点，可为后人研究提供部分参考。

②《静宜园二十八景》立轴（图22-1c）

董邦达，字孚存，官终礼部尚书，是乾隆皇帝最倚重的词臣画家。[2]从《静宜园二十八景》的绘制上来看，栖云楼园林掩映在"堂密荟蔚"的林木之间，掇山部分被完全遮挡。山水清音在建筑形式上由原来的五开间歇山变为抱厦结构。整幅画

---

① 周崇云，吴晓芬. 英年早逝的清代宫廷画家张若澄［J］. 东南文化，2009（1）：115-117.

② 潘中华."炼雪斋中弟继兄"——清代词臣画家之父子、兄弟相承［J］. 艺术工作，2017（5）：48-55.

（a）《静宜园二十八景》长卷局部　　　　（b）《静宜园全貌图》局部

（c）《静宜园二十八景》立轴局部

▶ 图22-1　栖云楼图像资料

图片来源：香山公园管理处提供。

立轴的作画方式拉伸了景高，使得各景在位置关系上有所变化，在栖云楼整体山水环境的把握上能起到辅助作用。

　　③《静宜园全貌图》（图22-1b）

　　清代宫廷画师清桂、沈焕、嵩贵合笔绘制的《静宜园全貌图》现悬于香山静宜园勤政殿内。可以从其图中看出庭院中植物配置种类，建筑的抱角、踏跺等处都多有描绘，形式也趋于复杂。①《静宜园全貌图》在栖云楼园林北侧定位出双清水系的走势，对于整体山水关系的把握能够起到参考作用。

（2）图档资料中的栖云楼

①《欢喜园、松坞云庄殿宇房间图样》（图22-2a）

"样式雷"，是对清代200多年间主持皇家建筑设计的雷姓世家的誉称。清晚期样式房的测绘图《欢喜园、松坞云庄殿宇房间图样》展示了清晚期栖云楼园林平面。在图中标出了柱网尺度、开间数及园林平面布局。该数据为后人了解清晚期园林建筑尺度及栖云楼平面复原提供了重要依据。由于该图是平剖图，所以从图中不能确定建筑形式、掇山情况和植物配置。

②《香山地盘图》（图22-2b）

《香山地盘图》是"样式雷"家族在造园基本完成后绘制的图纸，对静宜园整体水系关系、路网关系、建筑关系等描绘最准确。《香山地盘图》展现了栖云楼在整个静宜园中的位置关系，记叙了院体画无法交代的旧貌，其意义不可小觑。

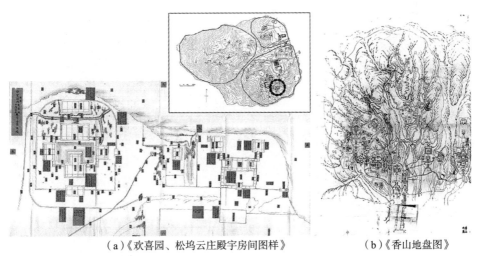

（a）《欢喜园、松坞云庄殿宇房间图样》　　（b）《香山地盘图》

▶ 图22-2　栖云楼图档资料

图片来源：殷亮. 宜静原同明静理，此山近接彼山青——清代皇家园林静宜园、静明园研究［D］. 天津：天津大学，2006.

_____

① 孙婧. 香山静宜园掇山研究［D］. 北京：北方工业大学，2013.

3. 园林营造

栖云楼园林是香山静宜园中一处环境清雅的园中园，集锦式布局（图22-3、图22-4），《园冶》记载："园地惟山林最胜，有高有凹，有曲有深，有峻而悬，有平而坦，自成天然之趣，不烦人事之工。"可见传统造园以山地园为上。园中古树名木众多，园林建筑与环境的有机结合体现出香山山地园林"崇尚自然、妙造自然"之法，营造出一幅景色秀美、气氛幽深的林泉栖居图，具有极高的园林艺术价值。

乾隆十一年（1746年）《栖云楼》御诗序称："予初游香山，建此于永安寺西麓，当山之半。右倚层岩，左瞰远岫，亭榭略具。虽逼处西偏，未尽兹山之胜，而堂密荟蔚，致颇幽秀。"依托于天然山地造园的栖云楼，其选址条件和幽秀的园林

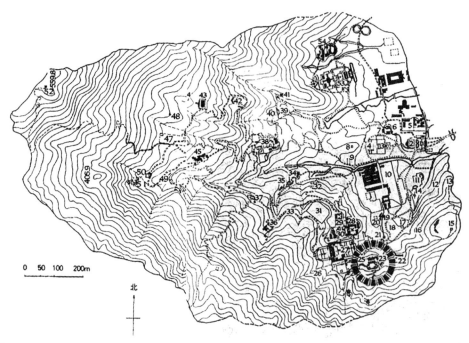

0 50 100   200m

北

▶ 图22-3

栖云楼位置图

图片来源：改绘自 周维权. 中国古典园林史[M]. 北京：清华大学出版社，2008.

望山览石——中国古典园林撤山数字化研究

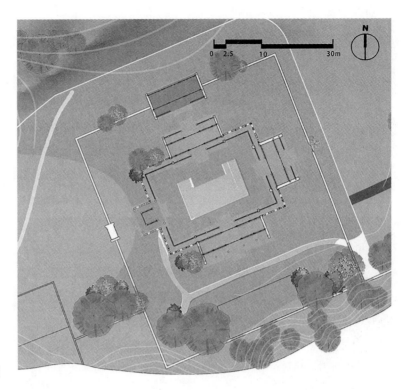

▶ 图22-4

栖云楼平面图

环境是整座园林的精华所在。栖云楼"致颇幽秀"的环境特点的营造除了来自整体空间结构布局的匠心，还得益于置石掇山与真山的巧妙融合、多种形式水景的综合处理和丰富的植物配置对景观空间气氛的营造。

（1）置石掇山

香山静宜园属于北方皇家园林，是大型自然山地园林，其置石掇山具有中国传统山地园林"虽由人作，宛自天开"的格调，以渲染山林意境为最高准则。所以在自然山地园中掇山，多以自然真山为蓝本，进行移植仿写，以达到"有真为假，做假成真""多方景胜，咫尺山林"的意境。

栖云楼园林的假山类型丰富，层次分明。包括楼下台基的山麓叠山、洞券叠山及两处蹬道，即台基北面和东西两侧登临栖云楼的蹬道和西南侧通向欢喜园的山径，蹬道两旁还有剑石耸立，用来标示起点和转折（图22-5）。这些山径蹬道随山势高低起伏、转折变化，解决了竖向的交通联系。此外，由于山地园林建筑多背山而建，凿岩而下的小块边角石料被放置于周围，可以起到防水固坡的作用。栖云楼

（a）栖云楼台基掇山　　　　　　　　　　　　（b）台基蹬道

（c）蹬道旁剑石　　　　　　　　　　　　（d）通向欢喜园山径

▶ 图22-5　栖云楼置石掇山类型

作为园林中的主建筑，与其下的台基一同构成了园林主景，有截取真山一角之风貌。可见，栖云楼园林中的叠山既在园林中发挥了重要的实用价值，又塑造了地形骨架，成为自然山水的主景。

栖云楼园林中的叠石假山古拙雄浑，展现山林朴野之风。建筑与叠石的位置安排也彰显出其整体的匠心。笔者将其精妙的叠山特点总结为以下三点。

①小中见大——栖云楼是全园的最高点，近3米的台基外侧包青石，人站在其下仰观，仿佛此楼建在真山里一般，大有"山楼纵目俯长空"之势（图22-6）。尺度上的夸张还凸显了"石磴步千级，岩斋得几楹"的山野之气。通向欢喜园的蹬道用较小块的石料堆成，转折处还有石笋势如破竹，增加山径层次，给人以山路险峻之感。

②尺度对比——栖云楼台基踏跺所用材料皆为较小块的片状青石横拼掇叠，东

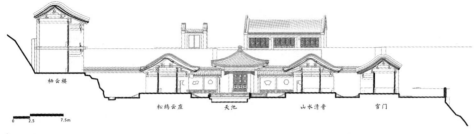

图22-6 栖云楼园林复原设计剖面图

侧踏跺旁有三处剑石立峰于山石丛中，位置为蹬道起点处左右各一，体量较小；靠近台基处的剑石高度较高，体量较大，以产生对比效果，同时凸显主体建筑的高大。在通向欢喜园的蹬道起始处有乾隆御笔岩刻"双清"二字，凿石而下的大块本山石堆于其下作为起点，与蹬道两侧较小块作为固坡用的石料产生对比，标示起点。

③虚实相生——栖云楼台基西北部山径下方还有一小山洞，此洞叠石手法为叠涩式，即条石作顶。此洞低矮不能容人，在景观上起到虚实对比的作用，让人误以为此洞甚为深邃，产生敬畏心理，同时可使栖云楼更添仙意野趣。靠近山体一侧的掇山多用凿岩的边角料堆至半山腰作防水固坡之用，真山与假山在此融合，远观其势，犹自然天成。

（2）溯源理水

充沛的雨水和山泉水汇合于静宜园三大水系——双清水系、玉乳泉水系、卓锡泉水系，为香山静宜园增添了不少活跃的氛围。栖云楼的水源来自香山寺南侧乳峰下的著名泉源——梦感泉，金章宗时代就已存在。后乾隆皇帝赐名双清。此泉首入栖云楼园林天池后，与双清水系汇合直至知乐濠、璎珞岩，再入虚朗斋、带水屏山，最后顺水闸流出静宜园外。因山就势，山因水活，营造出涧溪幽曲、林泉秀美的审美体验。[1]

---

① 袁长平. 山水清音——品读乾隆时期香山静宜园理水之美［J］. 中国园林，2012，28（8）：103-106.

栖云楼园林中的理水通过对自然山泉和天然降水的引导，塑造出瀑、泉、溪、池等多种水体形态，同时利用水体制作声景，"水有音而山无音杳，此理易知人尽晓。盖缘山静而水动，动则有音静则杳。然而水音岂自能，亦必藉山高下表。因高就下斯成音，相资殷而相得好。更思其清本无心，有心听之斯为扰"①，展现出一幅幽有奥思、意境优美的山居图画。

①山涧飞瀑。梅雨季节，山泉化作瀑布倾泻而下，为整个园林增添几分动感。值得一提的是，由于其独特的地理位置、开阔的视野使得栖云楼成为乾隆皇帝观稼问农的重要场所，其御诗中就提到"春杪夏初频作雨，既利麦麰与禾黍""肤寸雨昨朝，普利甫田耕"等，春夏丰沛的雨水使得稻田长势良好，将乾隆关心社稷生产之心体现得淋漓尽致。

②双清林泉、幽曲涧溪。双清泉形成溪流自院内流过，淙淙若琴声，自然环境之好令人流连。营造出"俯水参鱼乐，披风听鸟言"的闲适景象，更显整个园林之清雅。"设匪出山即渗地，疏成沟浍润田苗"，山里的水源大多还没有流出山谷就渗入地下被土壤吸收，而这里的清泉却能够开凿成沟渠用作灌溉之用，可见乾隆皇帝的关系民生之心。

③迥镜天池（图22-7）。"山灵泉自涌山腰，贮以为池朗映寮"，双清泉首入栖云楼园林注入天池，成为北京"三山五园"中惟一半山存水的园中园。乾隆御诗中"放眼昆明有鳞族，故应云表仰朋游"充分表达了他对天池的喜爱。由于这里位于半山腰，天池的鱼在此游曳就仿佛在天上游一般，连昆明湖的鱼都要仰视这里。乾隆自豪欣喜之感溢于言表。园林建筑绕池而筑，古树秋月倒影婆娑，亦真亦幻、虚实相生，展现了园林借景之妙境。

（3）植物配置

静宜园之景，以山林见长。重峦叠翠，惟古柏古松为胜，"堂密荟蔚"是历史不断积累才形成的。栖云楼全园有大量葱郁古木，如旱柳、圆柏、银杏、栾树、翠竹及薜荔等攀缘植物，枝繁叶茂，层次分明，蔚然成景。

植物种植的位置和种类配置选择与要创造的环境气氛是紧密结合的。

---

① 乾隆五十三年（1788年）题山水清音。

▶ 图22-7　栖云楼园林复原设计天池水景

　　①为突出简远疏朗、幽静天然的气氛，栖云楼和松坞云庄建筑周围多种植参天的古松。夏季炎热湿润的天气里，高大的油松能为庭院遮阴；冬季寒冷有雪的时节，油松又能作为常绿植物，与栖云楼背后崖壁融合形成整个庭院的绿色背景；秋色月凉，高大的古松倒映在天池中，凸显清幽氛围。"坞借松为护"，松坞云庄的名称也因此而来。

　　②园林入口及园林西侧通向欢喜园的蹬道处，"峰围堂背竹捎檐，雨后新竿几个添"，丛植的竹子郁郁葱葱。苏东坡曾曰"可使食无肉，不可居无竹"，栖云楼园林在入口处密植翠竹，更是乾隆皇帝追求竹之清高气节、君子之风的体现。

　　③全园还多处种植观花植物作为整个园林的点缀。"一径偶寻薜荔翠，初庚独坐衣衫凉"也写出了薜荔等攀缘植物的生长状态，描写了当前的微凉天气。这些植物的点缀使栖云楼庭院中增加了色彩与季节性变化，在栖云楼园林中，皇帝能够暂时远离朝政，醉心于这处"堂密荟蔚"、清幽雅秀的山居之境。

　　植物随季节变化呈现不同的状态，春夏时节枝繁叶茂形成美丽的植物景观，同时柔化了建筑立面；秋冬时节叶片脱落凸显硬质景观及单株置石的搭配效果。四时之景不同，清幽气氛不减。

4. 结语

栖云楼园林的景观营造以香山半山腰优美的自然环境为依托，巧妙运用中国古典园林设计中的借景，创造出倚岩瞰岫的效果。通过置石掇山、林泉理水及植物配置等园林要素，营造出"幽""秀"的园林环境。水景衍生出的声景及植物配置衍生出的四时之景使栖云楼园林在幽深旷奥的气氛中更添趣味。

栖云楼园林目前作为爱国主义教育基地双清别墅的旧址，已不具备实地复原的可能性。数字复原和虚拟呈现技术势必将弥补这一遗憾，让我们更直观、真实、全面地感受其历史风貌。

本文以英文题目"Analysis of Garden Design of Qiyunlou Garden in Jingyi Garden on Fragrant Hills Park of Beijing"发表于《Journal of Landscape Research》，2019年第4期，120–124页。

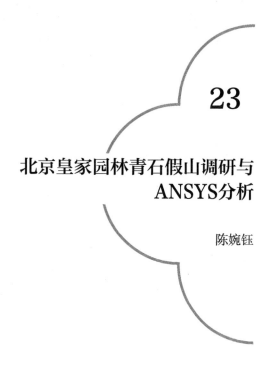

23

北京皇家园林青石假山调研与
ANSYS分析

陈婉钰

1. 北京皇家园林青石假山调研

（1）调研方法

在文献研究及预调研的过程中，笔者在查阅前人研究的同时也对园林假山分布情况进行了一定的删减和补充，并以此作为假山调研地图进行实地调研。基于对平面图的可持续性及可交互性方面的考虑，结合当下时代发展需求，对记录信息的方式进行了优化，提出了将实时动态地图概念引入假山调研，达到将地理信息、三维模型信息、图片信息、文字信息等不同维度的假山信息综合展示的目的（表23-1，图23-1）。

調研対象、調研方法及数据処理方法　　　　　　表23-1

調研対象	調研方法	数据処理方法
主：現存皇家園林假山	線上：官网、自媒体等搜索 線下：拍照、測量、照片近景測絵、三維激光扫描	信息帰類整理 数据清洗
辅：不存及不可進入的皇家園林假山	線上：官网、自媒体等	信息帰類整理

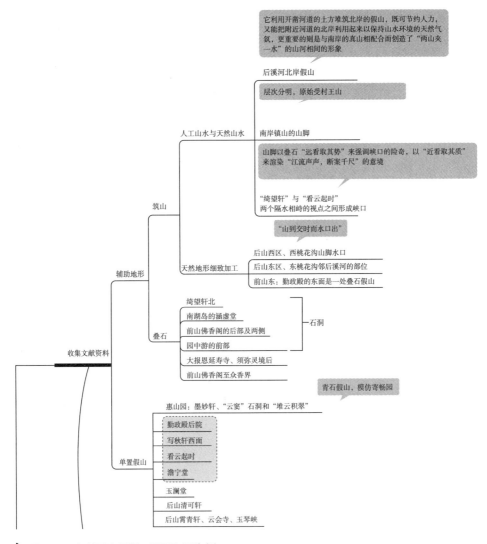

它利用開鑿河道的土方堆築北岸的假山，既可節約人力，又能把附近河道的北岸利用起来以保持山水環境的天然気氛，更重要的則是与南岸的真山相配合而創造了"両山夾一水"的山河相間的形象

后溪河北岸假山

層次分明，原始受村王山

人工山水与天然山水　南岸鎮山的山脚

山脚以叠石"遠看取其勢"来強調峡口的険奇，以"近看取其質"来渲染"江流声声，断案千尺"的意境

"綺望軒"与"看云起时"
両个隔水相峙的視点之間形成峡口

筑山

"山到交时而水口出"

后山西区、西桃花沟山脚水口
天然地形細致加工　后山東区、東桃花沟鄰后溪河的部位
前山東：勤政殿的東面是一処叠石假山

辅助地形

綺望軒北
南湖島的涵虚堂
叠石　前山佛香閣的后部及両側　　石洞
園中游的前部
大報恩延寿寺、須弥霊境后
前山佛香閣至衆香界

収集文献資料

青石假山，模仿寄暢園

恵山園：墨妙軒、"云窠"石洞和"堆云積翠"

勤政殿后院
写秋軒西面
単置假山　看云起时
澹寧堂

玉瀾堂
后山清可軒
后山霄青軒、云会寺、玉琴峡

▶ 図23-1　文献研究示例：以頤和園为例

通过预调研提出具体调研测绘方案如下。首先，对清漪园（颐和园）、静宜园（香山）、北海、圆明园进行针对青石假山的文献研究挖掘。其次，以元数据库中内容为重点调研考察内容，展开清漪园（颐和园）、静宜园（香山）、北海、圆明园四大皇家园林的青石假山研究，并将青石假山分布情况在实时交互地图中标记。同时，为每一个假山地点建立文字信息备注的输入框，随时将文献研究中发现的信息录入交互地图中（图23-2）。

（a）Visual Studio Code（编写现代 Web 和云应用的跨平台源代码编辑器）中后台代码截图

（b）标记信息的地图截图

（c）代码在网页中展示后的截图

▶ 图23-2　青石假山调研信息交互地图截图

（2）青石假山测绘

①假山编号方式

对假山信息的编号规则、编目层级信息、层级规则、分类规则等进行设定（表23-2）。

假山编号方式举例   表23-2

图片		
图名	静宜园勤政殿后假山照片建模局部截图，叠山技艺"拱"	北海濠濮涧门口假山测绘模型局部简化截图，叠石技艺"挑"
编号	JYY0\01QZD00\0101	BH00\03HPJ00\0501
说明	JYY0（静宜园，最多4个字的园林名称）\（分隔）01（*二十八景第一个，景点名字与园林的关系）QZD00（勤政殿，最多5个字的园林名称）\（分隔）01（一个，景点内有几个/组假山）01（第一个，进入后第几个看到的假山）	BH00（北海）\03（*三号景点）HPJ00（濠濮涧）\0501（调研的5组假山中第一个看到的假山组）

注：*表示静宜园按"二十八景"依次编号，北海按现状平面图对景点依次编号，圆明园按"四十景"依次编号，颐和园（清漪园）以《清漪园万寿山总平面图》及目前颐和园官方导览网站为依据进行依次编号。

②石材编号方式

以"挑、飘、压"技艺为例，分为三步。第一步，挑石头并对观赏面及石头标号；第二步，建立石头文件夹；第三步，测量并截图保存（图23-3～图23-5）。

▶ 图23-3　香山水泉院门口假山单面截图石块编号示意

石头A-1　　　　石头A-2　　　　石头A-3　　　　石头A-5

▶ 图23-4　文件夹编号方式

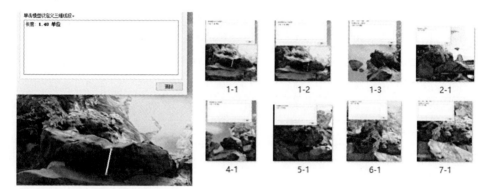

▶ 图23-5　测量并截图保存方式

截图方式为，被测石头尺寸测量截图保存时，对文件/截图的命名原则为：顺序序号-第几次测量。例如"（A）1-1"则代表"（A面）挑石出挑长-第一次测量"。被测石头尺寸测量截图编号规则见表23-3、表23-4。

测量石头编号规则 表23-3

编号	内容	说明
1	挑石出挑长	挑出石头的出挑部分长度
2	挑石内部长	挑出石头的内部长度（预估）
3	挑石高	挑出石头被压住截面处的纵向长度（厚度）
4	挑石宽	挑出石头被压住截面处的横向长度
5	压石长	挑出石头上方石头出挑方向的长度
6	压石高	挑出石头上方石头的纵向长度（厚度）
7	压石宽	挑出石头上方石头的横向长度

编号	1-挑石出挑长测量（cm）				2-挑石内部长测量（cm）			
	测量值1	测量值2	测量值3	均值	测量值1	测量值2	测量值3	均值
A–1	22.4	22.7	23.2	22.8	29.3	28.3	21.3	26.3
A–2	12.6	16.6	15.1	14.8	18.5	23.8	30.0	24.1
A–3	26.6	25.1	24.4	25.4	43.5	43.6	50.6	45.9
A–5	14.0	20.1	22.5	18.9	26.7	30.2	35.9	30.9
B–1	9.9	10.1	9.6	9.9	17.5	16.0	21.2	18.2
B–2	20.0	22.2	17.8	20.0	24.0	0.0	5.0	9.7
C–1	35.9	36.1	29.6	33.9	62.4	37.7	44.8	48.3
E–1	8.9	7.9	9.7	8.8	16.7	18.7	19.7	18.4
E–2	6.0	7.0	2.7	5.2	11.6	12.1	15.3	13.0
E–5	21.4	23.0	16.1	20.2	24.7	23.3	31.8	26.6
G–1	23.1	22.0	16.0	20.4	30.5	31.7	40.5	34.2
G–2	29.8	27.0	23.6	26.8	33.8	40.3	44.6	39.6
G–3	15.6	16.0	6.6	12.7	25.3	29.1	37.8	30.9

挑石出挑长度及内部长度测量数据　　表23-4

资料来源：作者根据皇家园林青石假山照片建模得出。

（3）青石假山典型技艺

通过实地考察发现，"横式叠石法"是北京皇家园林青石假山最常见的技艺。此外，其他八种较为常见的叠山技艺中，以"挑""压""飘""拼""叠"五种最为典型，"飘"与"挑""压"有不可分割的关系，因此常见的叠石技艺组合单元为"挑+压""挑+飘+压"，其中"挑""压""飘"的组合力学关系最为复杂。

2．青石假山的ANSYS软件应用研究

青石假山叠山技艺ANSYS软件数值模拟路径见图23-6。

望山览石——中国古典园林掇山数字化研究

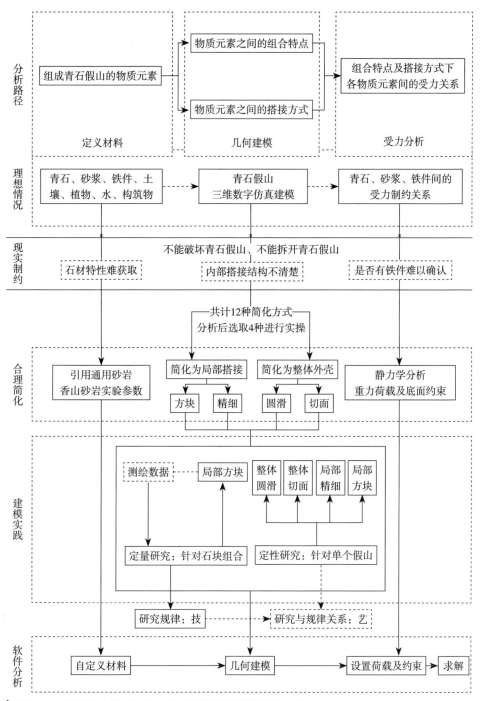

分析路径
- 组成青石假山的物质元素 → 物质元素之间的组合特点
- 组成青石假山的物质元素 → 物质元素之间的搭接方式
- → 组合特点及搭接方式下各物质元素间的受力关系

定义材料　　　几何建模　　　受力分析

理想情况
- 青石、砂浆、铁件、土壤、植物、水、构筑物
- 青石假山三维数字仿真建模
- 青石、砂浆、铁件间的受力制约关系

现实制约
不能破坏青石假山、不能拆开青石假山
- 石材特性难获取
- 内部搭接结构不清楚
- 是否有铁件难以确认

合理简化
——共计12种简化方式——
分析后选取4种进行实操
- 引用通用砂岩香山砂岩实验参数
- 简化为局部搭接：方块、精细
- 简化为整体外壳：圆滑、切面
- 静力学分析重力荷载及底面约束

建模实践
- 测绘数据 → 局部方块
- 整体圆滑、整体切面、局部精细、局部方块
- 定量研究：针对石块组合
- 定性研究：针对单个假山
- 研究规律：技 → 研究与规律关系：艺

软件分析
自定义材料 → 几何建模 → 设置荷载及约束 → 求解

▶ 图23-6　青石假山叠山技艺ANSYS软件数值模拟路径研究图

（1）基本步骤

选取Static Structural分析系统，分析对象为静态结构分析类型。需要预知的工程数据有弹性模量、泊松比、密度。

建立模型：用Context Capture Master照片建模软件结合Rhino、CINEMA 4D等三维设计软件获得假山模型。

进行前处理：包括定义受力方式后进行试计算，如未通过则返回"建立模型"环节。

求解及后处理：软件分析及结果导出。

"几何建模"拆解为两个步骤进行简化分析：一是对所分析物体的数字三维模型简化方式的尝试；二是进行网格划分。

"受力分析"拆解为两方面内容：一是将假山简化为静定结构，进行理论研究，建立平衡方程；二是在软件前处理环节，将参数设置简化为在重力条件下，设置底面约束后，对模型进行应力分析（图23-7）。

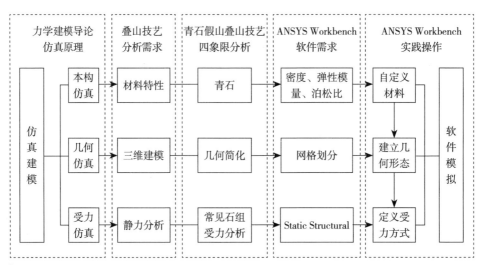

▶ 图23-7　建立分析模型的工作路径

（2）自定义材料

①材料简化

青石岩石具有非常复杂的结构，从宏观上看，岩石就是一个实心六面体，在此假设青石内部是均匀的、连续的、各向同性的。石头的强度主要取决于自身形状，其内部组成在同种石材之间的强度差异很小，所以在研究中忽略岩石内部成分差异。因此，可以将假山石的本构关系简化为与时间无关的弹性①线性②关系，可以假设青石材料是弹性线性的，其弹性模量和泊松比参照前人实验得到数据。

假设假山石块受到恒定的应力，且岩石的变形随时间不断增大，即将假山石变形简化为蠕变。由于在外力超过一定的强度（即长期强度）以后，岩体会丧失稳定性，因此工程上会有研究假山长期稳定性的需求。

关于物质材料组成，在假山本体方面，主要包括青石石材、灰浆、铁件、假山基础等；在假山环境方面，主要包括土壤、植物、流水等。

基于以下两方面考虑，暂不将灰浆及铁件在ANSYS中进行材料定义。

一方面，对于假山而言，灰浆作为胶结、拓缝的材料，是以增强山石整体感和连合度为目的对山石接缝的补强和美化，传统叠山素有"靠压不靠拓"之说，说明即使无此步骤或焊缝脱落，假山仍应稳固如初。铁件不是所有假山叠山中的必要材料。另一方面，与露天石质文物相比，自然石材的岩石特性复杂，且山石（如湖石等）的孔洞、假山搭接材料等方面的不确定性对本构模型的建立造成极大困难。

根据香山砂岩及通用砂岩数据中砂岩材料特性的范围，定义四组砂岩物理特性数据。其中，密度均取通用砂岩的密度；香山砂岩及通用砂岩弹性模量各自取区间内的最大值及最小值；泊松比取各自数值（表23-5）。

青石特性参数取值　　　　　　　　　　　　　　　　　　表23-5

类型	密度	弹性模量	泊松比
取通用砂岩最大值	2693.75kg/m³	0.5×10^4MPa	0.25
取通用砂岩最小值	2693.75kg/m³	8×10^4MPa	0.25
取香山砂岩最小值	2693.75kg/m³	1.5×10^4MPa	0.28
取香山砂岩最大值	2693.75kg/m³	4.5×10^4MPa	0.28

在ANSYS Workbench平台中自定义材料，在ANSYS中进行自定义材料设置（图23-8）。

---

① 应力超过弹性极限后，发生的变形包括弹性变形和塑性变形两部分，塑性变形不可逆。
② 对大多数的工程材料而言，当其应力低于比例极限（弹性极限）时，应力—应变关系是线性的，表现为弹性行为，也就是说，当移走载荷时，其应变也完全消失。

TABLE 18

砂岩 > Constants

Density	2693.8 kg m^-3

TABLE 19

砂岩 > Color

Red	Green	Blue
103	192	205

TABLE 20

砂岩 > Isotropic Elasticity

Temperature C	Young's Modulus Pa	Poisson's Ratio	Bulk Modulus Pa	Shear Modulus Pa
	4.e+010	0.25	2.6667e+010	1.6e+010

图23-8
ANSYS自定义组

控制变量，观察由不同材料参数导致的数值差异。设置四组立方体，分别用以上数据自定义材料进行数值模拟后，在受力相同、形态相同的情况下，在砂岩材料特性范围内，应力及应变变化微小，相对影响较小。

②参数获取

根据假山工程原理提出“石块单体”“石块组合”两种简化方式。“石块单体”指的是结合实际假山工程情况，将假山看作石块的堆砌，材料特性参数取石块即青石的材料特性参数。① “石块组合”指的是基于建成后的假山情况，将假山看成整体，参考砌体的研究方式，材料特性参数取砖石加砂浆的组合。②

传统园林青石假山叠山石材的弹性模量与泊松比参数需要更为专业的实验研究，常见的方式是通过岩石三轴实验获取。基于假山保护、数据利用、数据意义三方面的考虑，本文选择“石块单体”的理解方式，未进行青石假山的岩石三轴实验，通过文献研究及资料查询获取数据（表23-6）。

青石特性参数汇总　　表23-6

材料	密度	弹性模量	泊松比
香山砂岩	—	（1.5～4.5）× 10^4MPa	0.28
通用砂岩	2.69g/cm^3	（0.5～8）× 10^4MPa	0.25
其他砂岩	2.33g/cm^3	0.5 × 10^4MPa	0.3
沉积岩	—	（2.8～8.97）× 10^4MPa	—

① 此种方式为简化方式，几何建模时需要将石块分开建模。
② 此种方式在几何建模时将假山作为整体考虑，将假山测绘外壳进行建模处理。

（3）建立几何形态

经分析，对青石假山数字几何模型的简化方式共有12种，以三种分类方式进行计算，分别是按照分析内容的规模、按照测绘模型的数据简化程度、按照假山石块的分解程度三种。按照分析内容的规模，包括分析假山整体、分析假山局部两种。按照测绘模型的数据简化程度，包括圆滑、三角面、长方体三种。按照假山石块的分解程度，包括整壳、拆解两种。

在与本研究最匹配的建模方式中，假山整体外壳建模方式较为复杂（图23-9）。假山整体外壳三角面简化法，根据点云数据建模，进行网格简化及实体转化（图23-10）。假山整体外壳圆滑简化法，根据点云数据建模，将模型转化为四边面，使用TS插件进行平滑转化（图23-11）。

在对比了三维激光扫描及拍照建模两种方式的成本及数据需求后，最终选择以拍照建模的方式为主获取假山模型，从中选取较为典型的假山以三维激光扫描的方式采集精细数据进行存档（图23-12）。

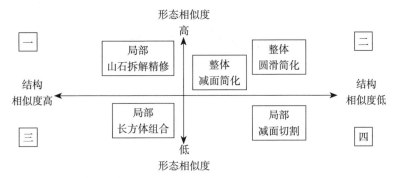

▶ 图23-9 不同简化方式的特点对比

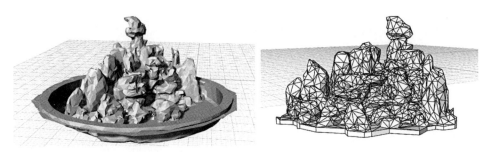

▶ 图23-10 整体外壳三角面简化法示例

▶ 图23-11

整体外壳圆滑简化法示例

▶ 图23-12　三维模型截图示例

参考逆向工程建模，常用方式有照片建模，三维扫描，ANSYS自带DE，工程常用建模软件pro/E、Soldwork。以计算机资源、时间成本、操作进度、数据要求为评价指标的对比结果见表23-7。

软件实践及评价　　　　　　　　　　　　　　　　　　　　　表23-7

步骤	软件名称	使用功能	评价
模型生成	Context Capture（原Smart3D Capture）	照片生成	耗时长、不稳定，无法直接导入ANSYS，需进行模型处理
模型处理	CINEMA 4D	模型重建	人工耗时长，导入ANSYS易出错
	DE	简化模型建立	与ANSYS无缝衔接
	Rhino	简化生成模型，使用Grasshopper建立比例变化模型	简单形体可顺利导入ANSYS

建模方式较有代表性的有三种。一是拆解假山局部，进行精细化建模（拆解局部后精修法）；二是拆解假山局部，简化为方块建模[①]（局部立方体拆分法）；三是将假山整体测绘模型进行修补，仅考虑假山外层形态，建立假山山体实体模型（整体精修法）（图23-13）。

▶ 图23-13　静宜园水泉院门口假山照片及局部重建数字模型对比

对比以上三种建模方式在本构、几何、受力三方面的准确性及误差来源：拆解局部后精修法，在本构、几何、力学三方面均较有优势；局部立方体拆分法，由于立方体结构清晰明确，具备能清晰界定受力荷载面的优势；整体精修法由于对整体外壳进行修订，内部结构不清，难界定搭接方式，在三方面均不如另两种方法。

如将简化后模型数据直接导入ANSYS Workbench，由于不是实体，无法进行分析。需对模型进行处理，此步骤对软件能力要求较高，且会耗费大量时间（图23-14）。

对模型进行处理后，还需要进行网格划分等工作。划分网格时需考虑网格的数量和网格的疏密，在结构不同部位采用大小不同的网格，在计算数据变化梯度较大的部位（如应力集中处），需要采用比较密集的网格，而在计算数据变化梯度较小的部位，为减小计算量，可以采用相对稀疏的网格（图23-15～图23-18）。

（4）定义受力方式

在忽略假山石作中连接山石的铁件（如加固山石间水平联系的银锭扣、铁扒

---

① 此种简化又包括针对单一假山获取立方体尺寸及针对多假山规律调研，统计得出的立方体尺寸。

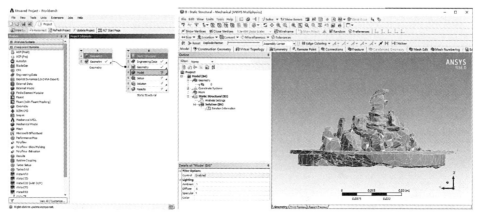

▶ 图23-14 直接调入ANSYS中后截图

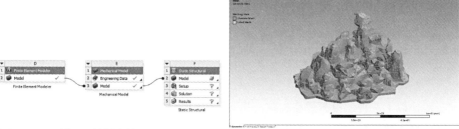

▶ 图23-15 模型网格划分截图

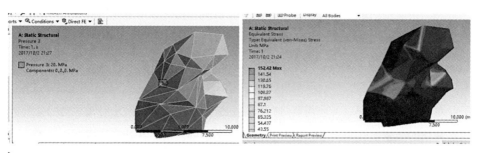

▶ 图23-16 局部减面建模ANSYS分析示例

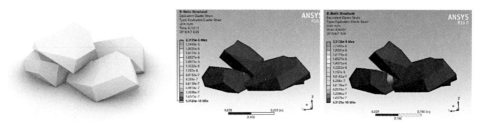

▶ 图23-17 局部重建

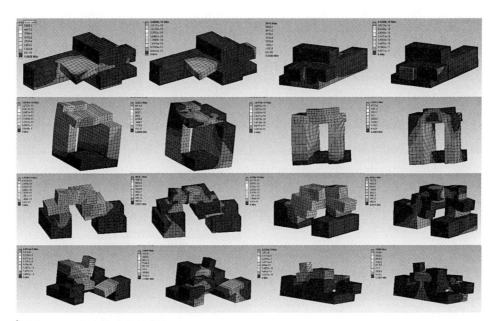

▶ 图23-18 局部立方体简化法

钉，以及超长的特制铁扁担等）对结构的影响后，将假山受力环境进行简化，仅考虑山石之间的力学影响。在结构方面，认为假山属于超静定结构，即几何特征为几何不变但存在多余约束的结构体系。

　　将假山结构简化为静定结构，进行线性静力分析，通过静力平衡方程求解（表23-8）。[1]

几何体系类型与静力平衡方程的关系

表23-8

类型		说明	多余约束	自由度	静力平衡方程
几何不变体系	静定结构	由静力平衡条件能够求解结构全部的反力与内力	没有	0	有惟一解（方程数=未知数个数）
	超静定结构	由静力平衡条件不能够求解结构全部的反力与内力，补充条件才能求解结构全部反力与内力	有	0	有无穷多组解（方程数<未知数个数）

注：几何可变体系此处省略。

---

① 参考《建筑力学》建立结构力学模型。

建立理论关系，结合调研统计区间建立力学模型，在ANSYS中根据比例建立并进行数值模拟分析（图23-19）。以青石假山典型叠山山石组合"挑""飘""压"为例进行计算（图23-20）。

最后通过提取测绘数据，统计计算石块尺寸平均值，并建立 ANSYS 分析模型进行数值模拟。将计算结果与文献中通常经验进行比对，提取 30 组"挑石"组合测量，可知挑出长：压住长的实践情况约为 1：1.4，小于叠山教学文献中 1：1.5 的结论，说明实践应用中的经验做法更为大胆。

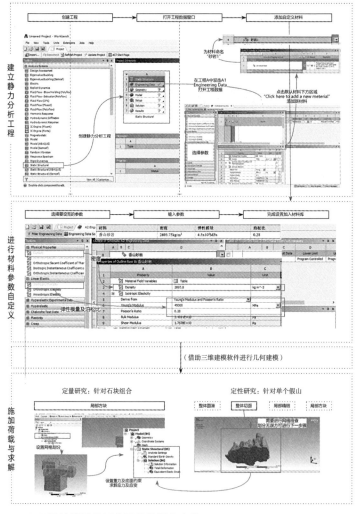

▶ 图23-19　ANSYS数值模拟分析实践软件操作步骤

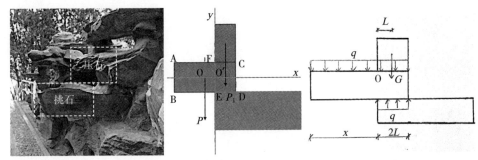

▶ 图23-20 "挑""压"简化及受力分析图：挑出石为"挑石"，其上为"压石"

3．结语

传统青石假山的材料特性还涉及材料的劣化程度研究，目前精细化程度较高的研究方法可利用单种仪器检测、对比文物材料和同类新鲜材料检测数据，但大多需要依靠科研单位实验室进行。如日后有必要也有机会获取更加精细的假山材料数据，可分为以下两方面的研究。

一是将假山看作单独的石块组合，获得更精确的岩石特性参数。可以结合石材来源进行考虑，对房山郊区、门头沟一带采石场中青石进行三轴试验。进而通过岩石试件室内物理力学实验或现场岩石物理性能确认对青石假山所用石材的物理力学性质展开研究。最终与石材来源地的新鲜石材参数进行比对，缩小岩石参数取值范围，从而明确误差范围。

二是将假山看作整体，参考砌体相关文献，针对砌体组砌形式对材料性质的影响进行研究，可得到石材在不同组砌形式下等效弹性模量等物理数值的变化。而在不考虑客观条件限制的前提下，探讨假山本构研究时，将假山看作石块组合还是看作整体，需结合所要研究的假山大小，进一步研究二者的误差来源。

本文是硕士学位论文《基于ANSYS的北京皇家园林青石假山叠山技艺研究》（北方工业大学，2019）的节选，导师：张勃、秦柯。

24

中国古典园林信息模型建构研究
——以碧云寺水泉院为例

廖　怡、秦　柯

　　"三山五园"是北京西北郊清代皇家园林的总称，是中国古典园林的最高典范，是世界造园史上的杰作，几个世纪以来受自然和人为因素造成的破坏屡见不鲜，然而无论是留下的历史图档资料还是经过艺术处理的书画作品并不能如实全面地展现园内三维空间环境，指导复原设计。信息和数字时代的到来，是人类智慧在工业时代之后的新一轮暴发，对风景园林学科来说，亦是一次伟大的机遇，三维数字信息技术的长足发展和独特优势，使其在中国古典园林领域的应用成为可能。目前建筑信息模型（BIM）在实际工程中的广泛应用使得很多学者开始探索该技术在景观领域的应用，并提出了景观信息模型（LIM）的概念。然而无论是BIM还是LIM，都主要着眼于场地从设计到运营的"全生命周期"体系，与中国古典园林信息模型建构的内容有所区别。所以，基于中国古典园林的信息模型亟待被建立。

1．中国古典园林信息模型建构的必要性及选取

　　建筑信息模型和景观信息模型是基于工程项目的需求而产生的，该信息模型的建立一般从场地设计开始，单一线性地推进到施工和运营的步骤。景观信息模型以其三维可视化、信息协同化和"全生命周期"的特点得到了学界的广泛认可，其更广的维度和专业化的技术要求使得信息模型的建立不再单独是几个软件的罗列，而是多源信息按照统一标准的无损交换。然而在技术路线上，中国古典园林信息模型的研究往往不涉及设计的步骤，而是古典园林本身的数据获取和要素特征分析。在运营平台上，大多数软件也都是针对建筑设计，无法直接在中国古典园林中应用。它除具有建筑信息模型和景观信息模型的特点外，还应体现古典园林形态的变迁、多园林要素的量化信息等特点。因此，在充分梳理古典园林要素特点和技术平台的基础上，构建基于中国古典园林的信息模型是十分必要的。

　　中国古典园林"本于自然、高于自然"的艺术特点和"巧于因借、精在体宜"的精髓，在世界造园史上风格独具，在有限的空间内顺应自然走势，将地形、建筑、植物、水体有机地结合起来，营造出各具特色的园林景观。清代北京"三山五园"代表了中国古典园林艺术成就的巅峰，是中国造园艺术被世界最早认知的重要窗口，其成熟的造景布局手法需要被传承和铭记。"三山五园"同时还是众多历史事件发生地、红色文化的传承地。北京城市总体规划（2016—2035年）明确提出，传承城市历史文脉，加强"三山五园"地区保护，将其建设成为国家历史文化传承的典范地区，成为国际交往活动的重要载体，可见其具有的重要历史文化价值和保护研究价值。三维数字化信息时代的到来，使建筑等文化遗产领域收获颇丰，但中国古典园林领域却收益甚少。中国古典园林构成要素多，尤其是构成园林整体骨架的假山，形态多顺应自然走向，材料种类多为自然山石，施工技艺复杂，研究难度大，在我国古代测绘中常被当作建筑的附属品，且经过艺术处理的书画作品并不能全面展现其真实的三维关系，急需更为深入的量化、信息化研究方法的引入。

　　笔者总结适用于信息模型研究的中国古典园林需要具备以下特点。①园林现状保存完好。为反映造园时期旧貌，还原该历史时期的造园特点，被选取的园林应具有较好的完整性，现存风貌应大致与造园时期相似，作为古典园林信息模型中形态变迁的起点，方便后续多源信息和风格演变过程的叠加。②园林艺术价值高。园林

艺术首要体现在相地选址方面，《园冶》记载，"园地惟山林最胜""自成天然之趣，不烦人事之工"，可见古典园林造园以山地园为上。园林地形起伏多变，建筑和假山石因山就势，可创造出如临真山一般的观感，使信息模型的构建更具真实性。③园林要素完备且具一定复杂性。用于信息模型研究的中国古典园林造园要素在有限的空间内有机结合、缺一不可，方便探究每一种园林要素在采集、处理、分类上的特点，形成普适性结论，体现代表性和说服力。

2. 中国古典园林三维信息化研究现状

对中国古典园林信息模型的建构过程来说，第一步进行的是整体环境数据的采集和处理，分析研究对象数字化测量的特点和需求，使用合适的现代三维数字测绘技术进行针对性数据采集，在保证精度的前提下提高数据获取效率。在获取到全园数据的基础上，利用中国古典园林造园理论对各园林要素进行提取分类，研究三维数字化测绘技术影响下古典园林要素的分类方法，对其进行进一步基于园林要素的拆分和管理。

中国传统人工测绘古典园林，不但耗时长、精度低，且园内不规则要素的轮廓形态和复杂三维关系难以体现，信息采集效率低。张勃在国内较早提出将三维数字技术应用于古典园林掇山研究；喻梦哲等利用三维激光扫描技术与近景摄影测量技术相结合，针对环秀山庄和耦园的山池部分数据进行获取的尝试；张青萍等利用无人机倾斜摄影测量、地面三维激光扫描及近景摄影方法的结合对私家园林测绘方法进行探讨；胡洁等以乾隆花园为例，将不同三维数字技术应用于不同园林要素并获得完整的测绘图纸进行探讨。该技术在数据采集方面具有的"非接触、精度高、速度快并可直观反映被测物体三维信息"等优势正越来越明显地体现出来。

在三维数据获取及处理的基础之上，基于3S（GPS、RS、GIS）技术和BIM技术的数字化信息模型构建可以对多源信息实现存储、更新、查询等操作，构建出可供多个参与方操控的统一数据模型平台，从而提高了中国古典园林保护和信息交流的效率。目前，由于运营载体少等因素，该技术应用于中国古典园林中的研究还处于探索阶段，如梁慧琳利用三维激光扫描和BIM、3D GIS技术结合，探究了苏州环秀山庄三维数字化信息平台建立的路径。该研究证明了数字化信息技术可以与三维数据进行结合，利用其可视化程度高、综合信息处理能力强等特点达到对园林、古建筑等的综合管理。

上述研究主要针对单一园林要素对象或私家园林展开，对于山地条件下，特别是其中要素丰富、假山体量巨大且结构复杂的皇家园林，如何通过合理的扫描方法来获取数据以对扫描精度与效率进行优化，并在此基础上构建数字化信息模型，还需要进一步探究。

3．基于水泉院园林的数字信息采集方法的优化及处理

（1）数据获取

本文选择香山静宜园内的水泉院为例进行古典园林信息模型建构的研究。水泉院园林是一处北京皇家园林中的山地寺庙别院，始建于明代，以泉取胜。如今的水泉院景致多为乾隆年间修建，足以反映清代古典园林造园巅峰时期的特点。基于此，本文通过现代三维数字技术的应用，获取水泉院内各园林要素三维空间数据和属性数据，构建水泉院园林信息模型，以期为相关调查研究和保护监测提供精准数据和参考。

水泉院作为信息模型研究对象有以下几个特点。①体量较大。水泉院作为清代皇家园林，占据了大片土地，其规模远非私家园林可以比拟。②园林要素丰富且复杂。皇家园林中的主要造园要素包括建筑、假山、植物、水体等，尤其是其中的三座北太湖石庭院掇山，章法严谨，形式繁缛，是清代技术性掇山的代表，艺术价值极高，且其体量巨大，与建筑、植物等要素的搭配方式较多。③地形多变。水泉院轴线依照山势层层而上，在竖向上产生了丰富的变化。因此整个园林内的扫描数据获取难度较高。

由于北京香山地区属于无人机禁飞区，本次研究采用地面三维激光扫描对水泉院园林进行了针对性数据的采集。整个水泉院园林包括园林建筑、植被、水体、假山外部及其洞穴、蹬道，非接触性三维激光扫描一共设置了16站，相邻测站保持15%以上的重叠率，以便点云能够更好地拼接。由于其院内的北太湖石假山较复杂，存在较多互相遮挡的死角面，所以在针对性布置站点时布站数量较多（图24-1）。

（2）数据处理

通过以上步骤，地面三维激光扫描获得的水泉院的16站点云数据是根据其站点本身的扫描坐标系建立的，只有将扫描坐标系拼合处理到统一的坐标系下，才能得到完整的水泉院园林数据。软件中可以自动完成初始站点数据的初步降噪和RGB信息的赋予。基于几何信息的点云配准通常使用ICP（迭代最近点）算法实现相邻

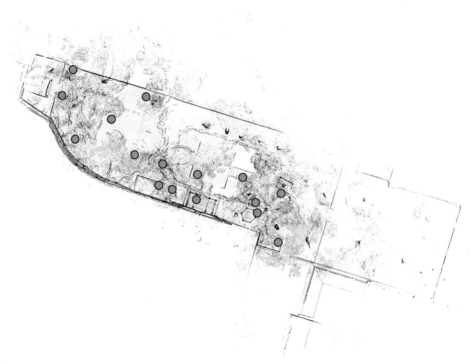

▶ 图24-1 水泉院扫描总览图

站的精准自动拼接，即在两组点云数据中计算点云重合区域的吻合程度，不断迭代，以达到误差函数值最小，实现精准拼接。本次点云拼接最大误差为8.2mm，中点错误为3.3mm，均在研究允许的误差范围（10mm）内，最小重叠为21.6%，以此获得较为精准的水泉院园林全园点云模型。

为避免因数据运算量过大而造成后续处理的不便，需要将点云模型进行抽析精简。此外，在外业扫描水泉院园林时，除了保证主要扫描对象的完整性之外，扫描范围内游客、垃圾桶、坐凳等噪点数据也会被扫描仪记录，对园林要素的主体造成遮挡和数据空洞。在本研究中为保证北太湖石轮廓的准确性和其上空洞的特点，对点云进行50%抽析简化，从而提高三维模型构建的效率和准确性。

虽然全园模型可以直观地展示出被测物体形态，但二维图纸可以更为准确地表达被测物体的特征，呈现方式也更为简洁。将切片后点云输出的平面图和立面图导入AutoCAD中，利用样条曲线提取各园林要素的轮廓线和内部结构线，通过AutoCAD和Photoshop的图形编辑功能，可以进一步对地形、植物、假山、建筑等要素的细部特征进行绘制，还可以在绘制时编辑合适的线型和标注符号，最终编辑成图（图24-2）。

▶ 图24-2　水泉院立面图

4. 水泉院园林的信息模型建构研究

对于中国古典园林信息模型的研究，仅通过三维模型和二维图纸的方式很难展现出其园林要素丰富的属性、层次、关系等。为进一步量化水泉院园林各要素信息，将其中的一草一木、一山一石都进行拆分和归类，需要对全园点云模型进行基于中国古典园林要素的滤波分类处理。本文选取本特利公司的Terrasolid软件对水泉院园林全园点云模型进行激光点云的分类。基于激光扫描仪对不同距离目标进行扫描时会接收到多次回波，软件模块中可提供地面点、低点、飞点、低矮植被、中等高度植被、较高植被、建筑物类别的分类处理。对于形态较为复杂的假山石，需要基于其脚点进行惟一对应类别的参数设置。

信息模型的建立包括场地的空间信息和属性信息，本文使用Arc GIS软件进行水泉院园林的信息模型建构研究。在属性信息方面，首先需要对水泉院园林进行空间信息的编码，明确要素名称、要素类别、要素相关来源与准确信息等，形成包含基础信息总表、园林历史变迁表、要素信息表等若干Excel文件。后台能够通过信息模型超链接随时调取与使用相关基础信息，实现人与信息模型之间的交互。对于空间信息来说，实现水泉院园林内各园林要素的管理需要以水泉院园林整体的三维实景模型为依托，该过程按照上述分类操作包括以下类别。①水泉院园林建筑对象。基于面数据类型进行图形数据绘制和存储，打开面数据属性信息后将链接至该要素编码所包含的全部基础信息及三维实景模型。②水泉院园林水体对象。基于面数据类型进行图形数据绘制和存储实现水体信息的可视化表达。由于地面三维激光扫描仪在扫描测绘水体时无法收集到回波，所以在实景模型的建立中需要手动建立水体形状和深度，以便后续管理。③水泉院园林挂牌古树对象。基于点数据类型进行图形数据绘制和存储。经调查，水泉院内有一级古树8棵、二级古树19棵，冠大荫浓，几乎将顶部完全覆盖。古树的存在对于园林历史信息的爬梳是十分重要的部分，本研究中将古树在水泉院三维实景模型中进行点定位，信息包括古树三维模型及胸径、冠幅等基础信息。④水泉院园林假山石对象。基于面数据类型进行图形数据绘制和存储。水泉院园林假山石类型可分类独峰、亭山、台山、池山等，假山与其他园林要素的结合较为多样。

5．结语

本研究将现代三维数字技术应用于中国古典园林，探究了园林数据的采集、处理、分类、管理的路径。建筑信息模型和景观信息模型在服务对象、流程和体系方面均与中国古典园林信息模型有所差异。本文提出中国古典园林信息模型建构的初步构想。①在技术层面上多平台协同合作，充分整合中国古典园林空间信息与属性信息。②在内容构建层面应结合中国古典园林造园理论，对各要素进行进一步细化，在造景布局方面给出总结。如该信息模型可进一步针对假山石进行掇山理法、选石特点、施工技艺等内容的整合，将过程中每一步骤数字化、信息化。③在未来应用层面上可进行移动设备的普及，代替园内讲解器，让公众体验到更多维度的信息展示。

本文收录在《第六届"三山五园"研究院学术研讨会会议论文集》中，2019年，287–295页。

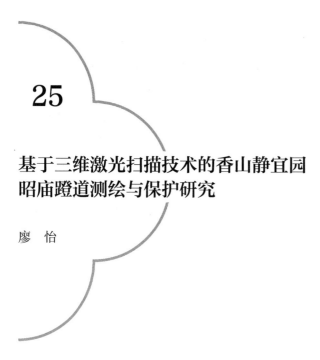

25

基于三维激光扫描技术的香山静宜园
昭庙蹬道测绘与保护研究

廖 怡

1. 研究背景

　　中国古典园林作为保存时间较长、构成要素丰富的文化载体和重要的历史文化遗存，不仅承载了源远流长的历史文脉，更在一定程度上代表了中国传统精神世界的寄托，在不破坏研究对象的前提下，完整、详细、准确地获取其几何和外观数据并加以记录和存档对其保护至关重要。[①] 中国古典园林营造风貌多以追求自然意境为胜，特别是其中假山、水体、植物等园林要素，形态不规则，研究难度大。[②] 中国古代对于这些不规则对象的记录主要是以绘画的形式作为建筑附属品呈现，表达

---

① 梁慧琳. 苏州环秀山庄园林三维数字化信息研究［D］. 南京：南京林业大学，2018.
② 喻梦哲，林溪. 论三维点云数据与古典园林池山部分的表达［J］. 山西建筑，2016，42（30）：197-198.

不够准确。近代人工测绘技术的发展使得园路、建筑、围墙等规则要素的测绘成为可能[1]，但假山等不规则要素的轮廓形态测量结果偏差较大，其复杂三维关系仍难以体现[2]。因此，有必要利用现代先进三维数字技术去快速、准确、完整地获取古典园林空间信息并进行图纸资料的绘制和保护性研究工作。

目前，地面三维激光扫描技术因其非接触、高效、准确等特点，一经引入便受到建筑行业的青睐，近年来在古典园林领域的相关探索也在逐渐增加。[3] 究其原因，是三维激光扫描技术相较于传统园林测绘方法具有较大优势：①非接触。三维激光扫描基于相位偏移测距原理，发射红外线激光将周围对象的散射光反射回扫描仪，与被测物体完全无接触，减小在测绘过程中对被测物体可能造成的损害。②速度快。三维激光扫描测量能够快速获取大面积目标空间信息，突破单点模式，相较于传统人工测量作业时间大大缩短。③精度高。地面三维激光扫描技术一经问世就在提高精度上不断前进，如FARO公司的Focus3D X330扫描仪，扫描半径为330米，误差仅为±2毫米。

三维激光扫描技术的引入为古典园林研究提供了宝贵契机，多种不同类型的三维扫描技术被尝试应用于古典园林。自张勃（2010）首次提出将该技术应用于掇山研究后[4]，近三年该技术应用于中国古典园林掇山的研究正在逐步开展：如喻梦哲等（2017）针对园林山池部分对环秀山庄和耦园假山进行的三维激光与近景摄影测量技术结合的尝试，并与手工测量复核比较讨论出两种方法的可行性[5]；张青萍等（2018）使用无人机倾斜摄影测量、地面三维激光扫描及近景摄影的方法融合，探

---

① 古丽圆，古新仁，扬·伍斯德拉. 三维数字技术在园林测绘中的应用——以假山测绘为例［J］. 建筑学报，2016（S1）：35-40.

② QIN K, LI Y J. A digital mapping modeling method applied to imperial garden rockery［J］. World Scientific Research Journal, 2018, 8（4）: 324-334.

③ 刘科. 基于古建筑保护修缮需求的三维激光几何信息采集应用研究［D］. 北京：北京工业大学，2019.

④ 张勃. 以三维数字技术推动中国传统园林掇山理法研究［J］. 古建园林技术，2010（2）：36-38.

⑤ 喻梦哲，林溪. 基于三维激光扫描与近景摄影测量技术的古典园林池山部分测绘方法探析［J］. 风景园林，2017（2）：117-122.

讨了适用于私家园林的测绘方法[①]；胡洁等（2018）以乾隆花园为例，将不同的三维数字技术应用于不同园林要素，获得较为准确的园林模型[②]。

前人的研究成果对于三维数字技术应用于古典园林掇山的可行性作出了贡献，可见该技术在应用上具有快速、准确、直观等特点。基于以上技术背景与理论实践，笔者进一步总结古典园林掇山与周围环境在测绘研究中的方法，探究如何通过合理的布站方法来获取复杂山地条件下的蹬道掇山三维点云数据以对扫描精度与效率进行优化。

2．研究过程及结果

（1）研究内容

昭庙蹬道位于香山静宜园昭庙的后山坡，是解决昭庙万寿琉璃塔纵向交通的重要路径，在琉璃塔南北侧呈翼型对称分布，整体形态朝向昭庙，有环抱之势。该蹬道山径由片状或块状房山自然块山皮石掇叠而成，上下高差二十余米，根据山势灵活转折，山地坡度陡缓不一，踏步设计的高度也不同，增加了登临的难度与趣味性。北侧蹬道设置窄而陡峭，有"往而生畏"之感。南侧蹬道自昭庙南门起，整体形态较长且缓，登临难度较小。两条山径在顶部由于原有植物的阻挡均被分成两路，一路直至琉璃塔底，另一路至塔前平台汇合。

昭庙蹬道作为三维数字化研究对象具有以下特点。

①蹬道山径规模较大。昭庙和万寿琉璃塔作为皇家园林，是清朝廷为迎接六世班禅入京所建，规制高体量大，尽显皇家风范，整条山径依据静宜园天然山地而建，其规模远非私家园林可以比拟。

---

① 张青萍，梁慧琳，李卫正，等．数字化测绘技术在私家园林中的应用研究［J］．南京：南京林业大学学报（自然科学版），2018，42（1）：1–6.
② 王时伟，胡洁．数字化视野下的乾隆花园［M］．北京：中国建筑工业出版社，2018.

②蹬道各石块之间相互遮挡。由于房山石掇山的复杂性，蹬道山径中有很多相互遮挡的死角面，增加了数据获取的工作量和难度。

③蹬道与植物相结合。蹬道两侧为植丛坡地，除有大量原生植物外还散置了大小不一的石块，掩映层叠，在扫描中涉及众多要素细节。

（2）数据采集

香山静宜园地区属无人机禁飞地区，本研究采用地面三维激光扫描设备对昭庙蹬道进行了系统性数据采集。地面三维激光扫描设备采用FARO公司的相位式三维激光扫描仪Focus3D X330，测量速度可达976000点/s。

扫描测绘前需对现场环境进行勘察分析，大致确定站点布置位置，以尽量确保数据获取的完整性。站点过少或扫描参数设置过低会导致最终的点云数据缺失，反之又会造成数据量过大，内业处理压力大等问题。为保证扫描数据的完整性和效率，本研究在站点设置方面除保证足够的扫描覆盖范围，还设置了较高的扫描质量和足够高的站点重合度（表25-1）。每站扫描工作顺序为：站点勘测、对象点云扫描和彩色数码相片拍摄。本研究中对昭庙蹬道整体的三维激光站点共68个，其中蹬道区域56站，琉璃塔区域12站。此扫描仪内置的数码相机镜头，可在该站扫描完毕后拍摄7000万像素的照片，以记录该站点扫描对象的RGB颜色信息（图25-1，表25-1）。

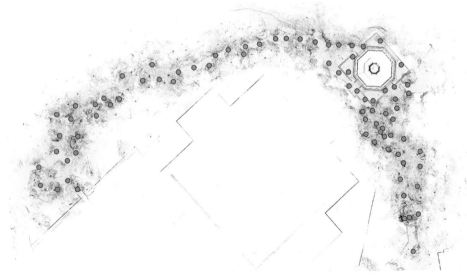

▶ 图25-1　昭庙蹬道站点图

模型名称	扫描信息				
	扫描站数	分辨率与质量	单站扫描时长	数据大小	数码相片数量
昭庙蹬道	68	1/5，3x	6min30s	5.59GB	5712张

昭庙蹬道扫描信息　　表25-1

（3）数据处理

通过以上步骤，地面三维激光扫描获得的静宜园昭庙蹬道68站的点云数据是根据各站点本身的扫描坐标系建立的，只有将扫描坐标系拼合处理到统一的坐标系下，才可以得到完整的昭庙蹬道空间数据（图25-2）。

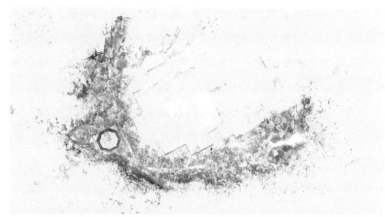

（a）俯视图

▶ 图25-2
昭庙蹬道点云模型

（b）三维视图

使用FARO配套的点云处理软件SCENE自动完成站点数据的初步降噪和RGB信息的赋予。在此步骤中，软件基于ICP算法（迭代最近点）实现了部分站点的自动配准，未拼接成功的站点需采用人工手动拼接，执行俯视图和云际的对齐分别配准并进行全局注册。本次点云拼接最大误差为21.9mm，中点错误为5.6mm，均在研究允许的误差范围（30mm）内，获得较为精准的昭庙蹬道点云模型（图25-3）。

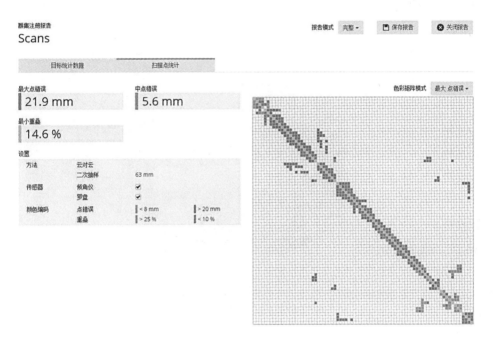

▶ 图25-3　昭庙蹬道扫描注册报告

（4）结果表达

经过点云配准及全局注册的昭庙蹬道点云模型是真实反映研究对象实际状态的三维空间数据，可以直观地展示出被测物体形态并作为历史资料保留存档。二维图纸可以更为准确地表达被测物体的特征，呈现方式也更为简洁。采用SCENE软件中的裁剪框可以直接将处理过后包含RGB色彩信息的点云模型导出正射影像图，即对完整的点云模型进行切片处理，所获得的模型切片应在不同视图下进行调整，以便获得合适角度的正射影像（图25-4、图25-5）。

▶ 图25-4

昭庙蹬道模型裁剪框处理

▶ 图25-5

昭庙蹬道模型阶段正射影像

3．相关问题的讨论

通过本次研究数据获取和处理可以发现，地面三维激光扫描技术具有较高的精度，在山地条件下可以充分发挥其精度高、无接触扫描等优势，可以快速准确地获取研究对象空间数据，显著提高园林环境测绘的准确性，特别是对于本次研究中形状不规则，表面纹理密集的房山石山径蹬道三维数据的获取。然而其中不乏技术限制。

（1）外业扫描中的条件限制

在外业扫描过程中，由于时间延续过长会导致扫描仪拍摄数码相片的光源不统一，继而导致点云模型的RGB颜色及实体模型的贴图光源不同。为了获得更准确的数据，应尽量选择对主体测绘对象干扰较小的外业时间，以此来规避可能造成的遮挡和贴图的准确性等问题，条件允许可以采用人造光源。同时，也可能存在植物叶片遮挡和摆动，对扫描数据结果造成干扰。

（2）测绘成果的精确表达

在成果的呈现方面，基于三维技术的园林测绘图纸在精度、效率上都占有绝对优势。SCENE正射影像图的效果更加生动、直观，能够较为逼真地反映出被测物体的纹理信息，由软件直接导出生成，自动化程度高。为保证高精度、高效率地完成二维图纸的绘制，对于不同的园林要素，亦可采用不同的表现方法：利用正射影像图最大限度地保留被测物体不规则的纹理轮廓信息；利用人工绘制的线画图应用于规则要素的形体表现。通过两种方法结合得到的二维图像既具有准确的模型轮廓表达，又有清晰的纹理信息，为未来文化遗产保护性工作提供了思路。

（3）基于点云技术的古典园林遗存保护

新兴技术的发展和信息、数字时代的到来，为风景园林学科提供了机遇，三维数字信息技术的独特优势，使其在中国古典园林领域的应用成为可能。地面三维激光扫描能够准确记录园内不规则园林要素表面的纹理信息，多次测量对比还可研究掇山的风化程度和破损状况等细节。目前，建筑信息模型（BIM）的发展使越来越多的学者开始关注其在景观领域的应用并提出了景观信息模型（LIM）的概念。[①]然而无论是BIM还是LIM，都主要着眼于场地从设计到运营的"全生命周期"体系，与中国古典园林的保护和研究内容有所区别。基于点云技术获取的古典园林遗存空间数据，可进一步拆分、解析、封装，并将所得的模型信息统一输入同一平台进行管理，实现中国古典园林信息模型的建立和园内遗存的监测与保护。

本文收录在《中国风景园林学会理论与历史专业委员会2020年会论文集》天津，2020年。

---

① 参见文献：刘颂，章舒雯. 数字景观技术研究进展——国际数字景观大会发展概述［J］. 中国园林，2015，31（2）：45-50；赖文波，杜春兰，贾铠针，等. 景观信息模型（LIM）框架构建研究——以重庆大学B校区三角地改造为例［J］. 中国园林，2015，31（7）：26-30；孙鹏，李雄. BIM在风景园林设计中应用的必要性［J］. 中国园林，2012，28（6）：106-109；邢天，李晓颖，孙新旺. LIM技术在风景园林设计中的应用研究——以连云港市刘志洲山体育公园为例［J］. 设计，2019，32（13）：70-72.

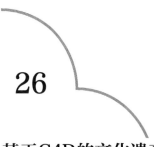

26

基于C4D的文化遗产深度传播内容打造路径研究及实践
—以"遗介"微信公众号为例

陈婉钰

1. 文化遗产传播的意义、目的和困境

（1）文化遗产传播的意义：文化遗产价值的组成部分

自1972年联合国教科文组织（UNESCO）颁布《保护世界文化和自然遗产公约》以来，文化遗产保护运动已成为世界上非常成功的国际运动。

近年来，文化遗产保护中出现了从单纯保护到重视传承共享、从专业领域内的技术性保护到社会整体系统内的公众性保护的转变。这不仅是一个价值理念与保护实践不断国际化传播、扩散的过程，也是一个越来越关注、重视遗产的阐释、展示等与传播理念有关的理论探讨与保护实践过程。文化遗产传播的过程和结果逐渐成为遗产价值的组成部分，成为达成遗产保护目的的重要环节。

随着《国家"十三五"时期文化发展改革规划纲要》的出台，文化遗产传承与发展愈来愈受到世人的关注。但目前我国文化遗产传播的力度和效果尚不理想，导致我国文化遗产传播面临着严峻的挑战，寻找正确的传播策略迫在眉睫。

（2）文化遗产传播的目的：推动公众保护知识、意识、行为提升

除了国家和专业机构，公众是推动文化遗产保护的重要主体之一。[①]让公众加入文化遗产保护，首先需要使文化遗产的价值被公众认知。如何深度传播文化遗产价值，是文化遗产保护面临的重要挑战。

传播过程是一个目的性行为过程，具有企图影响受众的目的。《传播社会的组织与功用》一文中，将传播界定为"5个W"，即：Who（谁）says What（说了什么）in Which Channel（通过什么渠道）to Whom（对谁说）with What effect（有什么效果）。对应到文化遗产传播中，"谁"是文化遗产知识的传播者，"说什么"是指传播的文化遗产信息，"渠道"指不同展示形式与传播途径，例如出版物、微信公众号等，"对谁"是指文化遗产信息的接受者，不仅是学者，而且是全部的公众，"效果"是文化遗产信息传播引起接受者的关注或在一定程度上对接受者产生的影响。

结合公民科学素养，通常包括知识、意识、行为三方面。文化遗产的传播应以使公众正确认识文化遗产价值、提升文化遗产保护意识直至产生行为的转变，以不进行破坏性活动或主动抵制破坏行为的方式，从受众能够理解的角度设计传播内容。

（3）文化遗产传播的困境：传播主体多，受众相对局限，传播效果不足

在"新媒体+文化遗产"的传播模式中，微信公众号是常见的传播媒介之一。文化遗产类公众号通常可分为官方微信、学术研究机构公众号、民间个人公众号、商业机构（企业）公众号等四类，数量众多，内容丰富，但实现文化遗产深度传播的微信公众号寥寥可数。

就目前情况看，上述四类公众号存在不同的困境。官方公众号文章内容与语言风格相对正式，虽然关注人数多，但传播力度较弱。如最权威的非遗主题新媒体平台，除公告式文件阅读量破万，其他类型推文阅读量多处于500～1500区间。学术研究机构公众号文章，由于内容的学术性导致文章传播范围受限，通常在学界内部传播。而民间个人公众号，虽不乏优质内容生产者，但由于文章内容为兴趣导向，自由度高，文化内容传播的体系性相对较弱。商业机构（企业）公众号则过于商品化和产业化，使文化价值的本真被过度改造。

---

① 丛桂芹. 文化遗产保护中阐释与传播理念的凸显［J］. 建筑与文化，2013（3）：60-61.

2.文化遗产深度传播内容设计策略研究

（1）基于"社交货币"理论设计文化遗产传播内容

传播领域有一种理论为"社交货币"。评估社交货币价值的六个维度分别是 Affiliation（归属感），Conversation（交流讨论），Utility（实用价值），Advocacy（拥护性），Information（信息知识），Identity（身份识别）。

在传播领域，可参考总结为以下几个方面。①篇幅，文字的长度和内容的深度。长文章能够让读者更长时间沉浸在文章的内容中，有机会让文章更有深度。②内容是否能让阅读者产生共鸣。与阅读者的工作和日常生活直接相关的话题优于抽象概念，如故宫比宫殿更具象。③内容是否有价值或者对读者有帮助。即文章的实用性，体系性优于散点。④名人效应，即文化遗产知名度，如故宫比二里头更知名。⑤内容是否新颖、有趣。第一种是具有新意，特别是具有争论价值的观点性内容。通常来说，具有新意和争议的独特性标题能够在很大程度上扩大传播内容的影响力。⑥是否是想说而不敢说的内容。⑦传播者是否有好处。如可作为谈资的内容，可供读者博得他人认可的内容，让自己成为别人眼中风趣、有学识、有见解的人。

（2）基于易操作性选择展示形式和工具

展示方式上，现有方式通常包括视频、动画、文字、摄影图片、漫画。

制作软件上，通过对主流三维软件的对比，从时间成本、软件学习难易程度等方面考虑，选取C4D（CINEMA 4D）进行动画配图制作（表26-1）。

三维动画软件特点一览　　　　　　　　　　　　　表26-1

三维动画软件	特点分析
3D Studio Max（3D Max）	依赖插件完成动画；多边形工具组件和UV坐标贴图的调节能力强；熟练使用的情况下至少用时一个星期以上
CINEMA 4D	几乎所有的属性和参数都可以被设置成动画；最易上手的3D软件；以高运算速度和强大的渲染能力著称
MAYA	所有属性都可以被设置成动画；相对于3D Max，角色制作、角色渲染真实性强；学习过程可能非常漫长
BLENDER	开源的跨平台全能三维动画制作软件，提供从建模、动画、材质、渲染，到音频处理、视频剪辑等一系列动画短片制作解决方案
HOUDINI	创建高级视觉效果的有效工具；适用于制作电影特效

传播平台通常有微信、短视频平台等。腾讯公司最新年报数据显示，2020年，微信和WeChat合并，月活跃用户达到12.06亿（图26-1）。

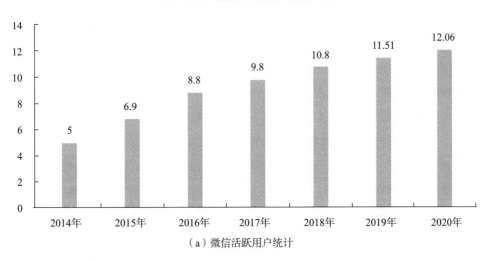

（a）微信活跃用户统计

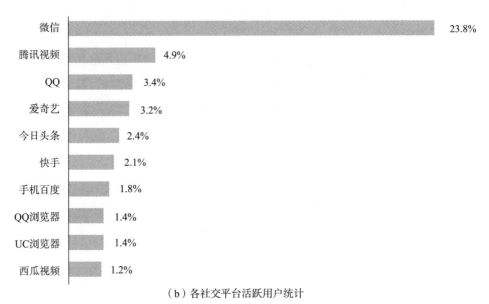

（b）各社交平台活跃用户统计

▶ 图26-1 微信等社交平台的活跃用户统计

图片来源：（a）中国情报网；（b）中国产业信息网。

（3）基于微信公众号实践分析传播效果

"遗介"微信公众号通过C4D软件制作动画并进行了发布。通过统计、对比、研究2018～2020年间"遗介"公众号发布的58篇文化遗产科普类文章7日内总阅读次数和总分享次数，分析阅读和分享次数高的文章特点，可有效助力文化遗产传播的内容制作方向。

从7日内总阅读次数看，最高值为19300人次，最低值为167人次，平均值为2693人次。从7日内总分享次数看，最高值为2247人次，最低值为10人次，平均值为235人次（表26-2）。

7日内总阅读次数和7日内总分享次数（单位：人次）　　表26-2

内容	最高值	最低值	平均值
7日内总阅读次数	19300	167	2693
7日内总分享次数	2247	10	235

其中，使用C4D进行动画创作的有《古建筑屋顶这么多？！》《四合院，是什么？》《城墙是什么？》《桥是什么？》《故宫是什么？》《石窟寺，是什么？》《中国园林，是什么？》7篇文章。

对比每篇文章7日内总阅读次数和总分享次数，《古建筑屋顶这么多？！》《四合院，是什么？》《故宫是什么？》《石窟寺，是什么？》《中国园林，是什么？》5篇使用C4D进行动画制作的文章7日内总阅读次数和总分享次数均显著高于平均值（表26-3，图26-2）。

使用C4D进行动画制作的文章数据一览　　表26-3

文章名	7日内总阅读次数	与均值相比	7日内总分享次数	与均值相比
中国园林，是什么？	9260	244%	969	312%
四合院，是什么？	16607	517%	1433	510%
故宫是什么？	19300	617%	2247	856%
古建筑屋顶这么多？！	5950	121%	576	145%
城墙是什么？	9020	235%	657	180%
石窟寺，是什么？	8106	201%	769	227%

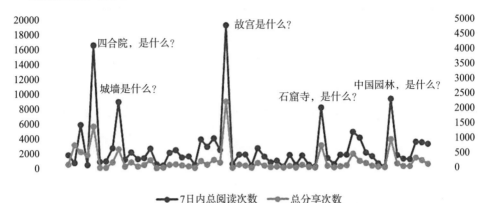

▶ 图26-2　2018～2020年间"遗介"公众号发布的58篇文化遗产科普类文章7日内总阅读次数和总分享次数折线图

3．文化遗产深度传播内容生产路径研究

（1）文稿设计

文稿设计需遵循以下几个原则。一是准确性：经过学者审核，保证内容的正确。二是体系性：注重通识而非精深；在各类推送中，成体系性的文章明显比散点文章阅读量更高。三是可读性：通俗易懂，由浅入深，以被不同层面受众理解为目的进行内容创作。四是易转发性：社交货币维度的传播设计。

（2）展示形式设计

基于已有文稿，进行图片和动画制作，具体步骤如下。

①环节一：以体现文化遗产核心价值、具有故事性的情节为标准，提取、剖析文稿内容。动画设计师与文章作者共同讨论，提炼文章中文化遗产科普内容要素。包括两个维度的要素，一是具象要素，二是抽象要素。具象要素指具有惟一性、实体性的要素，如故宫午门等；抽象要素指不具有惟一性的特定的实体的要素，如文化遗产中蕴藏的制式、模式等，如一池三山、左祖右社、前朝后寝等。

②环节二：以趣味性为原则，从具象和抽象两个维度入手设计动画。

在具象内容的动画设计上，首先，提取元素设计静态三维形象，如宫殿中的建筑、园林中的山水树屋。其次，根据传播内容需求制作动画效果。如《古建筑屋顶这么多？!》一文中，午门作为不同屋顶的集合，动图设计时使午门各个建筑依次升起，出现屋顶名称后落下。《中国园林，是什么？》一文中，提取石、水、树、屋四要素，以树木叶子的变化，突出生命力的内涵（图26-3、图26-4）。

（a）午门

（b）园林要素石的意象

（c）园林要素树的意象

▶ 图26-3 静态三维形象设计

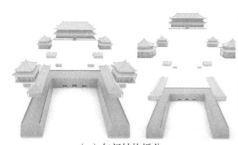
（a）午门结构拆分

（b）树的落叶动画

▶ 图26-4 动画形象分解图

在抽象内容的动画设计上，通过为抽象的概念搭配动画的方式，使文化遗产中的抽象概念、文字密码有趣地呈现，增强记忆点。首先，设计初步动画方式；其次，经过多主体头脑风暴，确定最终动画方式并制作动画；再次，邀请专家审核动画准确性；最后，邀请非专业人士及爱好者阅读文字段落与搭配动画，对动画和文字的对应性、动画的吸引性进行评估（图26-5、图26-6）。

望山览石——中国古典园林撷山数字化研究

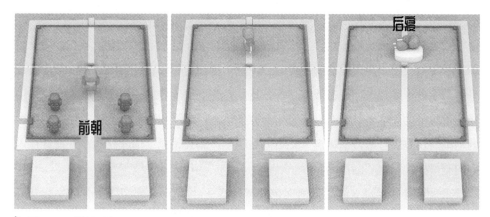

▶ 图26-5　前朝后寝

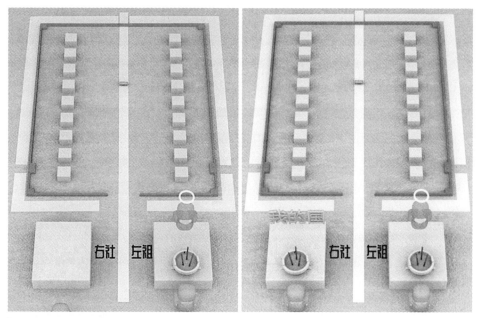

▶ 图26-6　左祖右社

③环节三：渲染导出。以风格统一性为原则，完成贴图、打光等调整，导出动图和单帧。

4．结语

本文基于文化遗产传播的重要性，论述了传播内容的设计策略，并在微信公众号平台上进行了实践，通过数据对比分析，论述了深度传播内容生产要点。一是用社交货币维度评估文章立意，二是用新媒体语态活化文化遗产内容，三是用创造力的动画展现方式打造传播爆点。最后总结了生产路径，以期为文化遗产深度传播内容的制作提供思路（图26-7）。

未来可进一步建立体系化的文化遗产科普平台、"产学研售"结合的文化教具和文创产品电商平台、聚合分享性的公众参与式文化遗产社群。

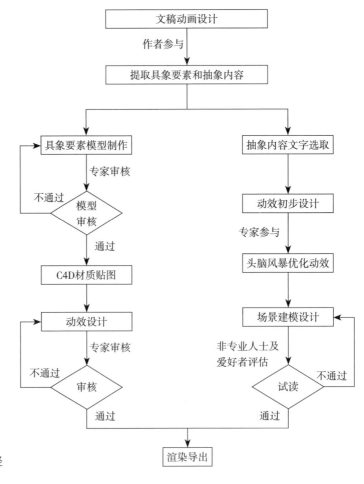

▶ 图26-7

深度传播内容生产路径

参考文献

［1］丛桂芹. 文化遗产保护中阐释与传播理念的凸显［J］. 建筑与文化，2013（3）：60-61.

［2］丛桂芹. 价值建构与阐释［D］. 北京：清华大学，2013.

［3］余的的，张翟. 三维动画软件的应用发展及其技术走势［J］. 电子技术与软件工程，
　　2017（13）：65-67.

［4］杨红. 目的·方式·方向——中国非遗保护的当代传播实践［J］. 文化遗产，2019（6）：
　　21-26.

［5］LIU Z. Trends in transforming scholarly communication and their implications.［J］.
　　Information Processing & Management，2003，39（2）：889-898.

［6］李冬琼，王曰芬，宁静. 学术传播阶段中传播要素的演变规律及其相互作用研究——以
　　中国新能源研究文献为例［J］. 情报理论与实践，2016（1）：8-15.

［7］阎敏. "新媒体+非遗"传播模式创新研究［J］. 东南传播，2019（5）：66-68.

［8］王德胜. 非物质文化遗产的多元化传播策略［J］. 新闻爱好者，2018（6）：73-76.

［9］何鹏，李卫正，王琦，等. 三维建模软件CINEMA 4D在园林辅助设计中的应用［J］.
　　林业科技开发，2014，28（4）：121-125.

［10］王寅. 如何利用"社交货币"做好微传播——以微信订阅号平台为例［J］. 对外传播，
　　2015（9）：63-64.

［11］吴平莉. 浅谈三维设计软件Cinema 4D［J］. 视听，2019（4）：258-259.

［12］赵塘滨. 对比五大三维动画软件［J］. 北京电力高等专科学校学报：社会科学版.
　　2012，29（3）：556-557.

［13］冯新玲，万萌. 当前主流三维动画制作软件的比对分析［J］. 电子技术与软件工程，
　　2014（19）：93-94.

27

基于非物质文化遗产保护和传承的叠石技艺数字化方法研究

陈婉钰

引言

　　中国传统叠石技艺（简称叠石技艺）于2014年被列入第四批"国家级非物质文化遗产代表性项目名录"中（简称非遗）。随着现代信息技术的发展，数字技术已成为非遗保护与传承的必备手段。我国于2005年开展了非遗数字化保护工作，于2011年在法律层面明确了开展非遗数字化保护的必要性。目前非遗传统技艺类项目的数字化保护研究已从资源数据采集、知识可视化表达、多媒体交互、新技术综合运用等方面展开（图27-1）。①

　　非遗传统技艺类项目的特殊性在于，传统技艺的内涵包含知识传承的无形性与实物创造的有形性，传统技艺的保护是无形性保护与有形性保存的结合。针对叠石技艺的有形性保存，假山的数字化保护工作起步较早。自2012年三维激光扫描技术引入假山测绘工作以来，喻梦哲、杨菁等人陆续展开了数字测绘与逆向建模等数字技术在假山数字化保护方面的探索与实践，这些研究集中于对假山数字测绘优化方式的探讨。针对叠石技艺的无形性保护，张勃、白雪峰等人探讨了数字技术在掇山

▶ 图27-1　苏州环秀山庄照片

① 参见文献：2014年被列入第四批"国家级非物质文化遗产代表性项目名录"的传统造园技艺（扬州园林营造技艺）为扬州园林建筑技艺和叠石技艺。卓么措. 非物质文化遗产数字化保护研究［J］. 实验室研究与探索，2013（8）：225-248；谈国新，孙传明. 信息空间理论下的非物质文化遗产数字化保护与传播［J］. 西南民族大学学报（人文社科版），2013（6）：179-184；《国务院办公厅关于加强我国非物质文化遗产保护工作的意见》，《中华人民共和国非物质文化遗产法》；张玮玲. 基于"参与式数字化保护"理念的西部民族地区非物质文化遗产数据库建设——以宁夏地区为例［J］. 图书馆理论与实践，2016（12）：110-114；余日季. 基于AR技术的非物质文化遗产数字化开发研究［D］. 武汉：武汉大学，2014；王龙. "互联网+"时代非物质文化遗产的数字化［J］. 求索，2017（8）：193-197；张旭. 非物质文化遗产的数字化展示媒介研究［J］. 包装工程，2015（10）：20-28；黄永林，谈国新. 中国非物质文化遗产数字化保护与开发研究［J］. 华中师范大学学报（人文社会科学版），2012（2）：49-55；谭必勇，张莹. 中外非物质文化遗产数字化保护研究［J］. 图书与情报，2011（4）：7-11；裴张龙. 非物质文化遗产的数字化保护［J］. 实验室研究与探索，2009（4）：59-61；兰昱. 传统手艺类非遗项目的数字化传承与保护措施研究［J］. 艺术评鉴，2017（19）：177-178.

中的应用路径，数字化相关工作集中于文字、图形、图像、访谈等层面。^①

数字化时代如何有效地利用数字技术保持文化的活力、促进文化可持续发展，是当今非遗领域备受关注的话题。由于叠石技艺创造实体的固定性、叠石实践的复杂性、叠石材料的多样性，其数字化时代下的保护方式亟待探讨。本文从非遗的"活态保护""活态传承"原则出发，基于叠石技艺的特点，尝试提出针对叠石技艺的数字化保护方法，并以典型技艺为例，进行数字化实践。^②

1. 叠石技艺数字化方法的提出

（1）叠石技艺的现状

叠石技艺中的典型手法被古代叠山匠师们以口诀的形式进行传承，因受到时代、区域、文化、空间等因素的影响，在传承过程中形成了多种叠石口诀。20世纪70年代，孟兆祯院士在《中国古代建筑技术史》中将叠石口诀与图像进行了结合。90年代出现了由工匠自己总结叠山经验的专著，如方惠著《叠石造山的理论与技法》等。目前，叠石技艺以口诀、图像、视频、访谈等形式，通过学校教育和社会教育进行传播。

---

① 参见文献：于富业. 我国传统制造技艺类非物质文化遗产保护与传承的生态环境研究［J］. 广西社会科学，2014（1）：47-51；杨宝利，宋利培，高苏岚. 历史名园掇山典范——北海叠石的价值与特点［J］. 北京园林，2012（1）：51-56；喻梦哲，林溪. 基于三维激光扫描与近景摄影测量技术的古典园林池山部分测绘方法探析［J］. 风景园林，2017（2）：117-122；杨菁，吴葱，白成军，等. 2012承德避暑山庄测绘及教学思考［J］. 建筑创作，2012（12）：204-211；何鹏，李卫正，王琦，等. 三维建模软件CINEMA 4D在园林辅助设计中的应用［J］. 林业科技开发，2014（4）：121-125；李云. 不规则形体点云的三维重建研究［D］. 乌鲁木齐：新疆大学，2013；古丽圆，古新仁，扬·伍斯德拉. 三维数字技术在园林测绘中的应用——以假山测绘为例［J］. 建筑学报，2016（S1）：35-40；张勃. 以三维数字技术推动中国传统园林掇山理法研究［J］. 古建园林技术，2010（2）：36-38；白雪峰. 数字化掇山研究［D］. 北京：北方工业大学，2015.
② 参见文献：项兆伦. 正确认识非遗，是正确有效地保护、传承和发展非遗的前提［J］. 文化遗产，2017（1）：2-3，157；关宏. 论佛山非遗传承人保护的创新［J］. 文化遗产，2016（4）：149-156.

在当今数字化的传播环境中，利用数字化方式与手段建立可持续发展、可共享、易于传播和扩散、具有物质和精神双重价值的叠石技艺数字资源，可促使其更好地发展。在叠石技艺的教育与传承方面，数字资源的交互、动态等特性可使学习者更好地感受到叠石技艺的运用方式，从而辅助实践，提升知识传达效率；在叠石技艺的社会参与方面，数字资源的多媒体性、远程共享等特性可使公众突破叠石实践的条件限制、时空限制，通过网络技术实现叠石技艺的跨时空传播。本文将从叠石技艺数字文化资源的内容、建立方法、步骤展开叠石技艺数字化保护方式的探讨。①

（2）叠石技艺数字化保护内容

基于传统技艺发展性、动态性、实践性、活态性的特点以及非遗数字化工作的基本原则，笔者认为叠石技艺的数字化工作应围绕传承人体系展开，遵循保真、完整、系统等原则，从无形性保护与有形性保存两方面入手。在无形性保护方面，首先明确技艺存在的文化环境；其次完整梳理技艺内涵，将传承人的思想、观点以及对叠石技艺运用方式的解释转化为数字形态进行保存。在有形性保存方面，首先对典型叠石作品以及传承人体系对作品的评价进行记录；其次对工具、原材料等进行记录；最后建立叠石实践以及技艺运用过程的数字形态资源。

因此，数字化保护的核心是叠石技艺的运用方式、叠石的过程及其所反映的文化观念、审美意识、价值认同、历史传承、口传身授的民间知识等。

（3）数字化保护应用技术

数字技术在非遗中的应用分三类：数字化采集和存储技术、数字化复原和再现、数字化展示和传播。数字化手段主要作用于叠石技艺的数字化采集、再现、传播三方面：采集方面为数字信息的获取与存储，主要包括二维与三维数字扫描、数字建模、文字、图片、录音、录像等。再现方面为数字信息的管理与展示，主要涉

---

① 参见文献：卜复鸣. 苏州园林假山评述［J］. 中国园林，2013，29（2）：100-104；黄春华，王晓春，方惠，等. "扬派叠石"设计理法探析［J］. 扬州大学学报（农业与生命科学版），2011（3）：89-94；李芳联. 从苏州园林中的石景营造看古代文人的审美取向［J］. 艺术与设计（理论），2009（8）：163-165；王劲韬. 中国园林叠山风格演化及原因探讨［J］. 华中建筑，2007（8）：188-190；王劲韬. 论中国园林叠山的专业化［J］. 中国园林，2008（1）：91-94；张毅. 非遗保护与传承的历史使命是推动其可持续发展［J］. 文化遗产，2016（5）：8-11.

及基于文化存在方式的虚拟现实、动态交互、场景建模等技术。传播方面为针对专业与大众的传承与传播，根据传播对象选择合适的媒介进行，主要包括交互演示、虚拟漫游、交互游戏、三维动画、电影、纪录片、动漫等形式以及PC网络平台、移动智能设备、社交网络、公共文化平台等媒介。[①]

2．叠石技艺数字化的路径与步骤

（1）叠石技艺数字化的路径

综合以上几点问题，笔者认为传统叠石技艺的数字化工作应按数字化采集、数字化再现、数字化传播三个步骤顺序进行，在整个工作流程中，数字化采集是基础[②]，数字化再现是核心，数字化传播是目的，三个步骤相互关联和影响。

数字化采集工作包括数字化采集方案的编写、采集技术与存储格式的选择以及数据的采集与加工三个步骤。其核心是采集内容、采集对象、采集技术以及存储格式的选择。其中，采集内容的全面性决定了后续数字再现环节中数据库的完整性；采集对象的特点影响着后续数据加工的方向；采集技术以及存储格式决定着数据加工的方式。

---

① 参见文献：翟姗姗，刘齐进，白阳．面向传承和传播的非遗数字资源描述与语义揭示研究综述 [J]．图书情报工作，2016（2）：6-13；高卫华，贾梦梦．传统文化数字化传播有待解决的几个问题 [J]．当代传播，2016（2）：43-45；姚伟钧，于洪铃．中国传统技艺类非物质文化遗产的分类研究 [J]．三峡论坛，2013（6）：69-72；于富业．我国传统制造技艺类非物质文化遗产保护与传承的生态环境研究 [J]．广西社会科学，2014（1）：47-51；杨红．非物质文化遗产数字化记录的利弊与策略 [J]．文化遗产，2015（2）：9-13；周亚，许鑫．非物质文化遗产数字化研究述评 [J]．图书情报工作，2017（2）：6-15；佟婷，晏紫昭．从体验性角度浅析全息技术与非物质文化结合的意义 [J]．电视研究，2015（8）：44-46；林坚．科技传播的结构和模式探析 [J]．科学技术与辩证法，2001（4）：49-53，56．
② 许轶璐．非遗数字化采集工作实践研究——以"香山帮传统建筑营造技艺"为例 [J]．大舞台，2015（12）：234-235．

数字化再现工作包括数字范例的创建与数据库的构建，其核心是确保数字范例的典型性、完整性。其中数字范例的典型性决定了数字信息传达的准确性；数据库的完整性影响着数字传播内容的多样性。

数字化传播工作包括展示内容的选择、数字再现平台的搭建及传播媒介的选择。其核心是基于传播的内容、方式与对象，建立具有真实性、现场性、参与性的传播系统。传播内容源自数字化再现环节所搭建的数据库。叠石技艺数据库中包括技艺基础信息、表现口诀的三维数字范例、叠石技艺运用过程的动态演示等，传播方式受到传播内容与传播对象的影响。基于此，笔者提出叠石技艺的数字化保护工作路径（图27-2）。

（2）叠山技艺数字化的步骤

①数字化采集

数字化采集主要包括数字化采集方案的制定、采集技术与存储格式的选择、数据的采集与加工三个内容，具体如下。

一是数字化采集方案的制定。

结合非遗活态保护原则与非遗数字资源采集规范，数字化采集工作围绕传承人展开，采集内容包括传承人叠石技艺的解释与演示、传统园林中的假山实体、经典文献中对叠石技艺的记载等。采集对象包括叠石技艺基本信息、风格流派、传承、材料、工具、营造理念、营造技艺、技艺特色、工艺流程、假山形制与形态、典型作品、文献资料和保护情况等（表27-1）。

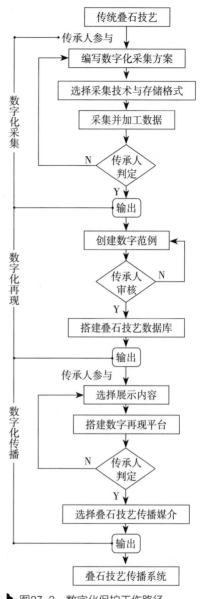

▶ 图27-2 数字化保护工作路径

数字化采集的对象与内容

表27-1

类别		内涵
有形性	作品	典型作品、传承人代表性作品等
	工具	传统叠石工具与传承人改进的叠石工具等
	材料	原材料、辅助材料等
	过程	叠石过程及相关工艺流程等
无形性	思想	传承人体系中的意识形态、观点、评价等
	理念	风格流派、技艺特色（因地制宜，因材施艺）
	传承	历史沿革、分布区域、传承方式

二是采集技术与存储格式的选取。

针对技艺的无形性，采集技术主要有基于传承人的录像技术、基于文献专著的信息检索技术；存储格式主要有文字、图像、视频、音频等。针对技艺的有形性，采集技术主要有基于假山实体的三维激光扫描、近景测量等数字测绘技术，基于点云数据处理的三维建模、逆向建模技术；存储格式主要包括三维的数字模型与二维的数字图像等。

三是数据的采集与加工。

这个步骤可分为采集、加工、分析、审核四步。数据采集应尽量以全面详尽地展示叠石技艺为原则，根据不同形态、形式的内容选择相应的方法、方式与技术，并向传承人体系进行咨询或传承人直接参与；数据加工应针对不同的技艺特点对采集到的数字信息进行拆分与重组；根据不同叠石技艺的特征进行分析，提取典型性特征，设计叠石技艺载体；最终数据由传承人体系进行审核，通过即进行叠石技艺数据库的搭建，如果未通过应重新对数据采集过程进行分析和改进。

②数字化再现

数字化再现工作围绕数字范例开展，分为数字范例的创建、审核、汇总三个步骤，具体内容如下。数字范例的创建应明确数字范例表达的信息与选择合适的数字化工具；针对数据库中数字资源的特点，结合叠石技艺内容进行审核，汇总内容由传承人审核并给出意见。

在数字化再现工作中，应充分利用如文字、图像、音频、视频、三维模型等不同格式的数字资源，明确叠石技艺中应展示、传播和传承的具体信息，并综合运用当前主要的数字展示方式进行数字范例的创建，以期优化传达效果，提高传承效率。

③数字化传播

叠石技艺数字化传播需结合学校教育与社会教育的不同需求，结合传承人、匠人、学生、学者、相关研究机构与社会公众等不同主体的特点，进行传播系统的设计。首先需根据专业传承与大众传播的不同需求，选择数字资源深度加工的方向。其中专业传承的主要目的是更高效、更直观地传播知识，而大众传播的主要目的是更美观、富有趣味地再现叠石技艺，培养社会对叠石造山过程的关注、理解与兴趣。其次选取传播媒介，进行数字资源的深度加工，并建立展示平台。[①]

3. 叠石技艺数字化实践

通过匠人、学者等在传统叠石技艺方面的探讨与研究可知，叠石口诀是技艺传承的核心内容和手段。[②] 不同文化环境中产生的不同口诀可反映技艺在历史中的演变、区域内的发展以及当时的文化观念等。目前流传下来的一些叠石口诀中，常见的有北京山子张的"十字诀""三十字诀"与江南一带的"九字诀"等（表27-2）。

常见口诀　　　　　　　　　　　　　　　　　　表27-2

分类	来源	内容
北派	十字诀	安、连、接、斗、挎、拼、悬、剑、卡、垂
南派	三十字诀	安连接斗挎，拼悬卡剑垂，挑飘飞戗挂，钉担钩榫扎，填补缝垫杀，搭靠转换压
	九字诀	叠、竖、垫、拼、挑、压、钩、挂、撑

---

① 参见文献：周鹏程. 苏南传统木作工具的数字化修复与交互展示方法研究——以平刨和墨斗为例［J］. 装饰，2017（9）：99-102；李春富，柴晶. 信息化时代下的交互展示平台设计［J］. 包装工程，2014（22）：135-138.

② 魏菲宇. 中国园林置石掇山设计理法论［D］. 北京：北京林业大学，2009.

本文以叠石技艺中的经典技法"挑、压、飘"为例，进行数字化保护方法的应用尝试。[①]

（1）根据数字资源采集内容，收集文献中对"挑、压、飘"技法的相关文字描述，以及古典园林中典型的"挑、压、飘"局部照片与经典著作中典型的"挑、压、飘"技法图像（表27-3、表27-4）。

"挑、压、飘"技法的文字描述节选　　　　　　　　表27-3

类别		示例
历史文献		予以平衡法将前悬分散后坚，仍以长条堑里石压之，能悬数尺
专著	学者专著	挑石每层约出挑相当于山石本身质量1/3 的部分。从现存园林作品中来看，出挑最多的有2米多
	传承人专著	即从山体中伸出一长条状石为挑，在其顶端再横置一石为飘……为保持挑石的平衡，须在挑石的尾部压上一块山石，此为压
工匠职业规范		挑头置石为"飘"。飘石的使用主要是丰富挑头的变化，所用石块一般以具有细、薄、弯、长特征的为首选

资料来源：作者根据《园冶》《风景园林工程》《叠石造山的理论与技法》《古建筑假山工》等文献汇总。

"挑、压、飘"技法的图像与照片节选　　　　　　　表27-4

形式	示例	
图画		
图文		

① 参见文献：高小康. 非物质文化遗产的保护与公共文化服务［J］. 文化遗产，2009（1）：2-8；焦洪涛正在进行构建全国"非遗资源知识产权地图"的研究……再通过仿真处理和结构模型动态化、可视化地呈现出来。据焦洪涛说："地图构建完成后，就可建立相关防御机制，更好地保护非物质文化遗产资源。"（来自中国社会科学网）

形式	示例
照片	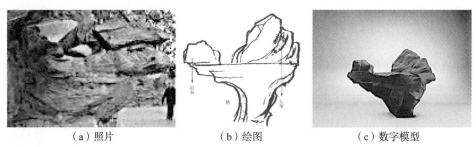

资料来源：作者根据《园冶》《风景园林工程》《叠石造山的理论与技法》《古建筑假山工》等文献汇总；照片为作者自摄。

（2）针对叠石技艺特点，分析数字信息，提炼技艺特征，建立数字范例。

（3）基于传承人体系对技艺运用的解释与演示，结合后期展示与传播的需求，以可延展应用为目的，选择合适的表达方式，进行叠石技艺数字资源的深度加工，如图像视频、模型渲染、动画演示、交互属性设定等（图27-3、图27-4，表27-5）。

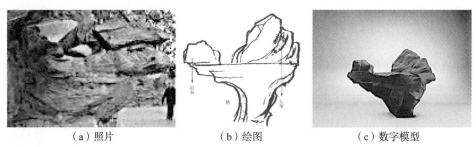

（a）照片　　　　　　（b）绘图　　　　　　（c）数字模型

▶ 图27-3　叠石技艺的记录

图片来源：（a）作者自摄；（b）孟兆祯. 风景园林工程［M］. 北京：中国林业出版社，2012；（c）作者自制。

（a）初始状态　　　　　　　　　　（b）放置过程

▶ 图27-4　基于关键帧动画的技艺演示截图

叠石技艺数字资源的交互属性设定　　　　表27-5

元素	类	交互设计	功能属性	物理属性
底部石头	A	不可交互：固定	初始给出的石底座	无
挑石	B	可交互：移动	挑	质量
压石	C	可交互：移动	压	质量
飘石	D	可交互：移动	飘	质量
撑杆	E	不可交互：自动	支撑石头D	无

（4）通过技艺资源地图、微课程、非遗游戏、数字博物馆、PC网络平台、移动终端等形式与渠道进行叠石技艺的数字化展示与传播。

4. 结论与展望

　　传统叠石技艺是我国珍贵的非物质文化遗产资源，建立传统叠石技艺的数字化保护方法对促进其在数字时代下的传承与发展无疑具有积极意义。本文通过分析非遗数字化保护方法与原则，结合叠石技艺特点，分别探讨了叠石技艺数字化采集、数字化再现、数字化传播三方面的工作环节与路径，提出了叠石技艺的数字化保护方法。并以典型技艺为例，从数据收集、模型重建、交互设计三方面进行了数字化实践，对所提出的方法进行了验证。在此基础上，可对传统叠石技艺数字化方法进行更深入的探讨与研究，以期使传统叠石技艺得以更好地传承与发展。

本文以英文题目"Study on Digital Method of Rockery Technology Based on Protection and Inheritance of Intangible Cultural Heritage"发表于《园博馆馆刊》，2020。

28

基于三维激光扫描技术的北京皇家
园林假山测绘探讨

秦 柯

　　叠山是中国古典园林技艺中最独特的内容，也是中国古典园林写意自然的重要手段。[1]以"三海""三山五园"为代表的北京皇家园林中的假山具有类型丰富、数量多、体量较大、与周边环境关系复杂的特点。长期以来，假山因其形体复杂，材料构件非标准化，加之传统测绘技术的局限，使得传统测绘技术难以实现对这些假山的精确测绘，因而也影响了对假山这一中国传统园林中独有内容的进一步科学分析和有效保护，对于被破坏、坍塌或亟待修复的假山，在其修复或复原时，因缺乏足够的数据，给这些修复或复原工作带来了困难和挑战。[2-8]

　　随着数字技术的不断发展，尤其是非接触性的三维激光扫描技术的出现后，该技术在考古、文保、测绘、建筑等领域得到了较为广泛的应用，除了被测物体的精度获得极大提高外，被测物体本身的材料特征、肌理、色彩、保存状态乃至周边环境的信息也可以被记录和留存。[9]

　　三维激光扫描技术在园林假山中的应用相对较晚，最早为北海公园静心斋假山和琼华古洞的三维重构案例。北方工业大学张勃教授团队自2010年起致力于假山置石的数字化探讨，并建设智慧城市与数字空间实验室，自2014年起陆续对清代皇家园林中的北海、静宜园、圆明园等园林中的部分假山进行了数字测绘工作。[2]本文从三维激光扫描技术的角度出发，对团队进行的北京皇家园林假山测绘实践进行简要介绍。

1．常用的数字测绘技术、TLS的优势和北京皇家园林测绘条件的限制

三维数字化的目标是使模型具有几何准确性、真实感和场景的完整性，是要让数字模型在形状、位置、色彩等方面忠实于原物，并达到高精度的要求。数字测绘技术因其测绘的非接触性、较传统测绘方法的精确性、效率高等特点，在考古、文保、测绘等领域率先得到了应用，常用的数字测绘技术主要有以下几类。

（1）常用的数字测绘技术

地面三维激光扫描（Terrestrial Laser Scanner，TLS）。地面激光扫描是一种先进的全自动高精度立体扫描技术，是利用三维激光扫描仪获取目标物表面各点的空间坐标，然后由获得的测量数据构造出目标物三维模型的一种全自动测量技术。地面激光扫描是继GPS后的测绘新技术，已成为空间数据获取的重要技术手段，[10-13]近年来已成为测绘领域的研究热点，主要应用于文物保护、古建筑重建、虚拟现实、地形勘测、数字城市、城市规划、矿山测绘等领域。[6]激光测距是三维激光扫描仪的主要功能之一，激光测距的原理主要有脉冲测距法、干涉测距法、激光三角法三种类型。目前测绘领域所使用的三维激光扫描仪主要是基于脉冲测距法。[10]

移动测绘系统（Mobile Mapping System，MMS）。移动测绘系统是20世纪90年代兴起的一种快速、高效、无地面控制的测绘技术。它是在机动车上集成了GNSS全球定位系统（GPS）、相机、惯性导航系统（Inertial Navigation System，INS）、激光扫描（Laser Scanner，LS）系统等多种先进传感器，能进行高精度大

场景的三维数据信息采集。[14]

无人机（Unmanned Aerial Vehicle，UAV）。UAV是一种机上无人驾驶的航空器，其具有动力装置和导航模块，在一定范围内靠无线电遥控设备或计算机预编程序自主控制飞行，是动力驱动、机上无人驾驶、可重复使用的航空器的简称。[15-16]无人机摄影测量可避免地面拍摄位置的限制，到达人为拍摄无法涉及的区域进行数据采集，对地面摄影测量起到了补充作用。[17]另外，无人机摄影测量还可通过垂直、倾斜等多角度多方位地对地物进行拍摄，同时记录航高、航速、航向、旁向重叠、坐标等参数，然后对倾斜影像进行整理和分析，是当前国际测绘遥感领域的热门技术。[18]

全站仪（Total Station，TS）。全站仪是一种集光、机、电为一体的高技术测量仪器，是集水平角、垂直角、距离（斜距、平距）、高差测量功能于一体的测绘仪器系统，在测量角度、距离、空间坐标等方面发挥重要作用。[19]

全球导航卫星系统（Global Navigation Satellite System，GNSS）。全球导航卫星系统是能在地球表面或近地空间的任何地点为用户提供全天候的三维坐标、速度以及时间信息的空基无线电导航定位系统。[20-21]

同步定位与地图构建（Simultaneous Localization and Mapping，SLAM），指机器人在自身位置不确定和未知的环境中创建环境地图，并且利用地图进行自主导航与定位。该方法可以理解为在未知的环境中，移动机器人的同时利用各种传感器逐渐创建场景地图进行位置估计，进而完成自身的导航与定位。这种技术在GPS信号无法达到的室内、隧道内、高架桥下等区域的测量定位中起到关键作用。[22-24]

（2）TLS在叠山测绘中的优势

通过对常用的数字测绘技术分析可知，不同测绘技术的特点及针对性不同，所适用的领域及获取的信息也不同，需要根据具体测绘目标的特点和要求选择合适的测绘技术。对现存皇家园林中叠山实体的数字化信息采集，需达到能够完整、准确地获取其周边环境、外形、纹理、体量、石材种类等信息的要求。所以本研究根据各项技术的特点，综合考量测绘精度、工作效率、工作范围等因素，主要采用地面三维激光技术对皇家园林中掇山实体进行非接触性的三维数字化测绘作业（表28-1）。

	优势	缺点	叠山测绘中的适用性
地面三维激光扫描	快速、采样率高；能够实时、动态、主动、全天候工作，非接触性获取不规则表面全数字信息；精度很高	测量范围有限；设备成本高、便携性差；数据庞杂、冗余性高导致内业处理操作步骤繁琐	古典园林叠山构造复杂且多与环境结合造成遮挡，地面三维激光扫描能够较好满足测量要求
移动测绘系统	带状地形图与城市建模大场景数据采集；不需要控制点、成本低；采集丰富的矢量数据及属性数据	需搭载移动机车，灵活性差；无法进入研究区域；精度一般	一般适用于高速公路测速、数字地形图的快速采集与更新、建筑物三维建模、城市部件检查等
无人机摄影测量	作业范围在空中100米以下，能够获取植物以上人为无法获取区域的信息；工作效率较高；精度较高	自动化程度一般，且不能直接获取模型，内页工作量大；受空域范围管制影响大	仅能获取目标被测物体顶部信息，且研究区域均属无人机禁飞区
全站仪	角度、距离、坐标测量自动化；测程大、测量时间短；操作简便	读数精度一般；不能获取目标被测物体三维信息	仅可以获取目标被测叠山空间坐标，一般适用于地上大型建筑和地下隧道施工等精密工程测量或变形监测领域
惯导	不受外界电磁干扰影响；室内外一体化测量；全天候工作；同步获取真彩色点云和照片；操作简单、使用灵活；短期精度较高	导航信息定位误差随时间增大，长期精度差；随测绘时间增加需不断校准；成本高昂；不具时间信息	由于雄厚资金的支持，惯导目前更多被应用于国防军事领域

2．北京皇家园林假山的价值和测绘内容

（1）北京皇家园林假山的价值

①重要的造园要素。以"三海""三山五园"为代表的清代北京皇家园林是我国古典园林的高峰，这些皇家园林虽然立地条件各不相同，但假山是这些皇家

园林中重要的造园要素。如圆明园处于沼泽性低洼地带，其集锦式的布局取决于山水空间的结构营造，据相关统计，圆明园盛期山体共有117座，基盘总面积约占全园总面积的16.9%。即便像香山静宜园这样的山地园林，假山数量也非常可观。

②丰富的内容和功能。假山在皇家园林山水空间的结构营造、景区营造、景点营造和园林营造中或分隔空间，或独立成景，或成为主要和核心景观。

③高超的艺术水平。清代皇家园林借鉴和写仿了大批全国尤其是江南的名园，对各地风格进行了融合和创新。

④多样性和地域性。以石材为例，除了江南园林中常用的太湖石和黄石外，北京皇家园林中多用出自房山的北太湖石、青石，以及附近山中的本山石，甚至花岗石。材料的不同使得假山在形态、肌理、色彩上都呈现出浓厚的地域性。

（2）北京皇家园林假山测绘的主要内容

北京皇家园林假山保护的主要内容可分为假山本体与所在环境两个部分。具体而言，假山本体包括结构、技艺、材料、功能等内容。皇家园林中假山按材料分类可分为土山、土石山和石山，其中以石山特征最为明显，形态和结构上也更为复杂。其形态多以模拟自然界或是绘画或是已有假山中山体的整体或局部形态为主，如峰、峦、洞、壑、岭、谷、崖、壁等。其结构则主要依靠山石的互相叠压以达到稳定，有的地方辅以铁件。假山所在环境则包括假山内部的环境和外部的环境，内部环境主要指与假山形成的空间有直接联系的各要素，如地形、植物、建筑、道路、铺装等，外部环境主要指与假山形成空间或视线联系的各要素。

对于基于三维激光扫描的假山测绘而言，测绘的主要内容为假山的本体与所在环境。对于本体的测绘，主要在其现存假山表层的形态、材料方面，对于假山所在环境的测绘，则主要在其内外环境的要素方面。

（3）北京皇家园林测绘条件的限制

现存的北京皇家园林均处于北京市禁飞区内，无人机空中倾斜摄影测绘需要申请空域，流程相对繁琐，一般条件下多使用地面设备进行测绘。"三海""三山五园"中目前对外开放的有颐和园、圆明园、香山、北海等，游客量相对较大，需要避开游园的高峰期。

3. 北京皇家园林假山测绘的基本流程

（1）前期分析

在测绘前，需针对拟测绘假山本体和所在环境进行研究、调查与分析，以便能够对拟测假山及其所在环境有较为全面的了解，进而拟定测绘方案。前期分析包括文献研究、现场调研和专家咨询三个部分。文献研究主要包括，对拟测假山及所在园林的历史文字资料、图像资料、图档资料、修复记录等进行梳理和分析，了解和研判现存假山的价值；现场调研主要包括拟测假山的赋存情况，拟测假山及其所在环境的特点，三维激光布站的难点，以及拟测假山及其所处环境测绘的重点；专家咨询方面主要是向拟测假山管理单位的管理人员、假山研究的专业人士、叠山工匠等进行针对性的咨询。在充分了解拟测假山的基本情况和自身特点，三维激光测绘和布站难点的基础上，制定详细的测绘方案。

（2）数据获取

在测绘方案的基础上，对拟测假山进行外业测绘，以获取假山本体及所处环境的数字数据。在实践中我们主要采用以下三种方法：

一是使用地面三维激光扫描方法，这是我们在清代皇家园林假山测绘中最为常用的方法。设备为FARO Focus3D X330、Leica scan station 2以及Leica 6100，Leica scan station 2和Leica 6100体积较大，在假山测绘中灵活性相对较差，故体积较为便携、灵活性较强的FARO Focus3D X330成为我们在假山测绘中使用频率最高的TLS设备（图28-1）。根据上一阶段形成的测绘方案，结合现场条件和情况进行布站，并根据不同的测绘需求对精度进行适应性调整。FARO Focus3D X330可以在每站测绘结束后拍摄照片以记录假山的真实场景，并将色彩数据记录到点云数据中，同时为后期假山网格模型附着材质提供了便利条件。由于假山一般都在

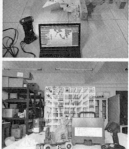

▶ 图28-1　TLS设备、手持扫描设备和近景摄影设备

室外，其光影效果受自然光环境直接影响，而每站测绘需要一定时间，尤其天气晴朗时室外光线变化较大，从而影响测绘照片的整体记录效果。为了保证贴图效果，在测绘同时用相机在短时间内对假山进行详细拍摄记录，降低因光线变化带来的不良影响。

二是使用手持三维激光扫描方法。设备为形创的Metra SCAN 70、AMETEK GO，以及AMETEK C-TRACK 780。该类设备的扫描精度可达1/50毫米级甚至更高，用于在拟测假山中需要高精度测绘的部分，如石刻文字与图像、形态特殊的置石等，在TLS中难以扫描到的部分，也可使用手持三维激光设备进行辅助测绘和补充。后期假山网格模型附着材质可用相机拍摄的方法保证贴图效果。

三是使用近景摄影测量方法，该方法主要为三维激光扫描方法的补充。由于北京皇家园林均处于北京市禁飞区内，故主要采用相机摄影来进行。该测绘数据既可独立成为拟测假山数据的重要参照，又可以与三维激光扫描数据进行融合补充。

此外可使用全站仪、GPS接收机获得特征点的坐标，或是由测绘及管理单位提供，以便假山测绘数据得到相应的大地坐标。

（3）数据处理

在获得外业数据后，需要对外业数据进行处理和加工，以便获得相对完整的假山测绘数据。对于地面三维激光扫描得到的点云数据，首先需要将点云数据进行预处理，得到相对完整的假山点云数据。其主要流程主要分为点云数据拼接和点云数据抽析。点云数据拼接主要是利用TLS设备相关的软件，将各站的点云数据进行自动或手动拼接，对于FARO Focus3D X330，主要使用SCENE（图28-2），对于

▶ 图28-2　SCENE点云处理及配准

Leica的设备，则主要使用Cyclone。各软件的流程大同小异，但在具体算法上有所不同。假山点云数据因假山的非几何形态，特征点相对较难捕捉，一般使用自动结合手动的拼接方法以提高拼接精度。点云数据抽析是建立在点云拼接完成的基础上的，由于三维激光扫描的点云数据过大，尤其是假山测绘的数据中点的数量级经常以亿为单位，故需要对这些数据进行有针对性的抽析，以提高后期运算效率。对于近景摄影测量的数据，则通过相关软件进行空三计算，得到初步的较为完整的数据（图28-3）。

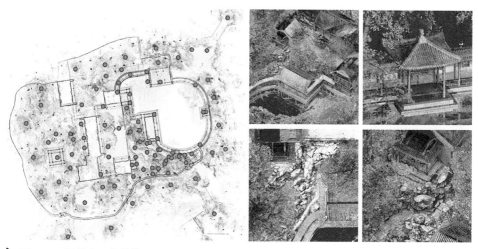

▶ 图28-3　园林点云完整模型呈现

　　由于假山测绘的要素较多，如假山本体和假山所处环境中地形、建筑、植物、水体、铺装、陈设等，这些要素的几何形态与特征均不相同，其后期的处理精度、方式、目标等存在较大差异。因此，在假山点云数据的基础上，需要将不同要素的点云数据进行分类，以便后期进一步的处理和数据生成。一般常用的点云数据分类软件有TerraSolid、Autodesk ReCap，此外LiDAR360因其植物点云识别的优势，在林业上有较多应用（图28-4）。由于缺乏针对假山的点云分类软件，我们采用排除法，即在分类时制定优先级，将几何形体特征明确的要素如建筑、道路、铺装、陈设等点云优先分离，再将植物点云分离，最后留下假山的点云数据进行分类处理和分割处理。常用的软件有GeomagicWrap、Revit、Rhino等。

　　　　　　　　　　　　　　　望山览石——中国古典园林掇山数字化研究

▶ 图28-4　LiDAR360林业识别操作

（4）数据库构建

在数据分类的基础上，构建假山数据库。从数据内容上，根据假山本体、赋存环境总体数据和各要素的分类数据构建；从数据类型上，可分为二维数据和三维数据两大类，其中二维数据主要是体现假山及赋存环境的平面图、立面图、剖面图等，三维数据主要可分为假山及赋存环境的点云模型和网格模型；从数据格式上，可根据实际需求和对接软件的格式需要进行分类导出，以适应不同场景的需求。

4．结论

数字信息是未来发展的趋势。以非接触性的三维激光扫描技术为代表的数字技术，为具有多要素、复杂形态和肌理的假山的精细化测绘带来了可能。精准测绘是假山研究和保护的基础工作。在此基础上，未来假山研究将突破原有的定性研究方式，逐渐转向定量研究，这有利于我们揭示和理解这一中国古典园林中独有的造园要素的设计思路和营造技艺。现有假山的赋存情况因高精度的测绘而予以记录，这为假山的修复、保护和监测工作带来了极大的便利（图28-5）。

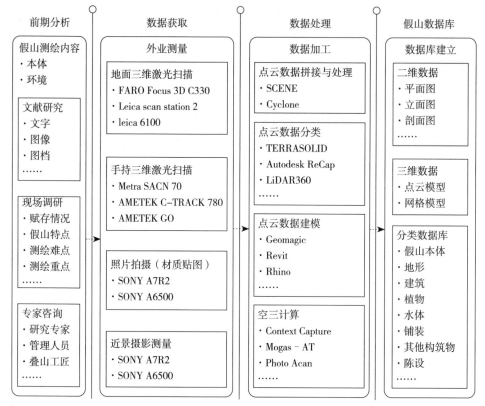

前期分析　　　　数据获取　　　　数据处理　　　　假山数据库

假山测绘内容	外业测量	数据加工	数据库建立

假山测绘内容
· 本体
· 环境

文献研究
· 文字
· 图像
· 图档
……

现场调研
· 赋存情况
· 假山特点
· 测绘难点
· 测绘重点
……

专家咨询
· 研究专家
· 管理人员
· 叠山工匠

外业测量

地面三维激光扫描
· FARO Focus 3D C330
· Leica scan station 2
· leica 6100

手持三维激光扫描
· Metra SACN 70
· AMETEK C-TRACK 780
· AMETEK GO

照片拍摄（材质贴图）
· SONY A7R2
· SONY A6500

近景摄影测量
· SONY A7R2
· SONY A6500

数据加工

点云数据拼接与处理
· SCENE
· Cyclone

点云数据分类
· TERRASOLID
· Autodesk ReCap
· LiDAR360
……

点云数据建模
· Geomagic
· Revit
· Rhino
……

空三计算
· Context Capture
· Mogas-AT
· Photo Acan
……

数据库建立

二维数据
· 平面图
· 立面图
· 剖面图
……

三维数据
· 点云模型
· 网格模型

分类数据库
· 假山本体
· 地形
· 建筑
· 植物
· 水体
· 铺装
· 其他构筑物
· 陈设

▶ 图28-5　以三维激光测量为基础的假山精细化测绘技术架构图

在假山的数字测绘尤其是以三维激光扫描测绘的基础上，可利用多种数字技术，对假山进行更为全面的测绘和研究工作。如对假山基础的测绘，可使用探地雷达等探测基础范围；对假山水下部分的测绘，可使用水下测绘设备进行补充；对假山内部构造的测绘，可使用金属探测或X射线衍射（XRD）等方法探测假山内部的铁件；对于假山的形变监测，可使用应力传感器结合三维激光扫描测绘的方式进行等。总而言之，借用多种技术手段、结合多学科理论和知识，为假山的测绘、保护和研究工作提供了更多的可能性和实现的路径。

　　　　　　　　　　　　　　望山览石——中国古典园林掇山数字化研究

参考文献

［1］孙婧. 香山静宜园掇山研究［D］. 北京：北方工业大学，2013.

［2］张勃. 以三维数字技术推动中国传统园林掇山理法研究［J］. 古建园林技术，2010（2）：
　　36–38.

［3］古丽圆，古新仁，扬·伍斯德拉. 三维数字技术在园林测绘中的应用——以假山测绘为
　　例［J］. 建筑学报，2016（S1）：35–40.

［4］喻梦哲，林溪. 基于三维激光扫描与近景摄影测量技术的古典园林池山部分测绘方法探
　　析［J］. 风景园林，2017（2）：117–122.

［5］喻梦哲，林溪. 论三维点云数据与古典园林池山部分的表达［J］. 山西建筑，2016，42
　　（30）：197–198.

［6］梁慧琳. 苏州环秀山庄园林三维数字化信息研究［D］. 南京：南京林业大学，2018.

［7］张青萍，梁慧琳，李卫正，杨梦珂，朱灵茜，黄安. 数字化测绘技术在私家园林中的应
　　用研究［J］. 南京林业大学学报（自然科学版），2018，42（1）：1–6.

［8］王时伟，胡洁. 数字化视野下的乾隆花园［M］. 北京：中国建筑工业出版社，2018.

［9］杨晨，韩锋. 数字化遗产景观：基于三维点云技术的上海豫园大假山空间特征研究［J］.
　　中国园林，2018，34（11）：20–24.

［10］张会霞，朱文博. 三维激光扫描数据处理理论及应用［M］. 北京：电子工业出版社，
　　2012.

［11］CHENG X，JIN W. Study on reverse Engineering of historical architecture based on 3D
　　Laser Scanner［C］//Proceedings of the Journal of Physics：Conference Series，2006，48：
　　843–849.

［12］Lerma García J L，Van Genechten B，Santana Quintero M. 3D risk mapping，Theory and
　　practice on terrestrial laser scanning，Training material based on practical applications［M］.
　　Universidad Politecnica de Valencia，Spain，2008：261.

［13］BARBER D，MILLS J，ANDREWS D. 3D laser scanning for heritage：Advice and
　　guidance to users on laser scanning in archaeology and architecture［M］. Swindon：
　　Technical Report；English Heritage，2011.

［14］徐工，曲国庆，卢鑫. 基于多传感器融合的移动测绘系统应用评述［J］. 传感器与微系统，2014，33（8）：1-3+7.

［15］李德仁，李明. 无人机遥感系统的研究进展与应用前景［J］. 武汉大学学报（信息科学版），2014，39（5）：505-513，540.

［16］金伟，葛宏立，杜华强，等. 无人机遥感发展与应用概况［J］. 遥感信息，2009（1）：88-92.

［17］Eisenbeiß H. UAV photogrammetry［D］. Zurich：ETH Zurich，2009.

［18］Serrano López D. Micro Aerial Vehicles（MAV）assured navigation in search and rescue missions robust localization，mapping and detection［D］. Universitat Politècnica de Catalunya，2015.

［19］文学. 全站仪三角高程测量应用综述［J］. 测绘与空间地理信息，2014，37（1）：47-50.

［20］宁津生，姚宜斌，张小红. 全球导航卫星系统发展综述［J］. 导航定位学报，2013，1（1）：3-8.

［21］赵静，曹冲. GNSS系统及其技术的发展研究［J］. 全球定位系统，2008，33（5）：27-31.

［22］蔡来良，杨望山，王姗姗，等. SLAM在室内测绘仪器研发中的应用综述［J］. 矿山测量，2017，45（4）：85-91.

［23］严立，井发明. 3D SLAM移动测量系统在城市测绘工程项目中精度分析［J］. 城市勘测，2018（5）：71-74.

［24］杨梦佳. 惯导—视觉SLAM技术综述［J］. 信息技术与信息化，2019（7）：213-215.

作者简介

张勃

工学博士，教授，博士生导师。现任北方工业大学建筑与艺术学院院长，建筑学科责任教授。担任中国建筑学会理事，中国圆明园学会园林古建分会副会长，中国城市规划学会和中国舞台美术学会会员。受聘为北京市石景山区首席责任规划师（苹果园街道），北京城市规划学会传统建筑营造研究与发展小组领衔专家。著有《当代北京建筑艺术风气与社会心理》《汉传佛教建筑礼拜空间探源》《中西方建筑比较》《衣食住行话文明：建筑》《北京的皇家园林》等专著。近年主要从事"高精尖背景下数字化智慧设计"领域研究，发表《基于风险防控的北京冬奥会无障碍设施建设的思考》等论文，作为第一完成人获得北京市教育教学成果二等奖2项。

孙婧

———————————◆

硕士
相地（北京）建筑设计有
限公司
主持建筑师

谢杉

———————————◆

硕士
北京首农发展有限公司
规划设计部主管，建筑师

李媛

———————————◆

硕士
国家林业和草原局产业发展规
划院
一级注册建筑师，高级工程师

白雪峰

———————————◆

硕士
房木生景观
工程师

李雪飞

———————————◆

本科
北京北林地景园林规划设
计院有限责任公司
行政职员

卢薪升

———————————◆

硕士
中规院（北京）规划设计
有限公司
城乡规划师

欧阳立琼

———————————◆

硕士
中交三公局建筑分公司
工程师

傅凡

———————————◆

博士
北京建筑大学
教授，博士生导师

贾钎楠

———————————◆

硕士
深圳市城际联盟城市规划设计
有限公司
景观规划设计师，中级工程师

刘劲芳

硕士
中国中建设计研究院
景观项目负责人，中级工
程师

安平

博士
北方工业大学建筑与艺术
学院
副教授

张炜

硕士
福州市规划设计研究院集
团有限公司
助理工程师

赵康迪

硕士
河南科技大学
团委负责人，助教

廖怡

硕士
中央美术学院
设计学博士研究生

许正厚

硕士
北京工业大学
城乡规划学博士研究生

刘子仪

本科
中国太平洋人寿保险股份有
限公司北京市西城支公司
保险规划师

秦柯

博士
中国农业大学园艺学院
副教授，博士生导师

张志国

硕士
北京市海淀区圆明园管理处
圆明园研究院副院长

温宁

硕士
成都天成景业文化创意
有限公司
设计师

李雨静

硕士
北京北辰地产集团有限公司
助理建筑设计师，工程技术
类建筑设计方向初级职称

陈婉钰

硕士
北京零点市场调查有限公司
高级项目经理

朱兆阳

博士
北方工业大学
讲师

李鑫

博士
北方工业大学
高级实验师

望山览石——中国古典园林掇山数字化研究